행렬대수학
for Statistics

김수택 · 이계민 지음

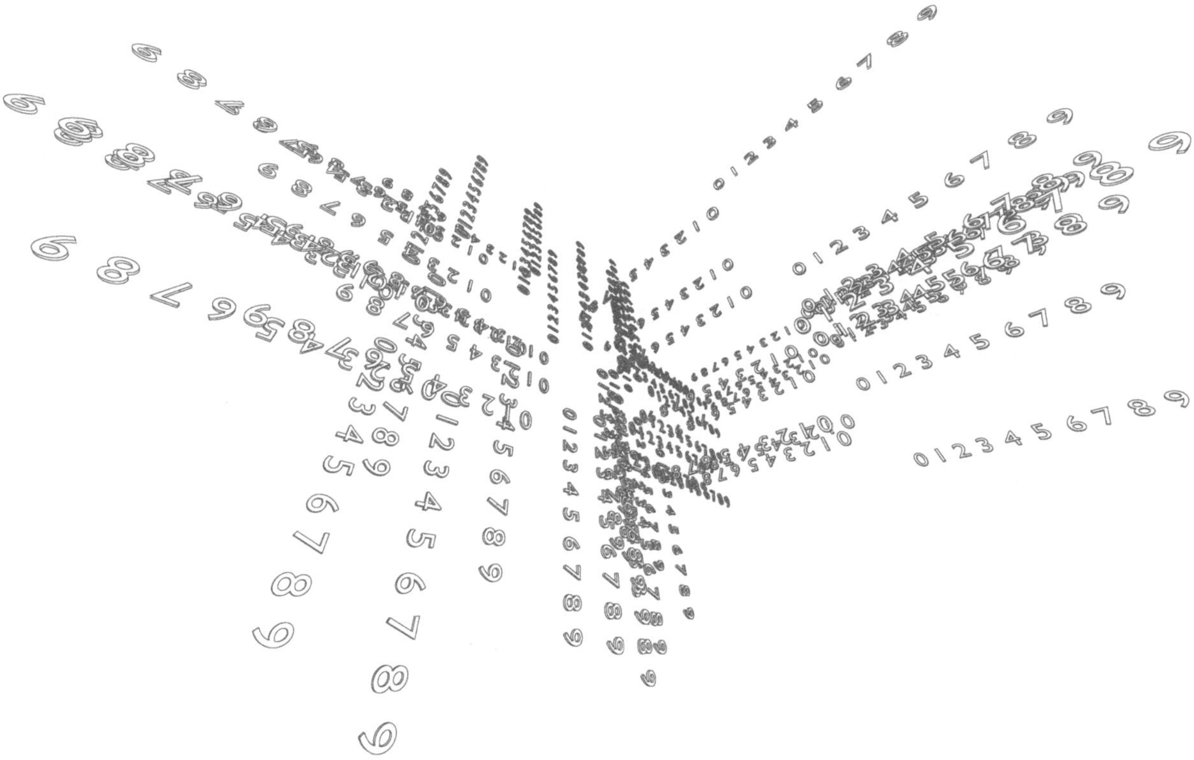

자유아카데미

머리말

통계학에서의 행렬의 역할은 통계분석 과정에서 발생하는 수학적 연산을 간단하고 명료하게 표현해 내는 것이라 하겠다. 행렬대수학이 새로운 것이 아님에도, 수학적 일반화라는 틀에 갇힌 행렬의 대수적 표현이 행렬의 연산을 필요로 하는 독자들에게 행렬대수학의 이해를 어렵게 하고 있다고 저자들은 생각한다. 따라서 저자들은 통계학 및 컴퓨터와 연관된 분야에 종사하는 사람들을 위하여 형식적인 수학적 표현에 얽매이지 않고 행렬연산을 위한 알고리즘의 이해를 돕는 방향으로 이 책을 저술하고자 노력하였다.

정보화 사회에서 비약적인 컴퓨터의 발전은 빅데이터의 분석과 활용을 가능하게 하였다. 그런데 빅데이터의 분석에는 수학과 통계학의 기본 원리에 대한 이해가 필수적이며, 컴퓨터를 이용한 실제 자료의 분석에는 자료를 간결하게 만들어 분석하는 특징을 지니고 있는 행렬대수학이 분석 알고리즘의 핵심을 이루고 있다. 특히, 통계학과 공학에서의 계산과정은 행렬을 이용하면 보다 간결하고 명료하게 기술할 수 있다. 따라서 이 책은 통계학의 자료분석에 유용한 행렬대수학의 필수적인 내용을 중심으로 기술되었다.

이 책은 1장에서 5장까지로 구성되어 있다. 1장에서는 우선적으로 행렬공간을 이해하는데 필요한 벡터와 벡터공간에 대한 기본 개념을 설명하였고, 2장에서는 행렬대수의 기본 연산 및 기본 행연산에 의한 행렬의 동치변환 과정과 동치변환에 의한 행렬의 인수분해에 대하여 다루었다. 이 책에서의 행렬연산은 기본 행연산을 바탕으로 전개되고 있으므로 기본 행연산을 완벽하게 이해하고 활용할 수 있어야 한다. 3장에서는 행렬이론에서 대단히 중요하게 취급되고 있는 행렬식과 그 응용에 대하여 다루고 있는데 행렬의 실제 계산과정에서는 거의 쓰이지 않기 때문에 그 개념과 기하적적 의미를 이해하는데 중점을 두기 바란다.

4장에서는 고유값 및 고유벡터와 이를 이용한 행렬의 스펙트럴 분해를, 5장에서는 행렬의 표준형을 이용한 행렬의 대각화, 대칭행렬의 대각화, 행렬의 특이값 분해 및 그 응용을 다루고 있는데, 4장과 5장의 내용이 이 책의 절반을 차지하는 핵심 주제이다. 따라서 기본적인 선형대수학과 기초통계학을 공부한 독자들은 1~3장을 참조하면서 4장과 5장을 위주로 공부할 것을 권한다.

이 책은 고등학교 수준의 대수학 지식을 지닌 독자들이면 큰 어려움 없이 읽을 수 있도록 쓰여졌다고 생각하지만 기본적인 대학수학 및 기초통계학에 익숙한 독자들이 보다 쉽게 이해할 것으로 사료된다. 다만, 통계학과 학생 대상의 한 학기 강의용 교재로 이 책을 집필하다 보니 통계학에서 유용한 다양한 행렬의 연산 및 응용에 대하여는 다루지 못하였는데 여기에 관해서는 Searle & Khuri(2017)를 참조하기 바란다. 그리고 연습문제 풀이는 자유아카데미 홈페이지(www.freeaca.com)의 자료실에 올려놓았으며, 빅데이터 처리에서는 컴퓨터를 이용한 행렬의 계산이 중요하기에 예제에 대한 R-code도 자료실에 올려놓았으니 활용하기 바란다.

끝으로 출판업계의 어려운 여건 속에서도 기꺼이 이 책을 출간해 주신 자유아카데미 임철석 사장님께 심심한 사의를 표한다.

2019년 6월 진주 가좌벌에서

김수택, 이계민

목차

제1장 벡터와 벡터공간

제2장 행렬과 행렬의 연산

제3장 행렬식과 응용

제4장 고유값과 고유벡터

제5장 행렬의 대각화

제1장

벡터와 벡터공간

1.1 벡터

벡터의 연산

벡터의 크기와 두 벡터 사이의 각

벡터의 투영

1.2 벡터공간

1.1 벡터

물체가 점 P에서 점 Q로 이동하였을 때의 이동상황(displacement)은 이동방향과 이동거리로 나타낼 수 있다. 일반적으로 점 P에서 점 Q로의 이동상황을 벡터(vector)라 하고, 방향이 정해진 화살(arrow)을 이용하여 $\overrightarrow{\mathrm{PQ}}$와 같이 나타낸다. 여기서 점 P는 이동의 시작점(꼬리)이고 점 Q는 이동의 끝점(머리)이다. 앞으로 벡터는 $\mathbf{u}$나 $\mathbf{v}$와 같이 획이 굵은 영문 소문자로 표기한다.

같은 길이와 방향을 가진 화살 중에서 시작점이 원점인 화살은 유일하므로 임의의 벡터 $\mathbf{v}$는 **위치벡터**(position vector)라 부르는 시작점이 원점인 벡터 $\overrightarrow{\mathrm{OP}}$로 나타낼 수 있다. 예컨대, 2차원 유클리드 공간 $\mathbb{R}^2$ 위의 벡터 $\mathbf{v}=\overrightarrow{\mathrm{OP}}$는 그림 1.1.1에서 보듯이 점 P의 두 좌표를 이용하여

$$\mathbf{v}=\overrightarrow{\mathrm{OP}}=\begin{bmatrix} v_1 \\ v_2 \end{bmatrix}$$

와 같이 나타낼 수 있다. 이 때, $\mathbf{v}$의 각 좌표 v_1과 v_2를 $\mathbf{v}$의 성분이라고 한다. 마찬가지로 3차원 유클리드 공간 $\mathbb{R}^3$ 위의 벡터 $\mathbf{u}=\overrightarrow{\mathrm{OQ}}$는

$$\mathbf{u}=\overrightarrow{\mathrm{OQ}}=\begin{bmatrix} u_1 \\ u_2 \\ u_3 \end{bmatrix}$$

와 같이 나타낸다.

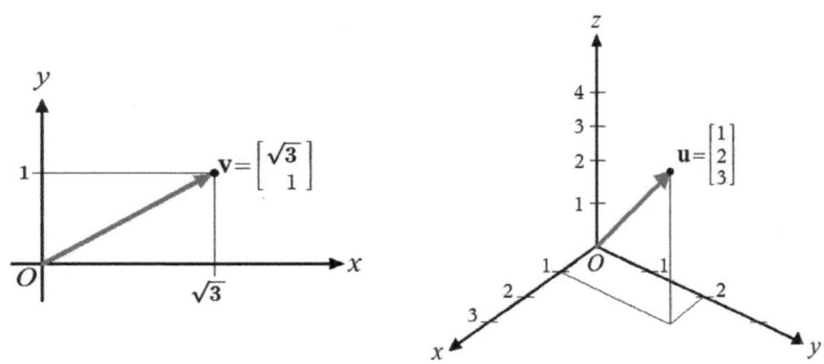

(a) $\mathbf{v}\in\mathbb{R}^2$ (b) $\mathbf{u}\in\mathbb{R}^3$

그림 1.1.1 벡터의 표현

일반적으로 n개의 실수를 하나의 열(column)이나 행(row)에 정해진 순서대로 나열한

$$\begin{bmatrix} v_1 \\ v_2 \\ \vdots \\ v_n \end{bmatrix} \text{ 또는 } [v_1\ v_2\ \cdots\ v_n]$$

을 n차원 유클리드 공간 $\mathbb{R}^n$에서의 벡터라 하며 전자를 **열벡터**(column vector), 후자를 **행벡터**(row vector)라 한다. 통상적으로 벡터는 열벡터로 나타내는데 벡터 $\mathbf{v}$의 행벡터 꼴은 $\mathbf{v}^t$로 표기하기로 한다. 그리고 벡터 $\mathbf{v}$의 각 좌표값들을 해당 좌표축 방향에 대한 $\mathbf{v}$의 **성분**(components)이라 한다.

크기와 방향이 같은 두 벡터 $\mathbf{u}$와 $\mathbf{v}$는 서로 같다 또는 **상등**(相等)이라고 하며, $\mathbf{u}=\mathbf{v}$로 나타낸다. 즉, $\mathbb{R}^n$에서의 두 벡터를 $\mathbf{u}^t=[u_1, u_2, \cdots, u_n]$와 $\mathbf{v}^t=[v_1, v_2, \cdots, v_n]$라 할 때

$$u_i = v_i,\ \ i=1, 2, \cdots, n$$

이면 두 벡터 $\mathbf{u}$와 $\mathbf{v}$는 상등인 벡터들이다.

벡터의 연산

어떤 물체가 점 A에서 점 B로 이동하고 다시 점 B에서 점 C로 이동한 결과는 그 물체가 점 A에서 점 C로 이동한 것과 같다. 이로부터 벡터의 합에 대한 연산을 정의할 수 있다.

두 벡터 $\mathbf{u}$와 $\mathbf{v}$를 차례로 따라가면 총 이동상황을 나타내는 제 3의 벡터를 도시할 수 있는데, 새로 생성된 이 벡터를 $\mathbf{u}$와 $\mathbf{v}$의 합벡터라 하고 $\mathbf{u}+\mathbf{v}$로 나타낸다. 그림 1.1.2에서 $\mathbf{u}^t=[1, 2]$와 $\mathbf{v}^t=[3, 1]$를 따라간 최종 이동결과는

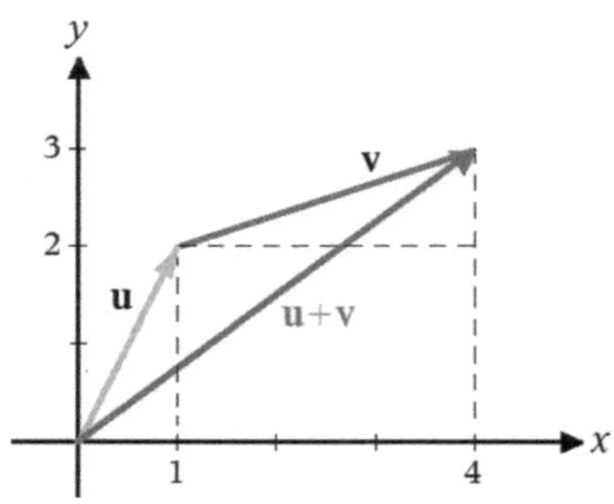

그림 1.1.2 벡터의 합

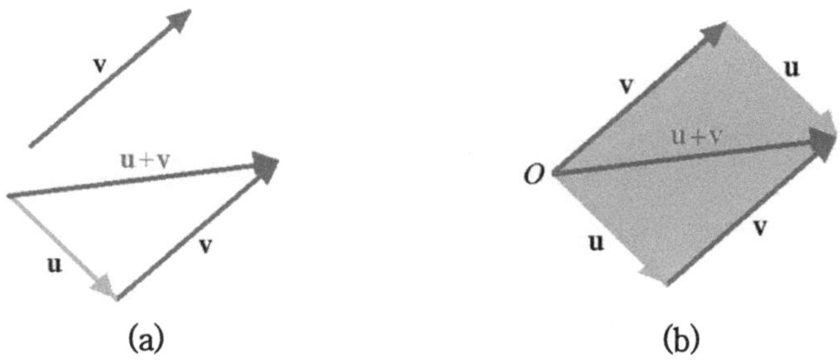

그림 1.1.3 합벡터 구하기

$$\begin{bmatrix}1\\2\end{bmatrix}+\begin{bmatrix}3\\1\end{bmatrix}=\begin{bmatrix}1+3\\2+1\end{bmatrix}=\begin{bmatrix}4\\3\end{bmatrix}$$

인데, 이 벡터가 $\mathbf{u}$와 $\mathbf{v}$의 **합**(sum)을 나타내는 벡터 $\mathbf{u}+\mathbf{v}$이다.

일반적으로 $\mathbb{R}^n$에서의 벡터 $\mathbf{u}^t=[u_1, u_2, \cdots, u_n]$와 $\mathbf{v}^t=[v_1, v_2, \cdots, v_n]$에 대하여 다음과 같이 구해지는 벡터

$$\mathbf{u}+\mathbf{v}=\begin{bmatrix}u_1\\u_2\\\vdots\\u_n\end{bmatrix}+\begin{bmatrix}v_1\\v_2\\\vdots\\v_n\end{bmatrix}=\begin{bmatrix}u_1+v_1\\u_2+v_2\\\vdots\\u_n+v_n\end{bmatrix}$$

을 두 벡터 $\mathbf{u}$와 $\mathbf{v}$의 합벡터라 한다. 기하학적으로 $\mathbf{v}$의 시작점이 $\mathbf{u}$의 끝점과 일치하도록 $\mathbf{v}$를 이동하였을 때 $\mathbf{u}$의 시작점에서 $\mathbf{v}$의 끝점까지의 벡터가 $\mathbf{u}+\mathbf{v}$이다. $\mathbf{u}$와 $\mathbf{v}$의 시작점이 모두 원점일 때는 그림 1.1.3에서와 같이 $\mathbf{u}$와 $\mathbf{v}$에 의하여 결정되는 평행사변형의 대각선을 따라가는 위치벡터가 $\mathbf{u}+\mathbf{v}$이다.

방향과 크기를 갖는 벡터와 달리 실수로 표현되는 크기만을 갖는 양을 **스칼라**(scalar)라 부른다. 또 하나의 기본 벡터 연산이 **스칼라 곱**(scalar multiplication)이다. 상수 c가 실수일 때 벡터 $\mathbf{v}^t=[v_1, v_2, \cdots, v_n]$의 스칼라 곱 $c\mathbf{v}$는 $\mathbf{v}$의 각 성분에 c를 곱하여 얻어지는 벡터이다. 즉,

$$c\mathbf{v}^t=[cv_1, cv_2, \cdots, cv_n]$$

이다. $c\mathbf{v}$는 $c>0$이면 $\mathbf{v}$와 방향이 같은 벡터이고, $c<0$이면 $\mathbf{v}$와 방향이 반대인 벡터가 된다. 또한, $c\mathbf{v}$는 그 크기가 $\mathbf{v}$의 크기의 $|c|$배인 벡터이다. 따라서 두 벡터가 평행이면 한 벡터는 다른 벡터의 스칼라 곱으로 표시된다.

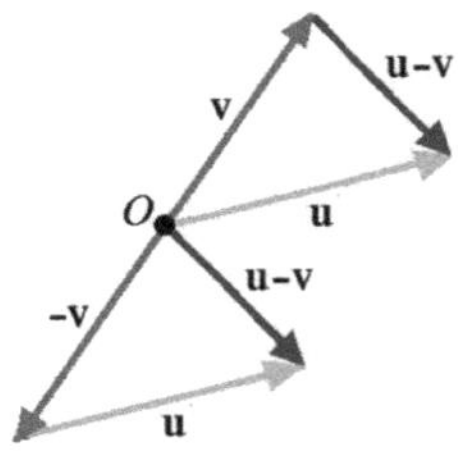

그림 1.1.4 두 벡터의 차 $\mathbf{u}-\mathbf{v}$

스칼라 곱의 특별한 경우로 다음과 같은 벡터

$$(-1)\mathbf{v}=-\mathbf{v}$$

를 $\mathbf{v}$의 **가산역**(additive inverse) 또는 **음벡터**라 부르며 다음과 같은 식

$$\mathbf{v}+(-\mathbf{v})=\mathbf{0}$$

을 만족하는 벡터이다. 여기서 $\mathbf{0}$은 모든 성분이 0인 **영벡터**(zero vector)이다.

음벡터를 이용하면 두 벡터의 **차이벡터**(subtraction vector)를 정의할 수 있다. 두 벡터 $\mathbf{u}$와 $\mathbf{v}$의 차이벡터는 $\mathbf{u}-\mathbf{v}$로 나타내고, 그림 1.1.4와 같이

$$\mathbf{u}-\mathbf{v}=\mathbf{u}+(-\mathbf{v})$$

로 정의한다. 벡터의 대수적 성질에 관한 정리 1.1.1의 증명은 독자의 몫으로 남긴다.

정리 1.1.1 $\mathbf{R}^n$의 벡터에 대한 대수적 성질

$\mathbf{R}^n$에 속하는 벡터 $\mathbf{u}, \mathbf{v}, \mathbf{w}$와 스칼라 c, d에 대하여 다음이 성립한다.

1. $\mathbf{u}+\mathbf{v}\in\mathbf{R}^n$, $c\mathbf{u}\in\mathbf{R}^n$
2. $\mathbf{u}+\mathbf{v}=\mathbf{v}+\mathbf{u}$
3. $(\mathbf{u}+\mathbf{v})+\mathbf{w}=\mathbf{u}+(\mathbf{v}+\mathbf{w})$
4. $\mathbf{u}+\mathbf{0}=\mathbf{u}$
5. $\mathbf{u}+(-\mathbf{u})=\mathbf{0}$
6. $c(\mathbf{u}+\mathbf{v})=c\mathbf{u}+c\mathbf{v}$
7. $(c+d)\mathbf{u}=c\mathbf{u}+d\mathbf{u}$
8. $c(d\mathbf{u})=(cd)\mathbf{u}$
9. $1\mathbf{u}=\mathbf{u}$

정리 1.1.1의 3에 의하면 $\mathbb{R}^n$에 속하는 벡터 $\mathbf{v}_1, \mathbf{v}_2, \cdots, \mathbf{v}_k$의 합벡터 $\mathbf{v}$는 괄호 없이

$$\mathbf{v} = \mathbf{v}_1 + \mathbf{v}_2 + \cdots + \mathbf{v}_k = \sum_{i=1}^{k} \mathbf{v}_i$$

로 쓸 수 있다. 일반적으로 임의의 벡터 $\mathbf{v}$는 선형결합이라 부르는 다른 벡터들의 스칼라 배들의 합으로 나타낼 수 있다. 벡터의 선형결합에 대하여는 다음 절에서 논의한다.

벡터의 크기와 두 벡터 사이의 각

길이, 거리 및 각과 같은 기하학적 측도는 벡터의 내적을 이용하여 벡터에 관한 식으로 표현할 수 있다. 벡터의 내적에 관한 정의는 다음과 같다.

정의 1.1.1 벡터의 내적(inner product)

벡터 $\mathbf{u}^t = [u_1\ u_2\ \cdots\ u_n]$와 $\mathbf{v}^t = [v_1\ v_2\ \cdots\ v_n]$에 대하여

$$\mathbf{u} \cdot \mathbf{v} = u_1 v_1 + u_2 v_2 + \cdots + u_n v_n = \sum_{i=1}^{n} u_i v_i$$

로 정의되는 스칼라 $\mathbf{u} \cdot \mathbf{v}$를 두 벡터 $\mathbf{u}$와 $\mathbf{v}$의 내적이라 한다.

벡터의 내적 $\mathbf{u} \cdot \mathbf{v}$는 $\mathbf{u}$와 $\mathbf{v}$에서 서로 대응하는 성분끼리의 곱들에 대한 합이므로 벡터 $\mathbf{u}$와 $\mathbf{v}$의 성분의 개수는 동일하여야 하며 $\mathbf{u} \cdot \mathbf{v}$는 벡터가 아닌 스칼라임에 유의하여야 한다. 이런 이유로 벡터의 내적 $\mathbf{u} \cdot \mathbf{v}$를 **스칼라 곱**(scalar product)이라 부르기도 한다. 다음의 정리 1.1.2는 내적에 관한 성질들인데 이의 증명은 독자의 몫으로 남긴다.

정리 1.1.2 내적의 성질

$\mathbb{R}^n$에 속하는 벡터 $\mathbf{u}, \mathbf{v}, \mathbf{w}$와 스칼라 c에 대하여 다음이 성립한다.

1. $\mathbf{u} \cdot \mathbf{v} = \mathbf{v} \cdot \mathbf{u}$
2. $\mathbf{u} \cdot (\mathbf{v} + \mathbf{w}) = \mathbf{u} \cdot \mathbf{v} + \mathbf{u} \cdot \mathbf{w}$
3. $(c\mathbf{u}) \cdot \mathbf{v} = c(\mathbf{u} \cdot \mathbf{v})$
4. $\mathbf{u} \cdot \mathbf{u} \geq 0$**이고** $\mathbf{u} \cdot \mathbf{u} = 0$**일 필요충분조건은** $\mathbf{u} = \mathbf{0}$**이다.**

$\mathbb{R}^2$에서의 벡터 $\mathbf{v}^t=[a\ b]$의 길이는 원점에서 점 (a, b) 까지의 거리이므로 피타고라스의 정리에 의하면 $\sqrt{a^2+b^2}$ 이 된다. 마찬가지로 $\mathbb{R}^3$에서의 벡터 $\mathbf{u}^t=[a\ b\ c]$의 길이는 $\sqrt{a^2+b^2+c^2}$ 이 된다. 일반적으로 $\mathbb{R}^n$에서의 벡터 $\mathbf{v}^t=[v_1\ v_2\ \cdots\ v_n]$에 대하여

$$\|\mathbf{v}\|=\sqrt{\mathbf{v}\cdot\mathbf{v}}=\sqrt{v_1^2+v_2^2+\cdots+v_n^2}$$

으로 정의하는 음이 아닌 스칼라 $\|\mathbf{v}\|$를 벡터 $\mathbf{v}$의 **크기**(norm)라 부른다.

$\|\mathbf{v}\|$의 정의에 의하면 $\|\mathbf{v}\|^2=\mathbf{v}\cdot\mathbf{v}$이 된다. 또한, $\|\mathbf{v}\|=0$인 벡터는 영벡터뿐이며

$$\|c\mathbf{v}\|^2=(c\mathbf{v})\cdot(c\mathbf{v})=c^2(\mathbf{v}\cdot\mathbf{v})=c^2\|\mathbf{v}\|^2$$

이므로 $\|c\mathbf{v}\|=|c|\|\mathbf{v}\|$가 된다. 따라서 임의의 영벡터가 아닌 벡터 $\mathbf{v}$에 대하여

$$\mathbf{u}=\frac{1}{\|\mathbf{v}\|}\mathbf{v}$$

라 하면

$$\|\mathbf{u}\|=\left\|\frac{1}{\|\mathbf{v}\|}\mathbf{v}\right\|=\left|\frac{1}{\|\mathbf{v}\|}\right|\|\mathbf{v}\|=\frac{1}{\|\mathbf{v}\|}\|\mathbf{v}\|=1$$

이다. 크기가 1인 벡터를 **단위벡터**(unit vector)라 하는데, 위와 같은 벡터 $\mathbf{u}=\|\mathbf{v}\|^{-1}\mathbf{v}$를 $\mathbf{v}$ 방향으로의 단위벡터라 한다. 임의의 벡터와 같은 방향으로의 단위벡터를 구하는 것을 **벡터의 표준화**(normalizing a vector)라 한다. $\mathbb{R}^2$에서 크기 1인 좌표축 방향 단위벡터

$$\mathbf{e}_1=\begin{bmatrix}1\\0\end{bmatrix} \text{ 과 } \mathbf{e}_2=\begin{bmatrix}0\\1\end{bmatrix}$$

를 $\mathbb{R}^2$의 **표준단위벡터**(standard unit vector)라 한다. $\mathbb{R}^3$에서의 표준단위벡터는

$$\mathbf{e}_1=\begin{bmatrix}1\\0\\0\end{bmatrix},\ \mathbf{e}_2=\begin{bmatrix}0\\1\\0\end{bmatrix},\ \mathbf{e}_3=\begin{bmatrix}0\\0\\1\end{bmatrix}$$

이고 $\mathbb{R}^n$에서의 표준단위벡터는 다음과 같다.

$$\mathbf{e}_1=\begin{bmatrix}1\\0\\\vdots\\0\end{bmatrix},\quad \mathbf{e}_2=\begin{bmatrix}0\\1\\\vdots\\0\end{bmatrix},\ \cdots\ ,\quad \mathbf{e}_n=\begin{bmatrix}0\\0\\\vdots\\1\end{bmatrix}.$$

$\mathbb{R}^n$에서 두 벡터 $\mathbf{u}$와 $\mathbf{v}$의 거리 $d(\mathbf{u}, \mathbf{v})$는 각 벡터의 종점 간 길이로 정의한다. 즉,

$$d(\mathbf{u}, \mathbf{v})=\|\mathbf{u}-\mathbf{v}\|$$

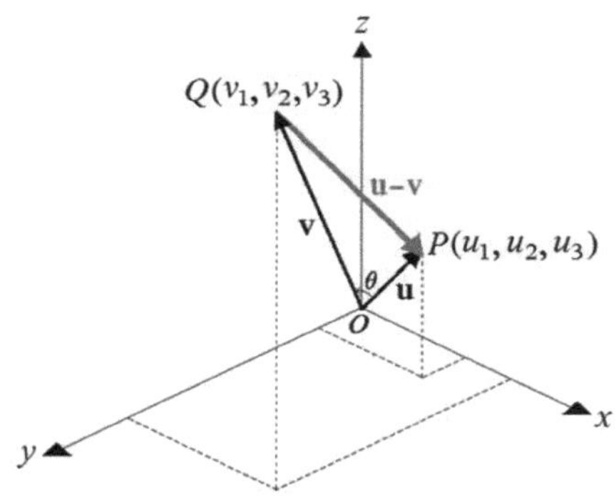

그림 1.1.5 두 벡터의 거리와 각

를 $\mathbf{u}$와 $\mathbf{v}$의 거리로 정의한다. 예컨대, $\mathbb{R}^3$의 두 벡터 $\mathbf{u}^t=[u_1\ u_2\ u_3]$와 $\mathbf{v}^t=[v_1\ v_2\ v_3]$의 거리 $d(\mathbf{u},\mathbf{v})$는 그림 1.1.5를 보면

$$d(\mathbf{u},\mathbf{v})=\sqrt{(u_1-v_1)^2+(u_2-v_2)^2+(u_3-v_3)^2}$$

임을 알 수 있다.

그림 1.1.5에서 $\mathbf{u}$와 $\mathbf{v}$ 사이의 각이 θ이고 빗변이 $\mathbf{u}-\mathbf{v}$인 삼각형에 대하여 코사인 법칙을 적용하면

$$\|\mathbf{u}-\mathbf{v}\|^2=\|\mathbf{u}\|^2+\|\mathbf{v}\|^2-2\|\mathbf{u}\|\|\mathbf{v}\|\cos\theta$$

이고, $\|\mathbf{u}-\mathbf{v}\|^2$을 전개하면

$$\begin{aligned}\|\mathbf{u}-\mathbf{v}\|^2&=(u_1-v_1)^2+(u_2-v_2)^2+(u_3-v_3)^2\\&=(u_1^2+u_2^2+u_3^2)+(v_1^2+v_2^2+v_3^2)-2(u_1v_1+u_2v_2+u_3v_3)\\&=\|\mathbf{u}\|^2+\|\mathbf{v}\|^2-2(\mathbf{u}\cdot\mathbf{v})\end{aligned}$$

이 된다. 따라서 $\mathbb{R}^n$에서 영벡터가 아닌 두 벡터 $\mathbf{u}$와 $\mathbf{v}$ 사이의 각이 θ일 때

$$\mathbf{u}\cdot\mathbf{v}=\|\mathbf{u}\|\|\mathbf{v}\|\cos\theta \quad\Leftrightarrow\quad \cos\theta=\frac{\mathbf{u}\cdot\mathbf{v}}{\|\mathbf{u}\|\|\mathbf{v}\|}$$

이 성립한다.

사이각이 0인 두 벡터는 평행인 벡터들로 한 벡터가 다른 벡터의 스칼라 배임을 의미한다. 그리고 사이각이 π인 두 벡터는 방향이 서로 반대인 벡터들이며 이때의 내적은 -1이 된다. 한편, 두 벡터의 사이각이 $\pi/2$일 때 두 벡터는 **직교**(orthogonal)한다고 하

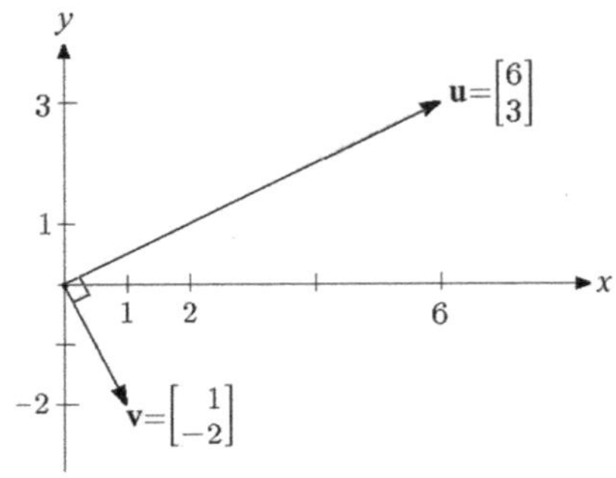

그림 1.1.6 직교벡터

며 이때의 내적은 0이 된다. 그림 1.1.6에서의 두 벡터 $\mathbf{u}^t=[3\ 6]$과 $\mathbf{v}^t=[1\ -2]$는 사이각이 $\pi/2$인 직교벡터로 내적을 구하면 다음과 같이 0이 된다.

$$\mathbf{u}\cdot\mathbf{v}=\begin{bmatrix}6\\3\end{bmatrix}\cdot\begin{bmatrix}1\\-2\end{bmatrix}=6\times1+3\times(-2)=0.$$

예제 1.1.1 다음 각각에서 두 벡터 $\mathbf{u}$와 $\mathbf{v}$ 사이의 각 θ를 구하여라.

(1) $\mathbf{u}=\begin{bmatrix}3\\4\\-5\end{bmatrix}$, $\mathbf{v}=\begin{bmatrix}2\\1\\2\end{bmatrix}$

(2) $\mathbf{u}=\begin{bmatrix}3\\4\\-5\end{bmatrix}$, $\mathbf{v}=\begin{bmatrix}6\\8\\-10\end{bmatrix}$

(3) $\mathbf{u}=\begin{bmatrix}1\\0\\1\end{bmatrix}$, $\mathbf{v}=\begin{bmatrix}0\\1\\1\end{bmatrix}$

풀이

(1) $\mathbf{u}\cdot\mathbf{v}=0$이므로 $\cos\theta=0$이다. 따라서 $\theta=\frac{\pi}{2}$이다.

(2) $\mathbf{u}\cdot\mathbf{v}=100$이고

$$\|\mathbf{u}\|\|\mathbf{v}\|=(5\sqrt{2})(10\sqrt{2})=100$$

이므로 $\cos\theta=1$이다. 따라서 $\theta=0$이다.

(3) $\mathbf{u}\cdot\mathbf{v}=1$이고

$$\|\mathbf{u}\|\|\mathbf{v}\|=(\sqrt{2})(\sqrt{2})=2(\sqrt{2})(\sqrt{2})=2$$

이므로 $\cos\theta=\frac{1}{2}$이다. 따라서 $\theta=\frac{\pi}{3}$이다.

예제 1.1.2 피타고라스의 정리(Pythagoras' Theorem)

$\mathbb{R}^n$에 속하는 임의 벡터 u와 v에 대하여 u와 v가 직교하면

$$\|\mathbf{u}+\mathbf{v}\|^2=\|\mathbf{u}\|^2+\|\mathbf{v}\|^2$$

임을 보여라.

풀이

$$\begin{aligned}(\mathbf{u}+\mathbf{v})\cdot(\mathbf{u}+\mathbf{v})&=(\mathbf{u}+\mathbf{v})\cdot\mathbf{u}+(\mathbf{u}+\mathbf{v})\cdot\mathbf{v}\\&=\mathbf{u}\cdot\mathbf{u}+\mathbf{v}\cdot\mathbf{u}+\mathbf{u}\cdot\mathbf{v}+\mathbf{v}\cdot\mathbf{v}\\&=\mathbf{u}\cdot\mathbf{u}+2\mathbf{u}\cdot\mathbf{v}+\mathbf{v}\cdot\mathbf{v}\\&=\|\mathbf{u}\|^2+\|\mathbf{v}\|^2\quad(\mathbf{u}\cdot\mathbf{v}=0)\end{aligned}$$

벡터의 투영

그림 1.1.7과 같이 점 B에서 직선 ℓ에 내린 수선과 직선의 교점을 P라 할 때 선분 $\overline{PB}$의 길이를 점 B에서 직선 ℓ까지의 거리라 하는데, 이 거리는 직각삼각형 $\triangle ABP$의 빗변벡터 $\overrightarrow{AB}$와 밑변벡터 $\overrightarrow{AP}$에 의하여

$$\overrightarrow{PB}=\overrightarrow{AB}-\overrightarrow{AP}$$

로 구해지는 벡터 $\overrightarrow{PB}$의 크기와 일치한다. 따라서 벡터 $\overrightarrow{AB}$과 직선 ℓ의 방향벡터를 이용하여 벡터 $\overrightarrow{AP}$를 구해내면 직선 ℓ과 점 B 사이의 거리를 구할 수 있다.

$\mathbf{v}=\overrightarrow{AB}$, 직선 ℓ의 방향벡터를 $\mathbf{u}$라 할 때 그림 1.1.8과 같이 $\mathbf{u}$의 출발점을 시작점으로 하고, $\mathbf{v}$의 종점에서 $\mathbf{u}$ 위에 내린 수선이 $\mathbf{u}$와 만나는 점을 끝점으로 하는 벡터 $\mathbf{p}$를 구하여 보자. 영벡터가 아닌 두 벡터 $\mathbf{u}$와 $\mathbf{v}$ 사이의 각을 θ라 할 때 벡터 $\mathbf{p}$는 분명히 $\mathbf{u}$ 방향단위벡터에 $\mathbf{p}$의 크기를 곱한 벡터이고,

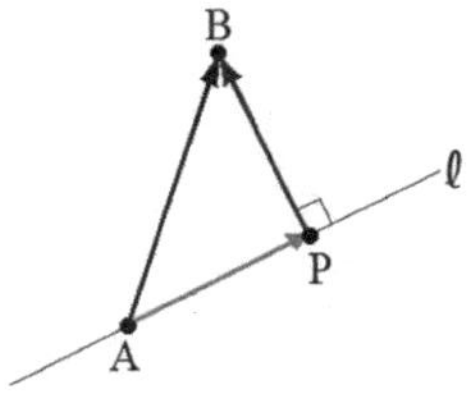

그림 1.1.7 한 점에서 직선 ℓ까지의 거리

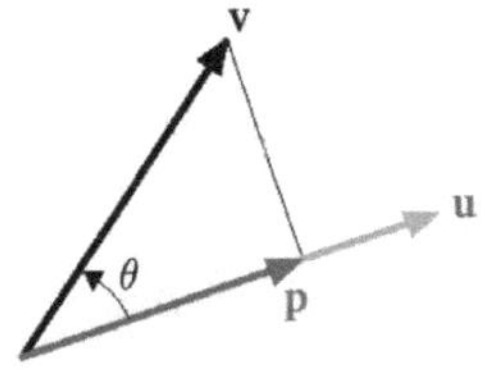

그림 1.1.8 v의 u방향 투영

$$\|\mathbf{p}\| = \|\mathbf{v}\|\cos\theta = \|\mathbf{v}\|\frac{\mathbf{u}\cdot\mathbf{v}}{\|\mathbf{u}\|\|\mathbf{v}\|} = \frac{\mathbf{u}\cdot\mathbf{v}}{\|\mathbf{u}\|}$$

이다. 따라서 $\mathbf{p}$는

$$\mathbf{p} = \|\mathbf{p}\|\left(\frac{1}{\|\mathbf{u}\|}\mathbf{u}\right) = \frac{\mathbf{u}\cdot\mathbf{v}}{\|\mathbf{u}\|}\left(\frac{1}{\|\mathbf{u}\|}\mathbf{u}\right) = \left(\frac{\mathbf{u}\cdot\mathbf{v}}{\mathbf{u}\cdot\mathbf{u}}\right)\mathbf{u}$$

로 구해진다.

정의 1.1.2 벡터의 투영(projection)

$\mathbb{R}^n$에서의 두 벡터 $\mathbf{u}\neq 0$와 $\mathbf{v}$에 대하여 다음과 같은 벡터

$$\mathrm{proj}_{\mathbf{u}}(\mathbf{v}) = \left(\frac{\mathbf{u}\cdot\mathbf{v}}{\mathbf{u}\cdot\mathbf{u}}\right)\mathbf{u}$$

를 $\mathbf{u}$에 대한 $\mathbf{v}$의 투영이라 한다. 그리고 $\mathrm{proj}_{\mathbf{u}}(\mathbf{v})$의 크기

$$\|\mathrm{proj}_{\mathbf{u}}(\mathbf{v})\| = \frac{\mathbf{u}\cdot\mathbf{v}}{\|\mathbf{u}\|}$$

를 $\mathbf{u}$방향에 대한 $\mathbf{v}$의 성분(component)이라 하고, $\mathrm{comp}_{\mathbf{u}}(\mathbf{v})$로 나타낸다.

예제 1.1.3 다음에서 벡터 $\mathbf{u}$에 대한 $\mathbf{v}$의 투영을 구하여라.

$$\mathbf{u} = \begin{bmatrix}1\\0\\1\end{bmatrix},\quad \mathbf{v} = \begin{bmatrix}0\\2\\2\end{bmatrix}$$

풀이

$\mathbf{u}\cdot\mathbf{v}=2$이고 $\mathbf{u}\cdot\mathbf{u}=2$이므로 $\mathbf{u}$에 대한 $\mathbf{v}$의 투영은

$$\mathrm{proj}_{\mathbf{u}}(\mathbf{v}) = \left(\frac{\mathbf{u}\cdot\mathbf{v}}{\mathbf{u}\cdot\mathbf{u}}\right)\mathbf{u} = \left(\frac{2}{2}\right)\mathbf{u} = \mathbf{u}$$

가 된다.

일반적으로, $\mathbb{R}^n$에서 표준단위벡터 $\mathbf{e}_i$방향에 대한 벡터 $\mathbf{v}^t = [v_1\ v_2\ \cdots\ v_n]$의 성분은

$$\mathrm{comp}_{\mathbf{e}_i}(\mathbf{v}) = \frac{\mathbf{e}_i\cdot\mathbf{v}}{\|\mathbf{e}_i\|} = v_i,\ i = 1, 2, \cdots, n$$

이 된다. 이러한 이유로 $\mathbf{v}$의 각 좌표값을 $\mathbf{v}$의 성분이라 부른다.

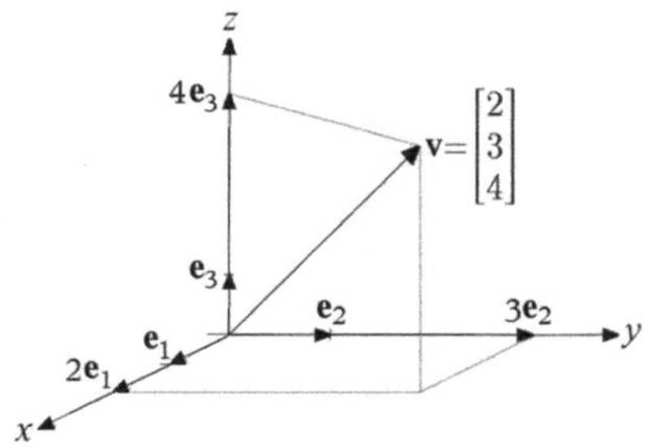

그림 1.1.9 표준단위벡터에 대한 v의 투영

예제 1.1.4 **$\mathbb{R}^3$에서의 표준단위벡터 $\mathbf{e}_1, \mathbf{e}_2, \mathbf{e}_3$에 대한 $\mathbf{v}^t=[2\ 3\ 4]$의 투영을 구하여라.**

풀이

$$\mathbf{e}_1 \cdot \mathbf{v}=2,\quad \mathbf{e}_2 \cdot \mathbf{v}=3,\quad \mathbf{e}_3 \cdot \mathbf{v}=4,\quad \|\mathbf{e}_i\|=1$$

이므로 각 투영은 그림 1.1.9에서 보듯이 다음과 같이 구해진다.

$$\mathrm{proj}_{\mathbf{e}_1}(\mathbf{v})=2\mathbf{e}_1,\quad \mathrm{proj}_{\mathbf{e}_2}(\mathbf{v})=3\mathbf{e}_2,\quad \mathrm{proj}_{\mathbf{e}_3}(\mathbf{v})=4\mathbf{e}_3.$$

예제 1.1.4를 보면 $\mathbb{R}^n$에서의 $\mathbf{e}_i$에 대한 벡터 $\mathbf{v}^t=[v_1\ v_2\ \cdots\ v_n]$의 투영은

$$\mathrm{proj}_{\mathbf{e}_i}(\mathbf{v})=(\mathbf{e}_i \cdot \mathbf{v})\mathbf{e}_i=v_i\mathbf{e}_i$$

이므로 $\mathbf{v}$는 표준단위벡터 $\mathbf{e}_i$를 이용하면

$$\mathbf{v}=v_1\mathbf{e}_1+v_2\mathbf{e}_2+\cdots+v_n\mathbf{e}_n$$

이 된다. 즉, $\mathbb{R}^n$에 속하는 임의의 벡터 $\mathbf{v}$는 표준단위벡터 $\mathbf{e}_1, \mathbf{e}_2, \cdots, \mathbf{e}_n$ 각각에 대한 $\mathbf{v}$의 투영을 합성한 벡터이다.

예제 1.1.5 **정규분포 $N(\mu, \sigma^2)$에서 얻은 크기 n인 관측값을 $\mathbf{x}^t=[x_1\ x_2\ \cdots\ x_n]$이라 할 때,**

(1) $\mathbf{1}_n^t=[1\ 1\ \cdots\ 1]$에 대한 $\mathbf{x}$의 투영 $\mathrm{proj}_{\mathbf{1}_n}(\mathbf{x})$를 구하여라.

(2) $\mathbf{x}$, $\mathrm{proj}_{\mathbf{1}_n}(\mathbf{x})$ 및 $\mathbf{x}-\mathrm{proj}_{\mathbf{1}_n}(\mathbf{x})$를 도시하여라.

(3) $\|\mathbf{x}-\mathrm{proj}_{\mathbf{1}_n}(\mathbf{v})\|^2$을 구하여라.

(4) $\mathbf{x}$와 $\mathbf{1}_n$ 사이의 각을 θ라 할 때 대립가설 $H_1:\mu\neq 0$에 대한 $H_0:\mu=0$의

검정에 쓰이는 t-통계량이 θ의 함수임을 보여라.

풀이

(1) $\text{proj}_{\mathbf{1}_n}(\mathbf{x})=\left[\dfrac{\mathbf{1}_n\cdot\mathbf{x}}{\|\mathbf{1}_n\|^2}\right]\mathbf{1}_n=\left[\dfrac{1}{n}\sum_{i=1}^{n}x_i\right]\mathbf{1}_n=\bar{x}\mathbf{1}_n$

(2) 그림 1.1.10

(3) $$\|\mathbf{x}-\text{proj}_{\mathbf{1}_n}(\mathbf{v})\|^2=\|\mathbf{x}-\bar{x}\mathbf{1}_n\|^2=(\mathbf{x}-\bar{x}\mathbf{1}_n)\cdot(\mathbf{x}-\bar{x}\mathbf{1}_n)$$
$$=\mathbf{x}\cdot\mathbf{x}-(\bar{x})^2\mathbf{1}_n\cdot\mathbf{1}_n$$
$$=\sum x_i^2-n(\bar{x})^2=(n-1)s^2$$

(4) 검정통계량 t의 제곱은

$$t^2=\left[\frac{\bar{x}}{s/\sqrt{n}}\right]^2=\frac{n(\bar{x})^2}{(n-1)^{-1}\sum(x_i-\bar{x})^2}$$
$$=(n-1)\frac{(\bar{x}\mathbf{1}_n)\cdot(\bar{x}\mathbf{1}_n)}{(\mathbf{x}-\bar{x}\mathbf{1}_n)\cdot(\mathbf{x}-\bar{x}\mathbf{1}_n)}$$
$$=(n-1)\left[\frac{\|\bar{x}\mathbf{1}_n\|}{\|\mathbf{x}-\bar{x}\mathbf{1}_n\|}\right]^2=(n-1)\left(\frac{1}{\tan\theta}\right)^2$$

이므로 그림 1.1.10을 보면

$$t^2=(n-1)\cot^2\theta$$

이다. 따라서 t-통계량은 θ의 함수이다.

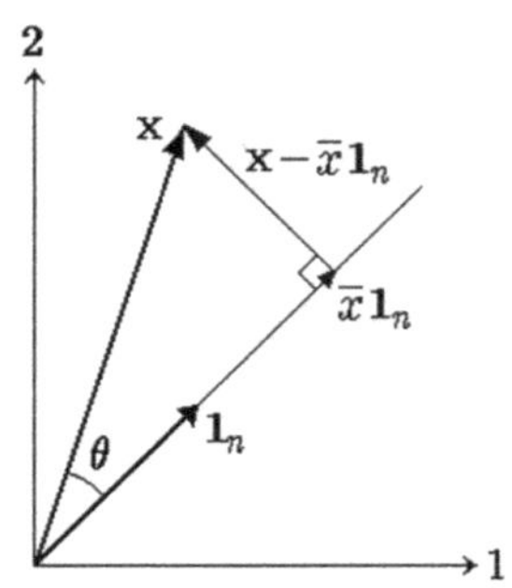

그림 1.1.10 $\mathbf{x}$, $\text{proj}_{\mathbf{1}_n}(\mathbf{x})$, $\mathbf{x}-\text{proj}_{\mathbf{1}_n}(\mathbf{x})=\mathbf{x}-\bar{x}\mathbf{1}_n$

연습문제 1.1

1. 두 벡터 $\mathrm{u}=\begin{bmatrix} 3 \\ 5 \\ -2 \end{bmatrix}$와 $\mathrm{v}=\begin{bmatrix} -4 \\ -3 \\ 5 \end{bmatrix}$에 대하여

   (1) $\mathrm{u}+\mathrm{v}$, $\mathrm{u}-\mathrm{v}$, $2\mathrm{u}+3\mathrm{v}$, $5\mathrm{v}-3\mathrm{u}$를 각각 구하여라.

   (2) (1)에서 구한 각 벡터의 크기를 구하여라.

   (3) $\mathrm{u}+\mathrm{v}$와 $\mathrm{u}-\mathrm{v}$에 대한 각각의 단위벡터를 구하여라.

   (4) $\mathrm{u}+\mathrm{v}$와 $\mathrm{u}-\mathrm{v}$ 사이의 각을 구하여라.

   (5) u에 대한 v의 성분과 투영을 구하여라.

   (6) v에 대한 u의 성분과 투영을 구하여라.

   (7) $\mathbb{R}^3$에서의 표준단위벡터 e_1, e_2, e_3 각각에 대한 v의 투영을 구하여라.

2. 벡터 $\mathrm{y}-(\mathrm{x}\cdot\mathrm{y}/\mathrm{x}\cdot\mathrm{x})\mathrm{x}$와 자신과의 내적을 이용하여

$$(\mathrm{x}\cdot\mathrm{y})^2 \le (\mathrm{x}\cdot\mathrm{x})(\mathrm{y}\cdot\mathrm{y})$$

   임을 증명하여라. 이것을 **Cauchy-Schwarz 부등식**이라 한다.

3. 벡터 u와 v의 사이각이 θ일 때, u를 밑변, v를 빗변으로 하는 예각삼각형의 면적을 벡터를 이용한 수식으로 나타내어라.

4. 방향벡터가 $\mathrm{u}=\begin{bmatrix} -1 \\ 1 \\ 0 \end{bmatrix}$이고 점 $\mathrm{A}=(2,1,3)$을 지나는 직선을 ℓ, $\mathrm{B}=(1,0,2)$이라 할 때

   (1) ℓ의 식을 구하여라.

   (2) $\mathrm{v}=\overrightarrow{\mathrm{AB}}$를 구하여라.

   (3) $\mathrm{proj}_{\mathrm{u}}(\mathrm{v})$를 구하여라.

   (4) 점 B에서 직선 ℓ까지의 거리를 구하여라.

5. $\mathbb{R}^n$에 속하는 모든 벡터 u와 v에 대하여 다음 식이 성립함을 보여라.

   (1) $\|\mathrm{u}-\mathrm{v}\| \ge \|\mathrm{u}\|-\|\mathrm{v}\|$

   (2) $(\mathrm{u}+\mathrm{v})\cdot(\mathrm{u}-\mathrm{v})=\|\mathrm{u}\|^2-\|\mathrm{v}\|^2$

   (3) $\mathrm{u}\cdot\mathrm{v}=\frac{1}{4}\|\mathrm{u}+\mathrm{v}\|^2-\frac{1}{4}\|\mathrm{u}-\mathrm{v}\|^2$

1.2 벡터공간

유클리드 공간 $\mathbb{R}^n$에서의 벡터들에 대한 두 연산(합과 스칼라 곱)으로부터 얻은 정리 1.1.1의 성질들을 이용하여 벡터공간을 일반적으로 정의할 수 있다.

정의 1.2.1 벡터공간(vector space)

집합 $\mathbf{V}$에 속하는 원소 $\mathbf{u}$와 $\mathbf{v}$에 대하여 $\mathbf{u}+\mathbf{v}$로 나타내는 합연산과 $c\mathbf{u}$로 나타내는 스칼라 곱연산이 정의되었을 때, $\mathbf{V}$에 속하는 모든 $\mathbf{u}, \mathbf{v}, \mathbf{w}$와 모든 스칼라 c, d에 대하여 아래와 같은 공리를 모두 만족하면 $\mathbf{V}$를 벡터공간이라 하고 그 원소를 벡터라 한다.

1. $\mathbf{u}+\mathbf{v} \in \mathbf{V}$
2. $\mathbf{u}+\mathbf{v}=\mathbf{v}+\mathbf{u}$
3. $(\mathbf{u}+\mathbf{v})+\mathbf{w}=\mathbf{u}+(\mathbf{v}+\mathbf{w})$
4. **$\mathbf{u}+\mathbf{0}=\mathbf{u}$인 $\mathbf{0}$이 $\mathbf{V}$에 속한다.**
5. **모든 $\mathbf{u}(\in \mathbf{V})$에 대하여 $\mathbf{u}+(-\mathbf{u})=\mathbf{0}$인 $-\mathbf{u}$가 $\mathbf{V}$에 속한다.**
6. $c\mathbf{u} \in \mathbf{V}$
7. $c(\mathbf{u}+\mathbf{v})=c\mathbf{u}+c\mathbf{v}$
8. $(c+d)\mathbf{u}=c\mathbf{u}+d\mathbf{u}$
9. $c(d\mathbf{u})=(cd)\mathbf{u}$
10. $1\mathbf{u}=\mathbf{u}$

벡터공간 $\mathbf{V}$에 속하는 벡터를 $\mathbf{u}$, 스칼라를 c라 하면

$$0\mathbf{u}=(1+(-1))\mathbf{u}=1\mathbf{u}+(-1)\mathbf{u}=1\mathbf{u}+(-1\mathbf{u})=\mathbf{0}$$

이므로 $0\mathbf{u}=\mathbf{0}$이고,

$$c\mathbf{0}=c(\mathbf{0}+\mathbf{0})=c\mathbf{0}+c\mathbf{0}$$

의 양변에 $-c\mathbf{0}$를 더하면

$$c\mathbf{0}+(-c\mathbf{0})=\mathbf{0}=c\mathbf{0}+c\mathbf{0}+(-c\mathbf{0})=c\mathbf{0}+\mathbf{0}=c\mathbf{0}$$

이므로 $c\mathbf{0}=\mathbf{0}$이다. 또한,

$$\mathbf{0}=0\mathbf{u}=(1+(-1))\mathbf{u}=1\mathbf{u}+(-1)\mathbf{u}=\mathbf{u}+(-1)\mathbf{u},\ \mathbf{0}=\mathbf{u}+(-\mathbf{u}) \Rightarrow \mathbf{u}+(-1)\mathbf{u}=\mathbf{u}+(-\mathbf{u})$$

이므로 $(-1)\mathbf{u}=-\mathbf{u}$가 된다. 그리고 $c\mathbf{u}=\mathbf{0}$일 때는 $c=0$이거나 $c\neq 0$이면

$$\mathbf{u}=1\mathbf{u}=\left(c\frac{1}{c}\right)\mathbf{u}=\frac{1}{c}(c\mathbf{u})=\mathbf{0}$$

이어야 한다.

$n\geq 1$일 때, 통상적인 합연산과 스칼라 곱연산이 정의되는 $\mathbb{R}^n$에서는 정리 1.1.1에 의하여 정의 1.2.1의 모든 공리를 만족한다. 따라서 유클리드 공간 $\mathbb{R}^n$은 벡터공간이다.

예제 1.2.1 **실수 직선상에서 정의되는 모든 실수값 함수들의 집합 F에 속하는 함수 f와 g 및 스칼라 c에 대하여 $f+g$와 cf를**

$$(f+g)(x)=f(x)+g(x),\quad cf(x)=f(cx)$$

로 정의하면

$$(c_1f+c_2g)(x)=c_1f(x)+c_2g(x)=f(c_1x)+g(c_2x)\in \mathrm{F}$$

이므로 F는 벡터공간이다.

벡터 $\mathbf{u}$와 음벡터 $-\mathbf{v}$의 합 $\mathbf{u}+(-\mathbf{v})$는 $\mathbf{u}-\mathbf{v}$로 쓰고 **차이벡터**로 정의한다. 그리고 c_i가 스칼라일 때 벡터 $c_i\mathbf{v}_i$들의 합은

$$c_1\mathbf{v}_1+c_2\mathbf{v}_2+\cdots+c_k\mathbf{v}_k=\sum c_i\mathbf{v}_i$$

으로 나타낸다. 이를 벡터의 선형결합이라 하는데 주어진 벡터들의 집합에 속하는 임의의 벡터에 의한 모든 선형결합들의 집합이 관심 있는 공간이 된다.

정의 1.2.2 **벡터의 선형결합(linear combination of vectors)**

스칼라 $c_1, c_2, \cdots, c_k$에 대하여 벡터 $\mathbf{v}$가

$$\mathbf{v}=c_1\mathbf{v}_1+c_2\mathbf{v}_2+\cdots+c_k\mathbf{v}_k$$

이면 $\mathbf{v}$를 $\mathbf{v}_1, \mathbf{v}_2, \cdots, \mathbf{v}_k$의 선형결합이라 하고, $c_1, c_2, \cdots, c_k$를 이 선형결합의 계수(coefficients of the linear combination)라 부른다.

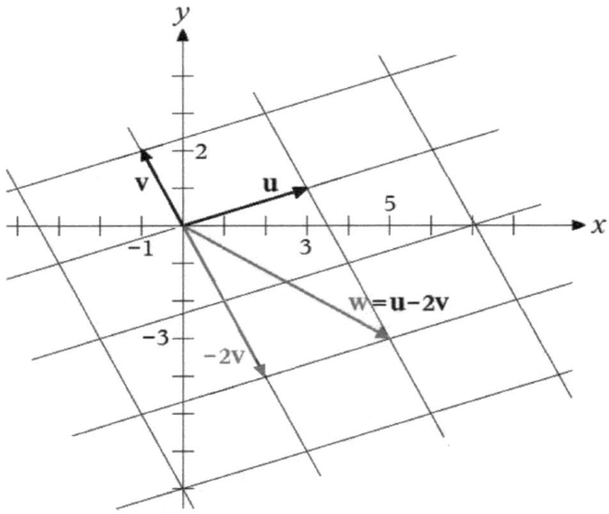

그림 1.2.1 벡터의 좌표

$\mathbb{R}^2$에 속하는 두 벡터를

$$\mathbf{u}=\begin{bmatrix}3\\1\end{bmatrix},\quad \mathbf{v}=\begin{bmatrix}-1\\2\end{bmatrix}$$

라 하면

$$\mathbf{u}=\begin{bmatrix}3\\1\end{bmatrix}=3\begin{bmatrix}1\\0\end{bmatrix}+\begin{bmatrix}0\\1\end{bmatrix}=3\mathbf{e}_1+\mathbf{e}_2,\quad \mathbf{v}=\begin{bmatrix}-1\\2\end{bmatrix}=\begin{bmatrix}1\\0\end{bmatrix}-2\begin{bmatrix}0\\1\end{bmatrix}=\mathbf{e}_1-2\mathbf{e}_2$$

이므로 $\mathbf{u}$와 $\mathbf{v}$는 $\mathbf{e}_1$, $\mathbf{e}_2$의 선형결합이다. 즉, $\mathbb{R}^2$에 속하는 임의의 벡터 $\mathbf{x}^t=[x\ y]$는 $\mathbf{e}_1$, $\mathbf{e}_2$의 선형결합으로 표현되고, x와 y는 $\mathbf{e}_1\mathbf{e}_2$-평면상에서 $\mathbf{x}$의 좌표가 된다. 이 때, $\mathbb{R}^2$는 $\{\mathbf{e}_1,\mathbf{e}_2\}$에 의하여 생성되었다고 한다. 유사하게,

$$\mathbf{w}=\mathbf{u}-2\mathbf{v}=\begin{bmatrix}3\\1\end{bmatrix}-2\begin{bmatrix}-1\\2\end{bmatrix}=\begin{bmatrix}5\\-3\end{bmatrix}$$

일 때 $\mathbf{u}$와 $\mathbf{v}$에 대한 $\mathbf{w}$의 좌표는 $(1,-2)$이고, $\mathbf{e}_1$과 $\mathbf{e}_2$에 대한 $\mathbf{w}$의 좌표는 $(5,-3)$이 된다. 그림 1.2.1을 보면 $\mathbf{uv}$-평면상의 임의의 벡터 $\mathbf{w}$는

$$\mathbf{w}=\begin{bmatrix}w_1\\w_2\end{bmatrix}=w_1\mathbf{u}+w_2\mathbf{v}$$

와 같이 $\mathbf{u}$과 $\mathbf{v}$의 선형결합으로 구해지므로 $\mathbb{R}^2$는 $\{\mathbf{u},\mathbf{v}\}$에 의하여도 생성된다.

정의 1.2.3 생성집합(spanning set)

벡터공간 V의 한 부분집합을 $S=\{\mathbf{v}_1, \mathbf{v}_2, \cdots, \mathbf{v}_k\}$라 할 때 $\mathbf{v}_1, \mathbf{v}_2, \cdots, \mathbf{v}_k$의 모든 선형결합들의 집합을 $\mathbf{v}_1, \mathbf{v}_2, \cdots, \mathbf{v}_k$에 의해 만들어지는 생성공간이라 하고, 기호 span(S) 또는 span$(\mathbf{v}_1, \mathbf{v}_2, \cdots, \mathbf{v}_k)$로 나타낸다. V=span$(S)$이면 V는 S에 의하여 생성되었다고 하고 S를 V의 생성집합이라 한다.

$\mathbb{R}^n$에 속하는 임의의 벡터는 $\mathbf{e}_1, \mathbf{e}_2, \cdots, \mathbf{e}_n$의 선형결합이므로

$$\mathbb{R}^n=\text{span}(\mathbf{e}_1, \mathbf{e}_2, \cdots, \mathbf{e}_n)$$

이다. 한편, $2x+y=0$인 직선 ℓ의 식을 벡터로 나타내면

$$\mathbf{x}=\begin{bmatrix} x \\ y \end{bmatrix}=c\begin{bmatrix} 1 \\ -2 \end{bmatrix}=c\mathbf{v}$$

이므로 ℓ은 $\mathbf{v}$에 의하여 생성된 집합이다. 즉,

$$\ell=\text{span}(\mathbf{v})$$

이고 ℓ은 $\mathbb{R}^2$의 부분집합이다. 또한, $\mathbb{R}^3$에 속하는 $\mathbf{v}_1^t=[1\ 0\ 1]$와 $\mathbf{v}_2^t=[0\ 1\ 1]$의 모든 선형결합은 원점을 지나고 $\mathbf{u}$와 $\mathbf{v}$가 방향벡터인 평면 $\mathcal{P}$인데, $\mathcal{P}$의 방정식을 벡터로 나타내면

$$\mathbf{x}=\begin{bmatrix} x \\ y \\ z \end{bmatrix}=c_1\begin{bmatrix} 1 \\ 0 \\ 1 \end{bmatrix}+c_2\begin{bmatrix} 0 \\ 1 \\ 1 \end{bmatrix}=c_1\mathbf{v}_1+c_2\mathbf{v}_2$$

이므로 $\mathbf{x}$는 $\mathbf{v}_1$와 $\mathbf{v}_2$에 의하여 생성된 공간에 속한다. 즉, $\mathcal{P}=\text{span}(\mathbf{v}_1, \mathbf{v}_2)$는 $\mathbb{R}^3$의 부분집합이고, 벡터공간의 모든 공리들을 만족하는 벡터공간이다. 이 때, $\mathcal{P}$를 $\mathbb{R}^3$의 부분벡터공간이라 한다.

정의 1.2.4 부분벡터공간(vector subspace)

벡터공간 V의 부분집합 W가 정의 1.2.1의 모든 공리를 만족하는 벡터공간이면 W를 V의 부분벡터공간 또는 간단히 부분공간이라 한다.

벡터공간 **V**의 부분집합 **W**에 속하는 $\mathbf{u}$와 $\mathbf{v}$ 및 스칼라 c에 대하여 $\mathbf{u}+\mathbf{v}$와 $c\mathbf{v}$가 **W**에

속하면 $\mathbf{W}$는 $\mathbf{V}$의 부분공간임을 보일 수 있다. 이 사실로부터 $\mathbf{V}$의 부분공간 $\mathbf{W}$에는 영벡터 $\mathbf{0}$가 포함되어 있어야 함을 알 수 있다. 그리고 $\mathbf{V}$는 $\mathbf{V}$ 자신의 부분공간임은 자명하다. 또한, 원소가 영벡터만인 집합 $\{\mathbf{0}\}$에서

$$\mathbf{0}+\mathbf{0}=\mathbf{0} \text{이고 } c\mathbf{0}=\mathbf{0}$$

이므로 $\{\mathbf{0}\}$은 $\mathbf{V}$의 부분공간이다. $\{\mathbf{0}\}$와 $\mathbf{V}$를 $\mathbf{V}$의 **명백한 부분공간**(trivial subspace)이라 부른다.

$\mathbb{R}^n$의 벡터 $\mathbf{v}_1, \mathbf{v}_2, \cdots, \mathbf{v}_k$에 의하여 생성된 집합을

$$S=\operatorname{span}(\mathbf{v}_1, \mathbf{v}_2, \cdots, \mathbf{v}_k)$$

라 하면

$$\mathbf{0}=0\mathbf{v}_1+0\mathbf{v}_2+\cdots+0\mathbf{v}_k \in S$$

이다. 그리고 S에 속하는 두 벡터

$$\mathbf{u}=c_1\mathbf{v}_1+c_2\mathbf{v}_2+\cdots+c_k\mathbf{v}_k, \ \ \mathbf{v}=d_1\mathbf{v}_1+d_2\mathbf{v}_2+\cdots+d_k\mathbf{v}_k$$

와 스칼라 a, b에 대하여

$$a\mathbf{u}+b\mathbf{v}=(ac_1+bd_1)\mathbf{v}_1+(ac_2+bd_2)\mathbf{v}_2+\cdots+(ac_k+bd_k)\mathbf{v}_k \in S,$$

이므로 $\operatorname{span}(\mathbf{v}_1, \mathbf{v}_2, \cdots, \mathbf{v}_k)$는 $\mathbb{R}^n$의 부분공간이다.

부분공간을 정의하기 전에 $\mathbf{v}_1^t=[1\ 0\ 1]$와 $\mathbf{v}_2^t=[0\ 1\ 1]$에 의하여 생성된 평면

$$\mathcal{P}=\operatorname{span}(\mathbf{v}_1, \mathbf{v}_2)$$

는 $\mathbb{R}^3$의 부분공간임을 보였다. 여기서 $\mathcal{P}$에 속하는 $\mathbf{v}_3^t=[3\ 2\ 5]$에 대하여

$$\mathbf{x}=\begin{bmatrix} x \\ y \\ z \end{bmatrix}=c_1\begin{bmatrix} 1 \\ 0 \\ 1 \end{bmatrix}+c_2\begin{bmatrix} 0 \\ 1 \\ 1 \end{bmatrix}+c_3\begin{bmatrix} 3 \\ 2 \\ 5 \end{bmatrix}=(c_1+3c_3)\mathbf{v}_1+(c_2+2c_3)\mathbf{v}_2$$

이므로

$$\mathcal{P}=\operatorname{span}(\mathbf{v}_1, \mathbf{v}_2, \mathbf{v}_3)=\operatorname{span}(\mathbf{v}_1, \mathbf{v}_2)$$

이다. 즉, $\mathbb{R}^3$의 부분공간 $\mathcal{P}$의 생성집합은 $\{\mathbf{v}_1, \mathbf{v}_2\}$로 충분하다.

사실, $\mathbb{R}^n$의 부분공간 $\mathbf{W}$에 대한 생성집합을 포함하는 임의의 집합 역시 $\mathbf{W}$의 생성집합이 된다. 따라서 자연스럽게 $\mathbb{R}^n$의 부분공간을 생성할 수 있는 가장 작은 생성집합을 생각하게 된다. 그런데, 앞의 예에서 $\mathbf{v}_3=3\mathbf{v}_1+2\mathbf{v}_2$는 $\mathbf{v}_1$과 $\mathbf{v}_2$의 선형결합인데, 이런 경우에

$\mathbf{v}_3$는 $\mathbf{v}_1$과 $\mathbf{v}_2$에 종속되어 있다고 말한다. 물론, $\mathbf{v}_1$, $\mathbf{v}_2$도 나머지 두 벡터의 선형결합으로 표현된다. 어떤 벡터들이 나머지 다른 벡터들의 선형결합으로 나타낼 수 있는가는 다음과 같은 정의를 이용하여 설명할 수 있다.

정의 1.2.5 벡터의 선형독립(linearly independency)

벡터공간 V에 속하는 벡터 $\mathbf{v}_1, \mathbf{v}_2, \cdots, \mathbf{v}_k$와 스칼라 $c_1, c_2, \cdots, c_k$에 대하여 선형결합 $\sum_1^k c_i\mathbf{v}_i$가 $\mathbf{0}$이 되는 $c_i \neq 0$가 적어도 하나 존재하면 $\mathbf{v}_1, \mathbf{v}_2, \cdots, \mathbf{v}_k$는 선형종속(linearly dependent)이라 하고, 모든 c_i가 0일 때만 $\sum_1^k c_i\mathbf{v}_i = \mathbf{0}$이면 $\mathbf{v}_1, \mathbf{v}_2, \cdots, \mathbf{v}_k$는 선형독립이라고 한다.

벡터 $\mathbf{v}_1, \mathbf{v}_2, \cdots, \mathbf{v}_k$들이 선형독립이면 어떤 벡터 $\mathbf{v}_i$도 $\mathbf{0}$가 될 수 없다. 예컨대, $\mathbf{v}_1 = \mathbf{0}$이면 모든 $c_1 \neq 0$에 대하여

$$c_1\mathbf{v}_1 + 0\mathbf{v}_2 + \cdots + 0\mathbf{v}_k = \mathbf{0}$$

이므로 이것은 $\mathbf{v}_1, \mathbf{v}_2, \cdots, \mathbf{v}_k$들이 선형독립이라는 사실에 위배된다. 반면에 $\mathbf{v}_1, \mathbf{v}_2, \cdots, \mathbf{v}_k$들이 선형종속이면 적어도 하나의 벡터는 나머지 벡터들의 선형결합으로 표현되고, 그 역도 성립한다.

예제 1.2.2 **$\mathbf{R}^3$에 속하는 다음과 같은 벡터**

$$\mathbf{v}_1 = \begin{bmatrix} 3 \\ 0 \\ -1 \end{bmatrix}, \quad \mathbf{v}_2 = \begin{bmatrix} -3 \\ 3 \\ -1 \end{bmatrix}, \quad \mathbf{v}_3 = \begin{bmatrix} 0 \\ 3 \\ -2 \end{bmatrix}$$

에 대하여 $\mathbf{v}_1 + \mathbf{v}_2 = \mathbf{v}_3$이므로 이들 중 임의의 두 벡터는 선형독립이고 세 벡터는 선형종속이다. 여기서 span$(\mathbf{v}_1, \mathbf{v}_2)$는 $s\mathbf{v}_1 + t\mathbf{v}_2$와 같은 형태를 지닌 모든 벡터들의 집합으로 원점을 지나고 $\mathbf{v}_1$과 $\mathbf{v}_2$가 방향벡터인 평면 $\mathcal{P}$이다. 그런데,

$$\begin{aligned} s\mathbf{v}_1 + t\mathbf{v}_2 &= (t-s)\mathbf{v}_2 + s\mathbf{v}_3 \\ &= (s-t)\mathbf{v}_1 + t\mathbf{v}_3 \\ &= (s-c)\mathbf{v}_1 + (t-c)\mathbf{v}_2 + c\mathbf{v}_3 \end{aligned}$$

이므로

$$\text{span}(\mathbf{v}_1, \mathbf{v}_2) = \text{span}(\mathbf{v}_2, \mathbf{v}_3) = \text{span}(\mathbf{v}_1, \mathbf{v}_3) = \text{span}(\mathbf{v}_1, \mathbf{v}_2, \mathbf{v}_3)$$

이다. 즉, $\mathbb{R}^3$의 부분공간인 평면 $\mathcal{P}$는 선형독립인 두 벡터만으로 생성할 수 있음을 알 수 있다.

정의 1.2.6 기저(basis)

벡터공간 $\mathbf{V}$에 속하는 선형독립인 벡터를 $\mathbf{v}_1, \mathbf{v}_2, \cdots, \mathbf{v}_k$라 할 때

$$\mathbf{V} = \text{span}(\mathbf{v}_1, \mathbf{v}_2, \cdots, \mathbf{v}_k)$$

이면 집합 $\{\mathbf{v}_1, \mathbf{v}_2, \cdots, \mathbf{v}_k\}$를 벡터공간 $\mathbf{V}$의 기저라 한다. 그리고 기저에 속한 벡터들의 수를 벡터공간 $\mathbf{V}$의 차원(dimension)이라 하고 $\dim(\mathbf{V})$로 나타낸다.

$\mathbb{R}^n$의 표준단위벡터들의 집합 $\{\mathbf{e}_1, \mathbf{e}_2, \cdots, \mathbf{e}_n\}$은 $\mathbb{R}^n$의 기저이다. 표준단위벡터들로 구성된 기저를 **표준기저**(standard basis)라 한다. 그림 1.2.1에서 $\{\mathbf{e}_1, \mathbf{e}_2\}$와 $\{\mathbf{u}, \mathbf{v}\}$는 모두 $\mathbb{R}^2$의 기저이다. 일반적으로 임의의 벡터공간 $\mathbf{V}$의 기저는 유일하지는 않지만 $\mathbf{V}$의 모든 기저는 같은 개수의 벡터를 가지며 이 개수가 $\mathbf{V}$의 차원이다.

한편, 벡터공간 $\mathbf{V}$의 기저가 $B = \{\mathbf{v}_1, \mathbf{v}_2, \cdots, \mathbf{v}_k\}$일 때, $\mathbf{V}$에 속하는 임의의 벡터 $\mathbf{v}$를 기저벡터들의 선형결합으로 나타내는 방법은 유일하다. 즉,

$$\mathbf{v} = c_1\mathbf{v}_1 + c_2\mathbf{v}_2 + \cdots + c_k\mathbf{v}_k$$

일 때, 스칼라 $c_1, c_2, \cdots, c_k$는 유일하고 이를 기저 B에 대한 $\mathbf{v}$의 좌표라 하며

$$[\mathbf{v}]_B = \begin{bmatrix} c_1 \\ c_2 \\ \vdots \\ c_k \end{bmatrix}$$

를 **기저 B에 대한 $\mathbf{v}$의 좌표벡터**(coordinate vector of $\mathbf{v}$ with respect to B)라 한다.

그림 1.2.1에서 각 기저에 대한 $\mathbf{w}$의 좌표벡터는

$$[\mathbf{w}]_{\{\mathbf{u}, \mathbf{v}\}} = \begin{bmatrix} 1 \\ -2 \end{bmatrix}, \quad [\mathbf{w}]_{\{\mathbf{e}_1, \mathbf{e}_2\}} = \begin{bmatrix} 5 \\ -3 \end{bmatrix}$$

이 된다. 또한, 예제 1.2.2에서 $B = \{\mathbf{v}_1, \mathbf{v}_2\}$는 $\mathbb{R}^3$에 속하는 평면 $\mathcal{P}$에 대한 하나의 기저이고 $\mathbf{v}_3 = \mathbf{v}_1 + \mathbf{v}_2$이므로 B에 대한 $\mathbf{v}_3$의 좌표벡터는

$$[\mathbf{v}_3]_B=\begin{bmatrix}1\\1\end{bmatrix}$$

이 된다.

$\mathbb{R}^n$에서 정의한 내적의 성질(정리 1.1.2)로부터 임의의 벡터공간에 대한 내적을 일반적으로 정의할 수 있다.

정의 1.2.7 임의의 벡터공간에 대한 내적(inner product)

벡터공간 V에 속하는 임의의 두 벡터 u와 v에 대하여 다음과 같은 조건

1. $\mathbf{u}\odot\mathbf{v}=\mathbf{v}\odot\mathbf{u}$
2. $\mathbf{u}\odot(\mathbf{v}+\mathbf{w})=\mathbf{u}\odot\mathbf{v}+\mathbf{u}\odot\mathbf{w}$
3. $c\mathbf{u}\odot\mathbf{v}=c(\mathbf{u}\odot\mathbf{v})$
4. $\mathbf{u}\odot\mathbf{u}\geq 0$**이고,** $\mathbf{u}\odot\mathbf{u}=0 \Leftrightarrow \mathbf{u}=0$**이다.**

을 만족하는 실수 $\mathbf{u}\odot\mathbf{v}$를 V에서의 u와 v에 대한 내적이라 한다. 그리고 내적이 정의되어 있는 벡터공간을 내적공간(inner product space)이라 한다.

예제 1.2.3 **$\mathbb{R}^2$에 속하는 두 벡터 $\mathbf{u}^t=[u_1\ u_2]$와 $\mathbf{v}^t=[v_1\ v_2]$에 대하여**

$$\mathbf{u}\odot\mathbf{v}=9u_1v_1+4u_2v_2$$

가 내적으로 정의됨을 보여라.

풀이

1. $\mathbf{u}\odot\mathbf{v}=9u_1v_1+4u_2v_2=9v_1u_1+4v_2u_2=\mathbf{v}\odot\mathbf{u}$.

2. $\mathbf{w}^t=[w_1\ w_2]$**라 하면**

$$\begin{aligned}\mathbf{u}\odot(\mathbf{v}+\mathbf{w})&=9u_1(v_1+w_1)+4u_2(v_2+w_2)\\&=9u_1(v_1+w_1)+4u_2(v_2+w_2)\\&=(9u_1v_1+4u_2v_2)+(9u_1w_1+4u_2w_2)\\&=\mathbf{v}\odot\mathbf{u}+\mathbf{u}\odot\mathbf{w}.\end{aligned}$$

3. **스칼라 c에 대하여**

$$c\mathbf{u}\odot\mathbf{v}=9(cu_1)v_1+4(cu_2)v_2$$

$$=c(9u_1v_1+4u_2v_2)$$
$$=c(\mathbf{u}\odot\mathbf{v}).$$

4. $$\mathbf{u}\odot\mathbf{u}=9u_1u_1+4u_2u_2=9u_1^2+4u_2^2\geq 0,$$
$$\mathbf{u}\odot\mathbf{u}=9u_1^2+4u_2^2=0 \Leftrightarrow u_1=u_2=0 \Leftrightarrow \mathbf{u}=\mathbf{0}.$$

따라서 정의 1.2.7의 네 조건을 만족하는 $\mathbf{u}\odot\mathbf{v}$는 내적으로 정의된다.

내적공간에서 벡터의 크기와 두 벡터 사이의 거리는 다음과 같이 정의한다.

정의 1.2.8 벡터의 크기(norm)와 거리(distance)

내적공간 V에 속하는 벡터를 $\mathbf{u}$와 $\mathbf{v}$라 할 때,

1. $\|\mathbf{v}\|=\sqrt{\mathbf{v}\odot\mathbf{v}}$ **를 $\mathbf{v}$의 크기라 한다.**
2. $d(\mathbf{u},\mathbf{v})=\|\mathbf{u}-\mathbf{v}\|$ **를 $\mathbf{u}$와 $\mathbf{v}$ 사이의 거리라 한다.**
3. $\mathbf{u}\odot\mathbf{v}=0$ **이면 $\mathbf{u}$와 $\mathbf{v}$는 직교한다고 한다.**

$\mathbb{R}^n$에서 정의한 내적 $\mathbf{u}\cdot\mathbf{v}$는 정의 1.2.7의 네 조건을 만족하므로 $\mathbb{R}^n$은 내적이 $\mathbf{u}\cdot\mathbf{v}$인 내적공간이다. 그런데 우리가 다루게 될 모든 주제들은 유클리드 공간 $\mathbb{R}^n$에 한정될 것이므로 벡터공간에 대한 논의는 더 이상 하지 않는다. 앞으로는 1.1절에서 정의한, 즉, $\mathbb{R}^n$에서 정의한 내적 $\mathbf{u}\cdot\mathbf{v}$만을 고려한다.

연습문제 1.2

1. **다음과 같은 세 벡터**

$$\mathbf{v}_1=\begin{bmatrix}1\\3\\3\\2\end{bmatrix},\quad \mathbf{v}_2=\begin{bmatrix}2\\6\\9\\5\end{bmatrix},\quad \mathbf{v}_3=\begin{bmatrix}-1\\-3\\3\\0\end{bmatrix}$$

에 대하여 물음에 답하여라.

(1) $\mathbf{v}_1,\mathbf{v}_2,\mathbf{v}_3$**는 선형 독립인 벡터들인가?**

(2) $\mathrm{v}_1, \mathrm{v}_2, \mathrm{v}_3$의 선형결합으로 이루어진 집합 **W**를 구하고 **W**의 기저를 구하여라.

2. $\mathbb{R}^3$에 속하는 벡터 $\mathrm{v} = \begin{bmatrix} 1 \\ 3 \\ -2 \end{bmatrix}$의 상수배로 이루어진 집합 **W**를 구하고 **W**가 $\mathbb{R}^3$의 부분공간임을 보여라.

3. 다음과 같은 연립방정식을 만족하는 모든 벡터 $\mathbf{x} = \begin{bmatrix} x \\ y \\ z \end{bmatrix}$로 이루어진 집합 **W**를 구하고 **W**가 $\mathbb{R}^3$의 부분공간임을 보여라.

$$x - z = 0, \quad 5x + 4y + 9z = 0, \quad 2x + 4y + 6z = 0$$

4. 예제 1.2.3에서 정의한 내적을 이용하여 $\|\mathrm{v}\| = 1$의 그래프를 그려라.

5. 내적공간 **V**에 속하는 벡터를 u와 v라 할 때 다음을 증명하여라.

(1) $\mathrm{u} \odot \mathrm{v} \le \|\mathrm{u}\| \|\mathrm{v}\|$

(2) $\|\mathrm{u} + \mathrm{v}\| \le \|\mathrm{u}\| + \|\mathrm{v}\|$

제2장

행렬과 행렬의 연산

2.1 행렬

행렬이라는 용어는 영국의 수학자 Cayley가 행렬이론에 대한 논문을 발표하면서 보편화되었다고 한다. Cayley는 n개의 변수로 만들어진 n개의 연립방정식

$$\begin{gathered} a_{11}x_1+a_{12}x_2+\cdots+a_{1n}x_n=b_1 \\ a_{12}x_1+a_{22}x_2+\cdots+a_{2n}x_n=b_2 \\ \vdots \\ a_{n1}x_1+a_{n2}x_2+\cdots+a_{nn}x_n=b_n \end{gathered}$$

을 다음과 같은 하나의 식

$$\begin{bmatrix} a_{11} & a_{12} & \cdots & a_{1n} \\ a_{21} & a_{22} & \cdots & a_{2n} \\ \vdots & \vdots & \vdots & \vdots \\ a_{n1} & a_{n2} & \cdots & a_{nn} \end{bmatrix}\begin{bmatrix} x_1 \\ x_2 \\ \vdots \\ x_n \end{bmatrix}=\begin{bmatrix} b_1 \\ b_2 \\ \vdots \\ b_n \end{bmatrix}$$

으로 나타내고, 숫자들이 배열된 [ ]을 변수 $x_1, x_2, \cdots, x_n$을 변환하여 $b_1, b_2, \cdots, b_n$을 생성하는 연산자(operator)로 간주하였다. 실제로 행렬을 뜻하는 단어 "matrix"는 어머니를 의미하는 라틴어 "mater"에 접미사 "-ix"를 붙인 것으로 본래의 의미는 어머니의 자궁(womb)이라고 한다. 태아를 둘러싸고 있는 자궁의 기능에 의하여 아이가 태어나는 것처럼 숫자들을 둘러싸고 있는 matrix는 선형변환이라 부르는 특별한 기능을 지닌 함수로 간주할 수 있겠다. 이러한 역사적 배경에 따라 연립방정식을 축약하여 기술하고 그 해를 구하는 방법을 이용하여 행렬과 행렬의 연산을 정의하기로 하자.

다음과 같은 연립방정식

$$\begin{aligned} 2x_1 + \ x_2 + x_3 &= \ \ 1 \\ 4x_1 + \ x_2 \qquad &= -2 \\ -2x_1 + 2x_2 + x_3 &= \ \ 7 \end{aligned}$$

을 간단히 나타내는 방법에 대하여 생각해 보자. 두 벡터를

$$\mathbf{x}=\begin{bmatrix} x_1 \\ x_2 \\ x_3 \end{bmatrix}, \quad \mathbf{a}_1=\begin{bmatrix} 2 \\ 1 \\ 1 \end{bmatrix}$$

이라 하고, 두 벡터의 내적 $\mathbf{a}_1 \cdot \mathbf{x}$를 행벡터 $\mathbf{a}_1^t$와 열벡터 $\mathbf{x}$의 곱 $\mathbf{a}_1^t\mathbf{x}$로 정의하면

$$\mathbf{a}_1^t\mathbf{x}=[2\ 1\ 1]\begin{bmatrix}x_1\\x_2\\x_3\end{bmatrix}=2x_1+x_2+x_3$$

은 주어진 연립방정식에서 첫 번째 식의 등호 왼쪽 부분과 같다. 이러한 표기에 의하면 $\mathbf{a}_2^t=[4\ 1\ 0]$, $\mathbf{a}_3^t=[-2\ 2\ 1]$이라 할 때

$$\mathbf{a}_2^t\mathbf{x}=4x_1+x_2,\quad \mathbf{a}_3^t\mathbf{x}=-2x_1+2x_2+x_3$$

이 된다. 따라서 $\mathbf{b}=[1\ -2\ 7]^t$일 때 주어진 연립방정식은 두 벡터의 상등에 의하여

$$\begin{bmatrix}\mathbf{a}_1^t\mathbf{x}\\\mathbf{a}_2^t\mathbf{x}\\\mathbf{a}_3^t\mathbf{x}\end{bmatrix}=\begin{bmatrix}2x_1+x_2+x_3\\4x_1+x_2\\-2x_1+2x_2+x_3\end{bmatrix}=\begin{bmatrix}1\\-2\\7\end{bmatrix}=\mathbf{b}$$

로 표현된다. 다음으로 세 행벡터 $\mathbf{a}_1^t$, $\mathbf{a}_2^t$, $\mathbf{a}_3^t$을 한 열에 나열하여

$$\begin{bmatrix}\mathbf{a}_1^t\\\mathbf{a}_2^t\\\mathbf{a}_3^t\end{bmatrix}=\begin{bmatrix}2&1&1\\4&1&0\\-2&1&1\end{bmatrix}=\mathrm{A}$$

라 하면 A는 주어진 연립방정식의 9개 계수를 나열한 하나의 묶음이 된다. 이와 같이 수 또는 숫자를 나타내는 문자를 사각형 모양으로 나열한 하나의 묶음을 행렬이라 한다. 이 행렬 A와 벡터 $\mathbf{x}$의 곱을

$$\mathrm{A}\mathbf{x}=\begin{bmatrix}\mathbf{a}_1^t\mathbf{x}\\\mathbf{a}_2^t\mathbf{x}\\\mathbf{a}_3^t\mathbf{x}\end{bmatrix}$$

로 정의하면 주어진 연립방정식은 하나의 식 $\mathrm{A}\mathbf{x}=\mathbf{b}$로 간단히 나타낼 수 있다.

이상과 같은 행렬과 벡터의 개념을 도입하면 다음과 같은 연립방정식

$$\begin{aligned}a_{11}x_1+a_{12}x_2+\cdots+a_{1n}x_n&=b_1\\a_{12}x_1+a_{22}x_2+\cdots+a_{2n}x_n&=b_2\\&\vdots\\a_{n1}x_1+a_{n2}x_2+\cdots+a_{nn}x_n&=b_n\end{aligned}$$

은 다음과 같은 계수행렬과 벡터를

$$\mathrm{A}=\begin{bmatrix}a_{11}&a_{12}&\cdots&a_{1n}\\a_{21}&a_{22}&\cdots&a_{2n}\\\vdots&\vdots&\ddots&\vdots\\a_{n1}&a_{n2}&\cdots&a_{nn}\end{bmatrix},\quad \mathbf{x}=\begin{bmatrix}x_1\\x_2\\\vdots\\x_n\end{bmatrix},\quad \mathbf{b}=\begin{bmatrix}b_1\\b_2\\\vdots\\b_n\end{bmatrix}$$

이용하면 $\mathbf{Ax}=\mathbf{b}$로 간단히 표기할 수 있다.

행렬(matrix)이란 원소(element)라 부르는 수 또는 숫자를 나타내는 문자들의 사각형 배열(rectangular array)인데, m개의 행과 n개의 열로 이루어진 행렬을 $m\times n$행렬이라 한다. 이 때, $m\times n$은 행렬의 크기를 나타내는데 $1\times n$행렬은 행벡터가 되고, $m\times 1$행렬은 열벡터가 된다.

$m\times n$행렬 A의 i번째 행, j번째 열에 있는 원소가 a_{ij}일 때 A는

$$\mathrm{A}=[a_{ij}]=(a_{ij})=(a_{ij})_{m\times n}$$

등으로 나타낸다. 그리고 a_{11}을 **선도원소**(leading element)라 부른다.

$m=n$인 행렬 A는 A_n으로 나타내고 **정방행렬**(square matrix) 또는 n차 정방행렬이라 부른다. n차 정방행렬 A_n의 원소 $a_{11}, a_{22}, \cdots, a_{nn}$을 **대각원소**(diagonal element)라 하며, 대각원소 이외의 원소들을 **비대각원소**(off-diagonal elements)라 부른다. 예컨대,

$$\mathrm{A}_4=\begin{bmatrix}1&7&0&4\\5&3&9&1\\3&2&5&6\\4&0&2&8\end{bmatrix}$$

은 4차 정방행렬이고 이 행렬의 대각원소는 $1, 3, 5, 8$이다.

비대각원소(off-diagonal element)가 모두 0인 정방행렬을 **대각행렬**(diagonal matrix)이라 한다. 예컨대,

$$\mathrm{D}=\begin{bmatrix}1&0&0&0\\0&3&0&0\\0&0&5&0\\0&0&0&8\end{bmatrix}$$

은 4차 대각행렬이다. 대각원소가 $d_1, d_2, \cdots, d_n$인 대각행렬은

$$\mathrm{D}_n=\mathrm{D}_n\{d_i\}=\mathrm{diag}\{d_1, d_2, \cdots, d_n\}=\mathrm{diag}_n\{d_i\}$$

등으로 나타낸다.

대각원소가 모두 같은 대각행렬을 **스칼라행렬**(scalar matrix)이라 하는데, 특별히 대각원소가 모두 1인 대각행렬을 **항등행렬**(identity matrix) 또는 **단위행렬**(unit matrix)이라 부르고 I 또는 I_n으로 표기한다. 다음과 같은 행렬

$$I_3=\begin{bmatrix}1&0&0\\0&1&0\\0&0&1\end{bmatrix}$$

은 3차 단위행렬이다.

정방행렬 $A_n=[a_{ij}]$에서 $i>j$일 때 $a_{ij}=0$, 즉, 대각원소 아래의 모든 원소가 0이면 A_n을 **상삼각행렬**(upper triangular matrix)이라 하고, $i<j$일 때 $a_{ij}=0$, 즉, 대각원소 위의 모든 원소가 0이면 A_n을 **하삼각행렬**(lower triangular matrix)부른다. 다음의 행렬

$$B=\begin{bmatrix}1&5&4\\0&-2&3\\0&0&6\end{bmatrix}$$

는 상삼각행렬이고,

$$C=\begin{bmatrix}2&0&0\\8&3&0\\1&-1&5\end{bmatrix}$$

는 하삼각행렬이다.

정방행렬 $A_n=[a_{ij}]$에서 $i\neq j$일 때 $a_{ij}=a_{ji}$이면 A_n을 **대칭행렬**(symmetric matrix)이라 한다. 예컨대, 다음과 같은 행렬

$$A=\begin{bmatrix}1&2&-4\\2&3&6\\-4&6&5\end{bmatrix}$$

는 대칭행렬이다. 그리고 $a_{ij}=-a_{ji}$이면 A_n을 **왜대칭행렬**(skew-symmetric matrix)이라 부른다. 다음과 같은 행렬

$$B=\begin{bmatrix}0&2&4\\-2&0&-6\\-4&6&0\end{bmatrix} \text{와 } C=\begin{bmatrix}1&2&4\\-2&1&-6\\-4&6&1\end{bmatrix}$$

에서 B는 왜대칭행렬이지만 C는 그 대각원소가 0이 아니므로 왜대칭행렬이 아니다.

연습문제 2.1

1. 다음과 같은 연립방정식

$$x_1+5x_2+4x_3=b_1,\quad -2x_2+3x_3=b_2,\quad 6x_3=b_3$$

을 Ax=b로 나타낼 때 다음 물음에 답하여라.

(1) 행렬 A 및 벡터 x와 b를 구하여라.

(2) 행렬 A의 대각원소들의 합을 구하여라.

2. 다음 각 연립방정식을 행렬을 이용한 식으로 나타내어라.

(1) $\begin{cases} x_1 - 2x_2 + \ \ x_3 = 2 \\ 2x_1 + \ \ x_2 - \ \ x_3 = 1 \\ 3x_1 - \ \ x_2 + 2x_3 = 5 \end{cases}$ (2) $\begin{cases} 2x_1 + x_2 + 3x_3 = 5 \\ 2x_1 \qquad - 3x_3 = 4 \\ 6x_1 + x_2 \qquad = 9 \end{cases}$

3. 다음과 같은 그래프에 대하여 물음에 답하여라.

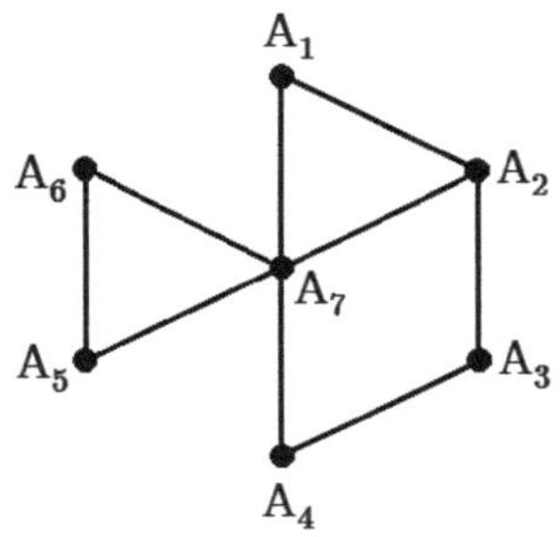

(1) 점 A_i와 점 A_j가 연결되어 있으면 $a_{ij}=1\,(i \neq j)$이고, $i=j$이면 $a_{ij}=0$이라고 한다. 행렬 $\mathrm{A}=[a_{ij}]$를 구하여라.

(2) 점 A_i와 점 A_j가 연결되어 있을 때, $i<j$이면 $a_{ij}=1$, $i>j$이면 $a_{ij}=-1$이고 $i=j$이면 $a_{ij}=0$이라고 한다. 행렬 $\mathrm{A}=[a_{ij}]$를 구하여라.

4. (지동표, 1986) 아래에 주어진 그림과 같은 회로에 직류가 흐를 때 이 회로에 대하여 다음과 같은 Kirchhoff법칙이 성립한다.

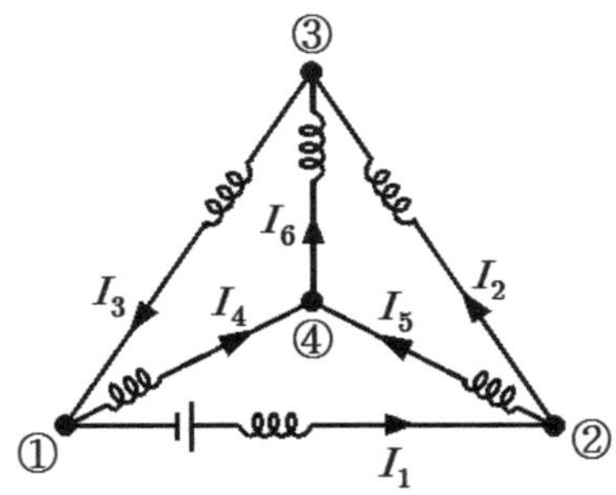

a. 각 절점에 들어오는 전류의 합과 나가는 전류의 합은 같다.
예컨대, 절점 ①에서 $I_3=I_1+I_4$이다.

b. 임의의 폐회로에서 각 회로의 전압 강하의 합은 항상 0이다. I_k에 대한 전압 강하를 E_k라 하면 절점 ①-④-③에 의한 폐회로에서 $E_4+E_6+E_3=0$이다.

Kirchhoff법칙은 절선(branch)에 의하여 절점이 연결된 방법과 화살표의 방향에 관한 것으로 회로에 있는 저항이나 전지의 크기와는 무관하다.

절점의 연결 상태는 그래프의 **접속행렬**(incidence matrix)에 의하여 완전히 기술할 수 있다. 이 행렬은 각 절점에 하나의 행을, 각 절선에 하나의 열을 부여하여 얻어지는 행렬인데, 각 열에서 이에 대응되는 절선이 출발하는 절점에 해당되는 행의 원소는 $+1$을, 절선이 끝나는 절점에 해당되는 행의 원소는 -1을 써 넣고 나머지 행의 원소는 0으로 놓는다.

(1) 제시된 회로에 대응되는 접속행렬을 구하여라.

(2) 접속행렬이

$$M=\begin{bmatrix} 1 & 0 & 0 & -1 & 1 & 0 \\ -1 & 1 & 0 & 0 & 0 & 1 \\ 0 & -1 & 1 & 0 & -1 & 0 \\ 0 & 0 & -1 & 1 & 0 & -1 \end{bmatrix}$$

인 회로를 그려라.

2.2 행렬의 연산

모든 대수적 연산에서는 연산이 이루어지는 공간에 속하는 두 원소의 상등관계를 정의하여야 한다. 두 행렬의 상등관계는 다음과 같이 정의한다.

정의 2.2.1 행렬의 상등(相等)

$m \times n$ 행렬 $A=[a_{ij}]$와 $r \times c$ 행렬 $B=[b_{ij}]$에서 $m=r$, $n=c$이고, 모든 i, j에 대하여 $a_{ij}=b_{ij}$이면 A와 B는 상등 또는 서로 같다고 말하며 A=B로 표시한다.

정의 2.2.1에 의하면 행과 열의 수가 각각 같고 또 대응하는 원소가 모두 같은 두 행렬에 한하여 상등이 성립한다.

행렬의 합과 곱

두 행렬의 합은 두 벡터의 합을 확장하여 두 행렬을 구성하고 있는 대응하는 원소들의 합으로 정의할 수 있으며 행렬의 스칼라 곱은 각 원소의 스칼라 곱으로 정의한다.

정의 2.2.2 행렬의 합과 스칼라 곱

$m \times n$ 행렬 $A=[a_{ij}]$와 $B=[b_{ij}]$ 및 스칼라 c에 대하여 두 행렬 A와 B의 합은 A+B로 나타내고

$$A+B=[a_{ij}+b_{ij}]$$

로 정의한다. 또, 행렬 A의 스칼라 곱 cA는

$$cA=[ca_{ij}]$$

로 정의한다.

두 행렬 A와 B의 합은 대응하는 원소들의 합으로 이루어진 행렬이므로 두 행렬의 크기가 같지 않으면 행렬의 합은 정의되지 않는다. 모든 $m \times n$ 행렬들의 집합을 $\mathbf{M}_{mn}$이라 하면 $m\times n$행렬 A와 B 및 스칼라 c에 대하여 A+B와 cA는 모두 $m\times n$행렬이므로 $\mathbf{M}_{mn}$은 벡터공간이다. 따라서 벡터공간의 성질에 의하여

$$(-1)\mathrm{A}=-\mathrm{A}$$

이고, $m\times n$행렬 $\mathrm{A}=[a_{ij}]$와 $\mathrm{B}=[b_{ij}]$에 대하여

$$\mathrm{A}-\mathrm{B}=\mathrm{A}+(-1)\mathrm{B}=[a_{ij}]+(-1)[b_{ij}]=[a_{ij}-b_{ij}]$$

이므로 **두 행렬의 차**는

$$\mathrm{A}-\mathrm{B}=[a_{ij}-b_{ij}]$$

로 정의한다. 즉, 두 행렬의 차는 대응하는 원소들의 차이를 원소로 하는 행렬이다. 그리고 행렬의 덧셈과 마찬가지로 행렬의 뺄셈도 같은 크기의 행렬들에 대해서만 가능하다.

행렬에서의 뺄셈과 등호의 개념을 결합하면 행렬 대수학에서의 영을 정의할 수 있다. 즉, A=B이면 $a_{ij}=b_{ij}$이므로

$$\mathrm{A}-\mathrm{B}=[a_{ij}-b_{ij}]=[0]=\mathrm{O}$$

이 된다. 여기서 O은 모든 원소가 0인 $m\times n$행렬인데 이 행렬을 **영행렬**(null matrix 또는 zero matrix)이라 부른다. 영행렬은 행렬대수에서 영의 역할을 하는데 벡터공간 $\mathbf{M}_{mn}$에 속하는 영행렬은 유일하다.

정리 2.2.1 행렬의 합과 스칼라 곱에 대한 대수적 성질

$m\times n$**행렬 A, B, C와 스칼라** c, d**에 대하여**

1. $\mathrm{A}+\mathrm{B}=\mathrm{B}+\mathrm{A}$
2. $(\mathrm{A}+\mathrm{B})+\mathrm{C}=\mathrm{A}+(\mathrm{B}+\mathrm{C})$
3. $\mathrm{A}+\mathrm{O}=\mathrm{A}$
4. $\mathrm{A}+(-\mathrm{A})=\mathrm{O}$
5. $c(\mathrm{A}+\mathrm{B})=c\mathrm{A}+c\mathrm{B}$
6. $(c+d)\mathrm{A}=c\mathrm{A}+d\mathrm{A}$
7. $c(d\mathrm{A})=cd\mathrm{A}$
8. $1\mathrm{A}=\mathrm{A}$

예제 2.2.1 다음과 같은 행렬

$$A=\begin{bmatrix}1 & 2\\ 2 & 3\end{bmatrix},\quad B=\begin{bmatrix}-3 & 2\\ 1 & -2\end{bmatrix},\quad C=\begin{bmatrix}1 & 0 & -2\\ 1 & 0 & 1\end{bmatrix},\quad D=\begin{bmatrix}3 & 1 & 5\\ -1 & -2 & 7\\ 1 & 1 & 9\end{bmatrix}$$

에서 합과 차가 정의되는 행렬들에 대한 합과 차를 구하여라.

풀이

네 행렬 중에의 어느 두 행렬도 같지 않지만 크기가 동일한 행렬 A와 B에 대하여는 합과 차가 정의된다. 행렬 A와 B의 합과 차는 다음과 같다.

$$A+B=\begin{bmatrix}1 & 2\\ 2 & 3\end{bmatrix}+\begin{bmatrix}-3 & 2\\ 1 & -2\end{bmatrix}=\begin{bmatrix}-2 & 4\\ 3 & 1\end{bmatrix},$$

$$A-B=\begin{bmatrix}1 & 2\\ 2 & 3\end{bmatrix}-\begin{bmatrix}-3 & 2\\ 1 & -2\end{bmatrix}=\begin{bmatrix}4 & 0\\ 1 & 5\end{bmatrix}.$$

$1\times m$ 행렬인 행벡터 $\mathbf{a}^t=[a_1\ a_2\ \cdots\ a_m]$와 $m\times 1$ 행렬인 열벡터 $\mathbf{b}=[b_1\ b_2\ \cdots\ b_m]^t$의 내적 $\mathbf{a}\cdot\mathbf{b}$는

$$\mathbf{a}\cdot\mathbf{b}=[a_1\ a_2\ \cdots\ a_m]\begin{bmatrix}b_1\\ b_2\\ \vdots\\ b_m\end{bmatrix}=\mathbf{a}^t\mathbf{b}$$

처럼 행렬곱 $\mathbf{a}^t\mathbf{b}$로 쓸 수 있다. 이를 확장하면 행렬 $A_{m\times r}=[a_{ij}]$와 $B_{r\times n}=[b_{ij}]$의 곱을 A의 i번째 행벡터 $\mathbf{a}_i^t=[a_{i1}\ a_{i2}\ \cdots\ a_{ir}]$과 B의 j번째 열벡터 $\mathbf{b}_j=[b_{1j}\ b_{2j}\ \cdots\ b_{rj}]^t$의 내적

$$\mathbf{a}_i^t\mathbf{b}_j=\mathbf{a}_i\cdot\mathbf{b}_j=\sum_{k=1}^{r}a_{ik}b_{kj}=c_{ij}$$

를 원소로 하는 $m\times n$행렬로 정의할 수 있다.

정의 2.2.3 행렬의 곱(product)

$m\times r$ **행렬** $A=[a_{ij}]$**와** $r\times n$ **행렬** $B=[b_{ij}]$**의 곱** $C=[c_{ij}]=AB$**는**

$$c_{ij}=\sum_{k=1}^{r}a_{ik}b_{kj}$$

를 원소로 하는 $m\times n$**행렬이다.**

두 행렬 A와 B의 곱 AB에서 A와 B의 크기가 같을 필요는 없지만 A의 열의 수와 B의 행의 수는 같아야만 하고, AB의 크기는 A의 행의 수와 B의 열의 수의 곱이다.

예제 2.2.2 **예제 2.2.1의 행렬에 대하여 AB와 CD를 구하여라.**

풀이

$$\mathrm{AB}=\begin{bmatrix}1&2\\2&3\end{bmatrix}\begin{bmatrix}-3&2\\1&-2\end{bmatrix}$$
$$=\begin{bmatrix}(1)(-3)+(2)(1)&(1)(2)+(2)(-2)\\(2)(-3)+(3)(1)&(2)(2)+(3)(-2)\end{bmatrix}=(-1)\begin{bmatrix}1&2\\3&2\end{bmatrix},$$

$$\mathrm{CD}=\begin{bmatrix}1&0&-2\\1&0&1\end{bmatrix}\begin{bmatrix}3&1&5\\-1&-2&7\\1&1&9\end{bmatrix}=\begin{bmatrix}1&-1&-13\\4&2&14\end{bmatrix}.$$

정리 2.2.2 **행렬의 곱에 대한 대수적 성질**

곱이 정의되는 세 행렬 A, B, C와 스칼라 c에 대하여 다음이 성립한다.

1. $\mathrm{A(BC)=(AB)C}$
2. $\mathrm{A(B+C)=AB+AC}$
3. $\mathrm{(A+B)C=AC+BC}$
4. $c(\mathrm{AB})=(c\mathrm{A})\mathrm{B}=\mathrm{A}(c\mathrm{B})$
5. $(c+d)\mathrm{A}=c\mathrm{A}+d\mathrm{A}$

두 행렬 A와 B의 곱 AB가 정의되어도 BA는 정의되지 않을 수 있다. 일반적으로 행렬의 곱연산에 대한 교환법칙은 성립하지 않는다. 그리고 $m\times n$ 행렬 A에 대하여

$$\mathrm{I}_m\mathrm{A}=\mathrm{AI}_n=\mathrm{A}$$

인 항등행렬 I_m과 I_n이 항상 존재한다. 또한,

$$\mathrm{O}_{p\times m}\mathrm{A}=\mathrm{O}_{p\times n},\quad \mathrm{AO}_{n\times q}=\mathrm{O}_{m\times q}$$

인 영행렬 $\mathrm{O}_{p\times m}$과 $\mathrm{O}_{n\times q}$가 존재한다.

일반적으로 $1\times n$ 벡터와 $n\times 1$ 벡터의 곱은 스칼라로 두 벡터의 내적과 같고, $m\times n$ 행렬과 $n\times 1$ 행렬의 곱은 $m\times 1$ 벡터가 된다. 예컨대,

$$A=\begin{bmatrix} 3 & 1 & 5 \\ -1 & -2 & 7 \end{bmatrix},\quad b=\begin{bmatrix} 2 \\ 1 \\ -1 \end{bmatrix},\quad \mathbf{1}_3=\begin{bmatrix} 1 \\ 1 \\ 1 \end{bmatrix}$$

이면

$$Ab=\begin{bmatrix} 2 \\ -11 \end{bmatrix},\quad A\mathbf{1}_3=\begin{bmatrix} 9 \\ 4 \end{bmatrix}$$

가 된다. 그리고 3×1 표준단위벡터를 $\mathbf{e}_1, \mathbf{e}_2, \mathbf{e}_3$이라 하면

$$A\mathbf{e}_1=\begin{bmatrix} 3 & 1 & 5 \\ -1 & -2 & 7 \end{bmatrix}\begin{bmatrix} 1 \\ 0 \\ 0 \end{bmatrix}=\begin{bmatrix} 3 \\ -1 \end{bmatrix},$$

$$A\mathbf{e}_2=\begin{bmatrix} 3 & 1 & 5 \\ -1 & -2 & 7 \end{bmatrix}\begin{bmatrix} 0 \\ 1 \\ 0 \end{bmatrix}=\begin{bmatrix} 1 \\ -2 \end{bmatrix},$$

$$A\mathbf{e}_3=\begin{bmatrix} 3 & 1 & 5 \\ -1 & -2 & 7 \end{bmatrix}\begin{bmatrix} 0 \\ 0 \\ 1 \end{bmatrix}=\begin{bmatrix} 5 \\ 7 \end{bmatrix}$$

이 된다. 즉, $A\mathbf{e}_j$는 A의 j번째 열벡터가 된다. 일반적으로 $m\times n$행렬 A와 $n\times 1$ 표준단위벡터 $\mathbf{e}_j$의 곱 $A\mathbf{e}_j$는 A의 j번째 열벡터가 된다. 또한,

$$\mathbf{e}_1^t A=[\,1\ \ 0\,]\begin{bmatrix} 3 & 1 & 5 \\ -1 & -2 & 7 \end{bmatrix}=[\,3\ \ 1\ \ 5\,],$$

$$\mathbf{e}_2^t A=[\,0\ \ 1\,]\begin{bmatrix} 3 & 1 & 5 \\ -1 & -2 & 7 \end{bmatrix}=[\,-1\ \ -2\ \ 7\,]$$

과 같이 $\mathbf{e}_i^t A$는 A의 i번째 행벡터가 된다.

$n\times n$행렬 A와 B의 곱 AB 역시 $n\times n$행렬인데, A=B이면 AB=AA를 A^2으로 표기한다. 일반적으로 양의 정수 k에 대하여 행렬의 거듭제곱 A^k는 A를 k번 곱한 것으로 정의한다. 따라서 $A^1=A$이고, $A^0=I_n$으로 정의한다.

통상적으로, 모든 원소가 1인 n차 정방행렬을 J_n으로 표기한다. 예컨대, J_3은

$$J_3=\begin{bmatrix} 1 & 1 & 1 \\ 1 & 1 & 1 \\ 1 & 1 & 1 \end{bmatrix}$$

인데, 이 행렬의 거듭제곱들을 구해보면

$$J_3^2=\begin{bmatrix} 3 & 3 & 3 \\ 3 & 3 & 3 \\ 3 & 3 & 3 \end{bmatrix}=3J_3,\quad J_3^3=\begin{bmatrix} 9 & 9 & 9 \\ 9 & 9 & 9 \\ 9 & 9 & 9 \end{bmatrix}=3^2J_3,\ \cdots,\ J_3^n=3^{n-1}J_3$$

이 된다. 통계학에서는 $\frac{1}{n}\mathrm{J}_n$을 $\bar{\mathrm{J}}_n$으로 표기하는데,

$$\bar{\mathrm{J}}_n^2=\left(\frac{1}{n}\mathrm{J}_n\right)^2=\frac{1}{n^2}\mathrm{J}_n^2=\frac{1}{n^2}(n\mathrm{J}_n)=\frac{1}{n}\mathrm{J}_n=\bar{\mathrm{J}}_n$$

이 되는데, $\bar{\mathrm{J}}_n$과 같은 유형의 행렬을 멱등행렬이라 한다.

일반적으로 정방행렬 M이

$$\mathrm{M}^2=\mathrm{M}$$

을 만족하는 행렬이면 M을 **멱등행렬**(冪等行列, idempotent matrix)이라 한다. M이 멱등행렬이면 $\mathrm{M}^k=\mathrm{M}$이고

$$(\mathrm{I}-\mathrm{M})^2=\mathrm{II}-\mathrm{IM}-\mathrm{MI}+\mathrm{MM}=\mathrm{I}-\mathrm{M}$$

이므로 I−M도 멱등행렬인데 M−I는 멱등행렬이 아니다. 따라서 $\bar{\mathrm{J}}_n$이 멱등행렬이므로

$$\mathrm{C}_n=\mathrm{I}_n-\bar{\mathrm{J}}_n$$

은 멱등행렬인데, 이 행렬 C_n을 **중심화 행렬**(centering matrix)이라 부른다. C_n에 대하여는 다음이 성립한다.

$$\mathrm{C}_n=\mathrm{C}_n^k=\mathrm{C}_n^2,\quad \mathrm{C}_n\mathbf{1}_n=\mathbf{0}_n,\quad \mathrm{C}_n\mathrm{J}_n=\mathrm{J}_n\mathrm{C}_n=\mathrm{O}_n.$$

행렬의 전치

어느 지역에서 세대 간 직업이동성을 파악하기 위하여 임의로 표본을 추출하여 부모의 직업과 자녀의 직업을 조사한 자료로부터 표 2.2.1를 얻었다고 하자. 표 2.2.1이 부모의 직업이 A일 때 자녀의 직업이

A일 확률을 0.45, B일 확률을 0.48, C일 확률을 0.07

등으로 나타낸 것이라면 표 2.2.1은 다음과 같은 행렬

표 2.2.1 세대간 직업이동성 비율(단위: %)

		부모의 직업		
		A	B	C
자녀의 직업	A	45	5	3
	B	48	70	50
	C	7	25	47

$$P = [p_{ij}] = \begin{bmatrix} .45 & .05 & .03 \\ .48 & .70 & .50 \\ .07 & .25 & .47 \end{bmatrix}$$

로 나타낼 수 있다. 이 행렬의 열은 부모의 직업을, 행은 자녀의 직업을 나타내고 있는데 행과 열의 선택에는 제한조건이 없으므로 행을 부모의 직업, 열을 자녀의 직업에 대한 것으로 서로 바꿀 수 있다. 행렬 P를 이와 같이 바꾼 행렬 Q는

$$Q = [q_{ij}] = \begin{bmatrix} .45 & .48 & .07 \\ .05 & .70 & .25 \\ .03 & .50 & .47 \end{bmatrix}$$

이 된다. 여기서 두 행렬 P와 Q의 크기는 3×3으로 동일하지만 $i \neq j$일 때 $p_{ij} \neq q_{ij}$이므로 P와 Q는 명백히 서로 다른 행렬임을 알 수 있다. 그러나 P의 열이 Q의 행을 나타내는 관계로 두 행렬은 연관되어 있다. 두 행렬이 이와 같은 형태로 연관되어 있으면 한 행렬을 다른 행렬의 전치행렬이라 한다.

정의 2.2.4 행렬의 전치(transpose)

$m \times n$ 행렬 $A = [a_{ij}]$ 에 대하여

$$b_{ij} = a_{ji}, \quad i = 1, 2, \cdots, m, \; j = 1, 2, \cdots, n$$

을 원소로 하는 행렬 $B = [b_{ij}]$를 A의 전치라 하고 $B = A^t$로 표기한다.

행렬 A의 전치는 A', A^T, A^t 등으로 표기하고 **전치행렬**(transpose matrix)이라 하는데, 앞으로 전치행렬은 A^t로 표기한다. 앞에서 열벡터 **v**를 행벡터로 나타낸 것을 $\mathbf{v}^t$로 표기하였는데 사실 $\mathbf{v}^t$는 열벡터 **v**의 전치벡터이다. 따라서 두 벡터 **u**와 **v**의 내적 **u**·**v**는 행렬의 곱 $\mathbf{u}^t\mathbf{v}$가 된다.

모든 원소가 1인 벡터 $\mathbf{1}_n$을 이용하면 행렬에서 원소의 합을 내적의 형태로 표현할 수 있다. 예컨대,

$$\mathbf{x} = \begin{bmatrix} 3 \\ 6 \\ 8 \\ -2 \\ 1 \end{bmatrix}, \quad X = \begin{bmatrix} 2 & -1 \\ -5 & -3 \\ 4 & 5 \\ -6 & 9 \end{bmatrix}$$

일 때,

$$\mathbf{1}_5^t\mathbf{x} = \mathbf{x}^t\mathbf{1}_5 = 3+6+8-2+1 = 16, \quad \mathbf{1}_4^t\mathrm{X} = [-5 \;\; 10]$$

이 된다. 이러한 의미에서 $\mathbf{1}_n$을 **합벡터**(summing vector)라 부르는데

$$\mathbf{1}_n^t\mathbf{1}_n = n, \quad \mathbf{1}_n\mathbf{1}_n^t = \mathrm{J}_n$$

이 된다.

n개의 관측치 $x_1, x_2, \cdots, x_n$을 벡터 $\mathbf{x}^t = [x_1 \;\; x_2 \;\; \cdots \;\; x_n]$으로 나타내면 관측치와 평균과 편차들의 제곱합은

$$\bar{x} = \frac{1}{n}\sum_{i=1}^{n} x_i = \frac{1}{n}\mathbf{x}^t\mathbf{1}_n = \frac{1}{n}\mathbf{1}_n^t\mathbf{x},$$

$$\begin{aligned}\sum_{i=1}^{n}(x_i - \bar{x})^2 &= \sum_{i=1}^{n} x_i^2 - n\bar{x}^2 \\ &= \mathbf{x}^t\mathbf{x} - \frac{1}{n}\mathbf{x}^t\mathbf{1}_n\mathbf{1}_n^t\mathbf{x} \\ &= \mathbf{x}^t(\mathrm{I}_n - \bar{\mathrm{J}}_n)\mathbf{x} = \mathbf{x}^t\mathrm{C}_n\mathbf{x}\end{aligned}$$

와 같이 행렬과 벡터의 식으로 표현할 수 있다.

예제 2.2.3 다음과 같은 행렬

$$\mathrm{A} = \begin{bmatrix} 1 & 2 & -5 \\ 2 & 3 & 1 \\ -5 & 1 & 6 \end{bmatrix}, \quad \mathrm{B} = \begin{bmatrix} -3 & 2 \\ 1 & -2 \\ 0 & 6 \end{bmatrix}, \quad \mathrm{C} = \begin{bmatrix} 1 \\ 2 \\ 3 \end{bmatrix}, \quad \mathrm{D} = \begin{bmatrix} 3 & 1 & 5 \\ -1 & -2 & 7 \\ 1 & 1 & 9 \end{bmatrix}$$

에서 A^t, $\mathrm{B}^t\mathrm{B}$, $\mathrm{C}^t\mathrm{B}$, $2^{-1}(\mathrm{D}^t + \mathrm{D})$를 구하여라.

풀이

$$\mathrm{A}^t = \begin{bmatrix} 1 & 2 & -5 \\ 2 & 3 & 1 \\ -5 & 1 & 6 \end{bmatrix} = \mathrm{A},$$

$$\mathrm{B}^t\mathrm{B} = \begin{bmatrix} -3 & 1 & 0 \\ 2 & -2 & 6 \end{bmatrix}\begin{bmatrix} -3 & 2 \\ 1 & -2 \\ 0 & 6 \end{bmatrix} = \begin{bmatrix} 10 & -8 \\ -8 & 44 \end{bmatrix},$$

$$\mathrm{C}^t\mathrm{B} = [1 \;\; 2 \;\; 3]\begin{bmatrix} -3 & 2 \\ 1 & -2 \\ 0 & 6 \end{bmatrix} = [-1 \;\; 16],$$

$$\frac{1}{2}(\mathrm{D}^t+\mathrm{D})=\frac{1}{2}\left\{\begin{bmatrix}3 & -1 & 1\\ 1 & -2 & 1\\ 5 & 7 & 9\end{bmatrix}+\begin{bmatrix}3 & 1 & 5\\ -1 & -2 & 7\\ 1 & 1 & 9\end{bmatrix}\right\}=\begin{bmatrix}3 & 0 & 3\\ 0 & -2 & 4\\ 3 & 4 & 9\end{bmatrix}.$$

예제 2.2.3을 보면 대칭행렬 A의 전치 A^t는 A임을 알 수 있다. 일반적으로 $\mathrm{A}^t=\mathrm{A}$이면 A는 대칭행렬이다. 또한, 임의의 행렬 A에 대하여

$$(\mathrm{A}^t\mathrm{A})^t=\mathrm{A}\mathrm{A}^t,\quad \mathrm{A}^t+\mathrm{A}=\mathrm{A}+\mathrm{A}^t$$

이므로 $\mathrm{A}^t\mathrm{A}$와 $\mathrm{A}^t+\mathrm{A}$은 항상 대칭행렬이 된다. 특히, $2^{-1}(\mathrm{A}^t+\mathrm{A})$는 대각원소들이 A의 대각원소들과 일치하는 대칭행렬이다.

정리 2.2.3 행렬의 전치에 대한 대수적 성질

곱이 정의되는 행렬 A와 B 및 스칼라 c에 대하여

a. $(\mathrm{A}^t)^t=\mathrm{A}$

b. $(\mathrm{A}+\mathrm{B})^t=\mathrm{A}^t+\mathrm{B}^t$

c. $(c\mathrm{A})^t=c\mathrm{A}^t$

d. $(\mathrm{AB})^t=\mathrm{B}^t\mathrm{A}^t$

e. **음이 아닌 정수 k에 대하여** $(\mathrm{A}^t)^k=(\mathrm{A}^k)^t$

행렬의 대각합

행렬의 연산에서 중요한 역할을 하는 것 중의 하나가 행렬의 대각합이다. 다음은 행렬의 대각합에 대한 정의이다.

정의 2.2.5 행렬의 대각합(trace)

$n\times n$ **행렬** $\mathrm{A}=[a_{ij}]$ **의 모든 대각원소들의 합을** $\mathrm{tr}(\mathrm{A})$**로 표기하고**

$$\mathrm{tr}(\mathrm{A})=\sum_{i=1}^{n}a_{ii}$$

를 행렬 A의 대각합이라 한다.

정의 2.2.5에 의하면 tr(A)는 A의 대각원소들의 합이므로 정방행렬이 아닌 행렬의 대각합은 존재하지 않는다. 그리고 스칼라 c는 1×1행렬이므로 $\mathrm{tr}(c)=c$가 된다. 예컨대, tr(9)=9이다. 한편, 정방행렬 A와 A^t의 대각원소는 같으므로 $\mathrm{tr}(A^t)=\mathrm{tr}(A)$이고, 같은 크기의 정방행렬 A_n과 B_n에 대하여

$$\mathrm{tr}(A_n \pm B_n)=\mathrm{tr}(A_n)\pm\mathrm{tr}(B_n)$$

이 된다. 또한, $m\times n$행렬 $A=[a_{ij}]$과 $n\times m$행렬 $B=[b_{ij}]$의 곱 AB와 BA는 정방행렬이므로 tr(AB)와 tr(BA)가 존재한다. 여기서 $AB=[s_{ij}]$, $BA=[t_{ij}]$라 하면

$$\begin{aligned}\mathrm{tr}(AB)&=\sum_{i=1}^{m}s_{ii}=\sum_{i=1}^{m}\left(\sum_{j=1}^{n}a_{ij}b_{ji}\right)\\&=\sum_{j=1}^{n}\left(\sum_{i=1}^{m}b_{ji}a_{ij}\right)=\sum_{j=1}^{n}t_{jj}=\mathrm{tr}(BA)\end{aligned}$$

가 된다. 그런데, $B^t=[b_{ij}^t=b_{ji}]$를 이용하면

$$\mathrm{tr}(AB)=\sum_{i=1}^{m}\sum_{j=1}^{n}a_{ij}b_{ji}=\sum_{i=1}^{m}\sum_{j=1}^{n}a_{ij}b_{ij}^t$$

이 된다. 이 식은 A의 각 원소에 대응하는 B^t의 원소를 곱한 것들의 합이므로 $B=A^t$이면 $\mathrm{tr}(AA^t)$은 A의 모든 원소들의 제곱합이 된다. 즉,

$$\mathrm{tr}(AA^t)=\sum_{i=1}^{m}\sum_{j=1}^{n}a_{ij}^2=\mathrm{tr}(A^tA).$$

정리 2.2.4 행렬의 대각합에 대한 대수적 성질

주어진 연산이 정의되는 행렬 A와 B 및 스칼라 c에 대하여

1. $\mathrm{tr}(A\pm B)=\mathrm{tr}(A)\pm\mathrm{tr}(B)$
2. A가 **정방행렬이면** $\mathrm{tr}(A)=\mathrm{tr}(A^t)$
3. $\mathrm{tr}(AB)=\mathrm{tr}(BA)$
4. $A=[a_{ij}]$가 $m\times n$**행렬이면** $\mathrm{tr}(A^tA)=\mathrm{tr}(AA^t)=\Sigma_i\Sigma_j a_{ij}^2$
5. $\mathrm{tr}(cA)=c\,\mathrm{tr}(A)$

정리 2.2.3과 정리 2.2.4의 4.은 셋 이상의 곱에 대한 전치와 대각합으로 확장할 수 있

다. 예컨대, 행렬 A, B, C, D에 대하여 어떤 형태의 곱도 모두 존재하면

$$(ABC)^t = C^t B^t A^t, \quad tr(ABC) = tr(BCA) = tr(CAB)$$

가 성립한다.

예제 2.2.4 **다음과 같은 행렬과 벡터**

$$A = \begin{bmatrix} 1 & 2 \\ -2 & 3 \end{bmatrix}, \quad B = \begin{bmatrix} 2 & -1 & 0 \\ 1 & -1 & 1 \end{bmatrix}, \quad \mathbf{x} = \begin{bmatrix} 3 \\ 1 \\ 2 \end{bmatrix}$$

에 대하여 다음이 성립함을 보여라.

(1) $tr(A^tA) = tr(AA^t) = \sum_i \sum_j a_{ij}^2$

(2) $\mathbf{x}^t B^t B\mathbf{x} = (B\mathbf{x})^t B\mathbf{x} = tr(B^t B\mathbf{x}\mathbf{x}^t)$

풀이

(1) $A^tA = \begin{bmatrix} 5 & -4 \\ -4 & 13 \end{bmatrix}$, $AA^t = \begin{bmatrix} 5 & 4 \\ 4 & 13 \end{bmatrix}$ **이므로**

$$tr(A^tA) = tr(AA^t) = 18$$

이고, A의 모든 원소의 제곱의 합은 다음과 같다.

$$\sum_i \sum_j a_{ij}^2 = 1^2 + 2^2 + (-2)^2 + 3^2 = 18.$$

(2) $B\mathbf{x} = \begin{bmatrix} 2 & -1 & 0 \\ 1 & -1 & 1 \end{bmatrix} \begin{bmatrix} 3 \\ 1 \\ 2 \end{bmatrix} = \begin{bmatrix} 5 \\ 4 \end{bmatrix}$ **이므로**

$$\mathbf{x}^t B^t B\mathbf{x} = (B\mathbf{x})^t B\mathbf{x} = 5^2 + 4^2 = 41$$

이다. 그리고

$$B^tB = \begin{bmatrix} 2 & 1 \\ -1 & -1 \\ 0 & 1 \end{bmatrix} \begin{bmatrix} 2 & -1 & 0 \\ 1 & -1 & 1 \end{bmatrix} = \begin{bmatrix} 5 & -3 & 1 \\ -3 & 2 & -1 \\ 1 & -1 & 1 \end{bmatrix},$$

$$\mathbf{x}\mathbf{x}^t = \begin{bmatrix} 3 \\ 1 \\ 2 \end{bmatrix} [3 \ 1 \ 2] = \begin{bmatrix} 9 & 3 & 6 \\ 3 & 1 & 2 \\ 6 & 2 & 4 \end{bmatrix}, \quad B^t B\mathbf{x}\mathbf{x}^t = \begin{bmatrix} 42 & 14 & 28 \\ -27 & -9 & -18 \\ 12 & 4 & 8 \end{bmatrix}$$

이므로 $B^t B\mathbf{x}\mathbf{x}^t$**의 대각합은**

$$tr(B^t B\mathbf{x}\mathbf{x}^t) = 42 + (-9) + 8 = 41$$

이 된다.

분할행렬

임의의 $m \times n$ 행렬 A는 m개의 n차 벡터를 $\mathbf{a}_i^t = [a_{i1}\ a_{i2} \cdots a_{in}]$를 한 열에 아래로 나열하거나 n개의 m차 열벡터 $\mathbf{b}_j = [a_{1j}\ a_{2j} \cdots a_{mj}]^t$를 한 행에 옆으로 나열한 것으로 생각할 수 있다. 즉,

$$A = \begin{bmatrix} a_{11} & a_{12} & \cdots & a_{1n} \\ a_{21} & a_{22} & \cdots & a_{2n} \\ \vdots & \vdots & \vdots & \vdots \\ a_{m1} & a_{m2} & \cdots & a_{mn} \end{bmatrix} = \begin{bmatrix} \mathbf{a}_1^t \\ \mathbf{a}_2^t \\ \vdots \\ \mathbf{a}_m^t \end{bmatrix} = [\mathbf{b}_1\ \mathbf{b}_2\ \cdots\ \mathbf{b}_n]$$

이다. 이와 같이 $m \times n$행렬을 $m \times 1$행렬이나 $1 \times n$행렬로 나누어 표현하는 행렬의 표기법을 일반화하여 보자. 다음과 같은 행렬

$$A = \left[\begin{array}{ccc|cc} 1 & 0 & 0 & 3 & -1 \\ 0 & 1 & 0 & 1 & 2 \\ 0 & 0 & 1 & 4 & 0 \\ \hline 0 & 0 & 0 & 5 & 7 \\ 0 & 0 & 0 & 7 & 3 \end{array}\right]$$

에서 점선으로 나누어진 네 부분 또한 각각 행렬이 된다. 따라서

$$I_3 = \begin{bmatrix} 1 & 0 & 0 \\ 0 & 1 & 0 \\ 0 & 0 & 1 \end{bmatrix} = A_{11}, \quad B = \begin{bmatrix} 3 & -1 \\ 1 & 2 \\ 4 & 0 \end{bmatrix} = A_{12}$$

$$O_{2\times 3} = \begin{bmatrix} 0 & 0 & 0 \\ 0 & 0 & 0 \end{bmatrix} = A_{21}, \quad C = \begin{bmatrix} 5 & 7 \\ 7 & 3 \end{bmatrix} = A_{22}$$

이라 하면 주어진 행렬 A는

$$A = \begin{bmatrix} I & B \\ O & C \end{bmatrix} = \begin{bmatrix} A_{11} & A_{12} \\ A_{21} & A_{22} \end{bmatrix}$$

로 나타낼 수 있다. 이와 같이 행렬을 4개의 소행렬로 나누는 것을 **행렬의 분할**이라 하고 $A_{11}, A_{12}, A_{21}, A_{22}$를 행렬 A의 **부분행렬**(submatrix)이라 한다. 또, 행렬 A를 부분행렬들로 표시한 것을 **분할행렬**(partitioned matrix)이라 한다. 분할행렬은 행렬의 원소가 행렬일 수 있음을 의미한다. 행렬은 여러 개의 부분행렬로 나눌 수 있지만 한 열에 놓인 부분행렬들의 행의 수는 동일하여야 하며 또한 한 행에 놓은 부분행렬들의 열의 수도 동일하여야 한다.

분할행렬의 전치는 각 부분행렬을 전치한 행렬의 전치행렬이 된다. 예로 주어진 행렬

$$A=\begin{bmatrix} I & B \\ O & C \end{bmatrix}=\begin{bmatrix} A_{11} & A_{12} \\ A_{21} & A_{22} \end{bmatrix}$$

의 전치행렬은

$$A^t=\begin{bmatrix} I & O^t \\ B^t & C^t \end{bmatrix}=\begin{bmatrix} A_{11}^t & A_{21}^t \\ A_{12}^t & A_{22}^t \end{bmatrix}=\left[\begin{array}{ccc|cc} 1 & 0 & 0 & 0 & 0 \\ 0 & 1 & 0 & 0 & 0 \\ 0 & 0 & 1 & 0 & 0 \\ \hline 3 & 1 & 4 & 5 & 7 \\ -1 & 0 & 0 & 7 & 3 \end{array}\right]$$

이 된다. 그리고 $\mathbf{a}_j$를 $m\times n$행렬 $A=[a_{ij}]$의 j번째 열, $\mathbf{b}_i^t$를 $n\times m$행렬 $B=[b_{ij}]$의 i번째 행이라 하면

$$A=[\mathbf{a}_1\ \mathbf{a}_2\ \cdots\ \mathbf{a}_n],\quad B=\begin{bmatrix} \mathbf{b}_1^t \\ \mathbf{b}_2^t \\ \vdots \\ \mathbf{b}_n^t \end{bmatrix}$$

이므로

$$AB=[\mathbf{a}_1\ \mathbf{a}_2\ \cdots\ \mathbf{a}_n]\begin{bmatrix} \mathbf{b}_1^t \\ \mathbf{b}_2^t \\ \vdots \\ \mathbf{b}_n^t \end{bmatrix}=\sum_{k=1}^{n}\mathbf{a}_k\mathbf{b}_k^t$$

가 된다. 여기서 $\mathbf{a}_k\mathbf{b}_k^t$와 같은 형태의 두 벡터의 곱을 벡터의 **외적**(outer product)이라 하고, AB를 위와 같은 식으로 표기하는 것을 AB의 **외적전개**(outer product expansion)라 한다. 예제 2.2.3에서 행렬 A와 B의 곱 AB를 외적전개로 구하면 다음과 같다.

$$AB=\begin{bmatrix} 1 & 2 & -5 \\ 2 & 3 & 1 \\ -5 & 1 & 6 \end{bmatrix}\begin{bmatrix} -3 & 2 \\ 1 & -2 \\ 0 & 6 \end{bmatrix}=\begin{bmatrix} 1 \\ 2 \\ -5 \end{bmatrix}[-3\ \ 2]+\begin{bmatrix} 2 \\ 3 \\ 1 \end{bmatrix}[1\ \ -2]+\begin{bmatrix} -5 \\ 1 \\ 6 \end{bmatrix}[0\ \ 3]$$

$$=\begin{bmatrix} -3 & 2 \\ -6 & 4 \\ 15 & -10 \end{bmatrix}+\begin{bmatrix} 2 & -4 \\ 3 & -6 \\ 1 & -2 \end{bmatrix}+\begin{bmatrix} 0 & -15 \\ 0 & 3 \\ 1 & 18 \end{bmatrix}=\begin{bmatrix} -1 & -17 \\ -3 & 1 \\ 16 & 6 \end{bmatrix}.$$

다음과 같은 분할행렬

$$A=\begin{bmatrix} A_{11} & A_{12} \\ A_{21} & A_{22} \end{bmatrix},\quad B=\begin{bmatrix} B_{11} \\ B_{21} \end{bmatrix}$$

에 대하여 A와 B의 각 부분행렬들의 곱이 정의되면

$$AB=\begin{bmatrix} A_{11} & A_{12} \\ A_{21} & A_{22} \end{bmatrix}\begin{bmatrix} B_{11} \\ B_{21} \end{bmatrix}=\begin{bmatrix} A_{11}B_{11}+A_{12}B_{21} \\ A_{21}B_{11}+A_{22}B_{21} \end{bmatrix}$$

와 같이 AB는 A와 B의 부분행렬들의 곱으로 표시되는 분할행렬로 나타낼 수 있다.

행렬대수와 스칼라 대수의 비교

스칼라 대수에서 $ax+xb$는 $(a+b)x$나 $x(a+b)$로 인수분해 할 수 있지만 행렬대수에서는 이와 같은 쌍대성(duality)의 논리가 일반적으로 성립하지 않는다. 예컨대,

$$AX+BX=(A+B)X \text{ 또는 } XA+XB=X(A+B)$$

와 같이 곱의 순서가 동일한 방향으로만 인수분해가 가능하다. 행렬의 곱셈에 대한 교환법칙이 성립하지 않으므로

$$AX+XB \neq AX+BX=(A+B)X$$

가 된다. 즉, AX+XB는 일반적으로 인수분해가 되지 않는다. 그리고 AX+X는

$$AX+X=(A+I)X$$

와 같은 식으로 인수분해 할 수 있지만 항등행렬 I와의 덧셈이 가능하도록 A는 반드시 정방행렬이어야 한다.

한편, $ab=0$이면 $a=0$이거나 $b=0$이지만 행렬대수에서는 $AB \neq BA$이므로 $AB=O$이라고 하여 $BA=O$이라고 할 수 없으며, $A=O$이거나 $B=O$이라고 할 수도 없다. 예컨대, $AB=\lambda B$일 때

$$AB-\lambda B=(A-\lambda I)B=O$$

이 되지만 $A-\lambda I=O$ 또는 $B=O$이라고 할 수 없다. 마찬가지로 $A^2=O$이면 $A=O$이라고 말할 수 없으며, $A^2=I$가 $A=I$ 또는 $A=-I$를 의미하는 것은 아니다. 그러나

$$A^tA=AA^t=O$$

이면 $A=O$이 된다. 이 사실은 두 행렬이 같음을 보이는데 유용하다. 예컨대,

$$AXX^t=BXX^t$$

이면

$$(AXX^t - BXX^t)(A^t - B^t) = (AX - BX)(X^tA^t - X^tB^t)$$
$$= (AX - BX)(AX - BX)^t = O$$

이므로 $AX - BX = O$, 즉, $AX = BX$가 된다.

행렬의 응용

마코프 연쇄

마코프 연쇄(markov chain)란 시스템의 현재 상태(state)에서 다음 시점의 어떤 상태로 진화하는 과정을 표현한 것이다. 마코프 체인에서 n개의 상태들(states) 중의 하나인 현재의 상태는 다음 시점에서 현 상태에 그대로 머무르거나 다른 하나의 상태로 이동하게 된다. 그리고 **전이확률**(transition probability)이라 부르는 현재 상태에서 다음 단계의 상태로 이동할 확률은 현재의 상태에만 종속되어 있다. 표 2.2.1에 대한 행렬

$$P = [p_{ij}] = \begin{bmatrix} .45 & .05 & .03 \\ .48 & .70 & .50 \\ .07 & .25 & .47 \end{bmatrix}$$

에서 p_{ij}는 부모의 직업이 j일 때 자녀의 직업이 i일 확률을 나타내고,

$$p_{1j} + p_{2j} + p_{3j} = 1, \ j = 1, 2, 3$$

이 된다. 서로 다른 n가지 상태가 있는 경우에 상태 j에서 상태 i로 바뀔 확률을 p_{ij}라 할 때, 이 확률 p_{ij}들을 배열한 행렬

$$P = \begin{bmatrix} p_{11} & p_{12} & \cdots & p_{1n} \\ p_{21} & p_{22} & \cdots & p_{2n} \\ \vdots & \vdots & \cdots & \vdots \\ p_{n1} & p_{n2} & \cdots & p_{nn} \end{bmatrix}$$

를 **전이확률행렬**(transition probability matrix)이라 한다. 그런데 현재의 상태 j가 다음 시점에서 상태 i로 이동할 수 있는 경우는 n가지 중의 하나뿐이므로

$$\sum_{i=1}^{n} p_{ij} = 1, \ j = 1, 2, \cdots, n$$

이어야 한다.

표 2.2.1과 같은 상황에서 처음 부모세대의 직업에 대한 도수분포를

$$\mathbf{x}_0 = \begin{bmatrix} 100 \\ 200 \\ 300 \end{bmatrix}$$

이라 하고 각 세대의 부모는 1명의 자식만을 낳는 것으로 가정하면 1세대 자식의 직업에 대한 도수분포 $\mathbf{x}_1$은

$$\mathbf{x}_1=\mathrm{P}\mathbf{x}_0=\begin{bmatrix} .45 & .05 & .03 \\ .48 & .70 & .50 \\ .07 & .25 & .47 \end{bmatrix}\begin{bmatrix} 100 \\ 200 \\ 300 \end{bmatrix}=\begin{bmatrix} 64 \\ 338 \\ 198 \end{bmatrix}$$

이 되고, 2세대 자식의 직업에 대한 도수분포 $\mathbf{x}_2$는

$$\mathbf{x}_2=\mathrm{P}\mathbf{x}_1=\mathrm{P}(\mathrm{P}\mathbf{x}_0)=\mathrm{P}^2\mathbf{x}_0$$

이다. 따라서 n세대 자식의 직업에 대한 도수분포 $\mathbf{x}_n$은

$$\mathbf{x}_n=\mathrm{P}\mathbf{x}_{n-1}=\mathrm{PP}\mathbf{x}_{n-2}=\cdots=\mathrm{P}^n\mathbf{x}_0$$

으로 표현된다. 여기서 문제는 n이 커질 때 P^n을 어떻게 계산할 것인가, 또는 P^n이 어디로 수렴할 것인가이다. 우리는 나중에 이 문제에 대한 답을 찾게 될 것이다.

펠러(Feller, 1968, p439)는 다음과 같은 분할행렬

$$\mathrm{P}=\begin{bmatrix} \mathrm{A} & \mathbf{0} & \mathbf{0} \\ \mathbf{0} & \mathrm{B} & \mathbf{0} \\ \mathrm{U}_1 & \mathrm{V}_1 & \mathrm{T} \end{bmatrix}$$

를 제시하였다. 여기서 A와 B는 전이확률행렬이다. 이 P의 거듭제곱행렬은

$$\mathrm{P}^2=\begin{bmatrix} \mathrm{A} & \mathbf{0} & \mathbf{0} \\ \mathbf{0} & \mathrm{B} & \mathbf{0} \\ \mathrm{U}_1 & \mathrm{V}_1 & \mathrm{T} \end{bmatrix}\begin{bmatrix} \mathrm{A} & \mathbf{0} & \mathbf{0} \\ \mathbf{0} & \mathrm{B} & \mathbf{0} \\ \mathrm{U}_1 & \mathrm{V}_1 & \mathrm{T} \end{bmatrix}$$

$$=\begin{bmatrix} \mathrm{A}^2 & \mathbf{0} & \mathbf{0} \\ \mathbf{0} & \mathrm{B}^2 & \mathbf{0} \\ \mathrm{U}_1\mathrm{A}+\mathrm{TU}_1 & \mathrm{V}_1\mathrm{B}+\mathrm{TV}_1 & \mathrm{T}^2 \end{bmatrix}$$

이고, $n=1, 2, \cdots$에 대하여

$$\mathrm{U}_n=\mathrm{U}_1\mathrm{A}^{n-1}+\mathrm{TU}_{n-1},$$

$$\mathrm{V}_n=\mathrm{V}_1\mathrm{B}^{n-1}+\mathrm{TV}_{n-1}$$

이라 하면 P^n은

$$\mathrm{P}^n=\begin{bmatrix} \mathrm{A}^n & \mathbf{0} & \mathbf{0} \\ \mathbf{0} & \mathrm{B}^n & \mathbf{0} \\ \mathrm{U}_n & \mathrm{V}_n & \mathrm{T}^n \end{bmatrix}$$

이 된다. 여기서도 행렬의 거듭제곱을 구해야 함을 알 수 있다.

그래프

여러 개체 또는 집단 간의 상호관계나 연결망(networks)을 모형화하고자 할 때 그래프와 그래프를 나타내는 행렬은 대단히 유용한 도구가 된다.

그래프(graph)는 유한개의 점(꼭지점, vertex, node, point)과 점을 연결하는 변(간선, 연결선, 모서리, edge, link)으로 구성된 도형이다. 예컨대, 지하철 노선도는 역을 점으로, 역 사이를 변으로 연결한 그래프이다. 그래프는 점들의 집합과 변들의 집합으로 구성된다. 한 변의 양쪽 두 끝점을 **인접점**(adjacent vertex)이라 하는데, 인접점이 하나인 변을 **고리**(loop)라 한다.

그래프의 점 또는 변에 관한 정보는 행렬로 나타낼 수 있다. 점 v_i와 v_j 사이에 변이 있으면 $a_{ij}=1$이라 하고 변이 없으면 $a_{ij}=0$이라 할 때, 이 a_{ij}를 원소로 하는 정방행렬 $\mathrm{A}_n=[a_{ij}]$을 n개의 점으로 만들어지는 그래프 G에 대한 **인접행렬**(adjacent matrix)이라 한다. 그림 2.2.1의 그래프에 대한 인접행렬은

$$\mathrm{A}_5=\begin{bmatrix} 0 & 1 & 0 & 1 & 1 \\ 1 & 0 & 1 & 0 & 1 \\ 0 & 1 & 0 & 0 & 1 \\ 1 & 0 & 0 & 0 & 0 \\ 1 & 1 & 1 & 0 & 0 \end{bmatrix}$$

이 된다.

인접행렬은 필연적으로 대칭행렬이 될 수밖에 없다. 그리고 인접행렬의 대각원소는 점 v_i에 고리가 없는 한 0이 된다. 때로는 점 v_i와 v_j 사이에 변이 여러 개 있을 수 있는데 이런 경우에는 인접행렬의 정의에서 a_{ij}를 두 점 사이에 있는 변의 수로 정의하면 된다.

그래프 내의 한 점에서 다른 점에 도달할 때까지 통과하는 변의 나열을 **경로**(path)라 하고 경로에 포함된 변의 수를 **경로의 길이**(length of a path)로 정의한다. 변의 수가 k개인 경로는 k-**path**로 표기한다. 경로에 대한 정보는 인접행렬의 거듭제곱으로부터 얻

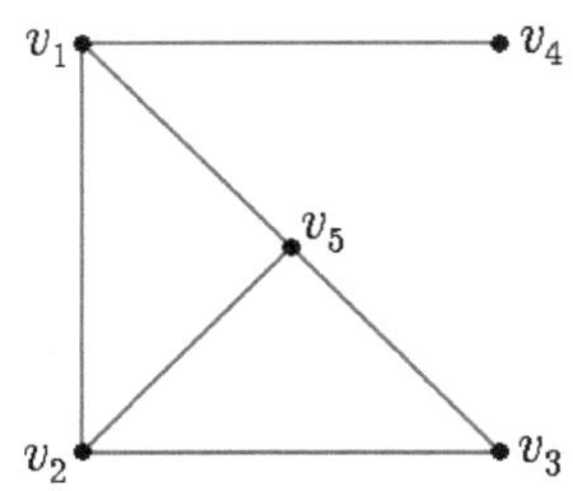

그림 2.2.1 그래프

을 수 있다. 그림 2.2.1의 그래프에 대한 인접행렬 $\mathbf{A}_5$의 제곱

$$\mathbf{A}_5^2=\begin{bmatrix}0&1&0&1&1\\1&0&1&0&1\\0&1&0&0&1\\1&0&0&0&0\\1&1&1&0&0\end{bmatrix}\begin{bmatrix}0&1&0&1&1\\1&0&1&0&1\\0&1&0&0&1\\1&0&0&0&0\\1&1&1&0&0\end{bmatrix}=\begin{bmatrix}3&1&2&0&1\\1&3&1&1&2\\2&1&2&0&1\\0&1&0&1&1\\1&2&1&1&3\end{bmatrix}=[b_{ij}]$$

의 원소 b_{31}은

$$\begin{aligned}b_{31}&=a_{31}a_{11}+a_{32}a_{21}+a_{33}a_{31}+a_{34}a_{41}+a_{35}a_{51}\\&=0\cdot0+1\cdot1+0\cdot0+0\cdot1+1\cdot1=2\end{aligned}$$

인데, $a_{3k}a_{k1}$는 a_{3k}와 a_{k1}이 모두 1일 때, 즉, 점 v_3와 v_k 사이 및 점 v_1과 v_k 사이에 변이 있을 때만 1이 된다. 따라서 $a_{3k}a_{k1}=1$이면 $v_3v_kv_1$은 변이 2개인 경로이고, $a_{3k}a_{k1}$들의 합 b_{31}은 점 v_3와 v_1 사이의 변이 2개인 경로의 수가 된다. 특별히 인접행렬의 제곱에서의 대각원소 b_{ii}는 경로 $v_iv_kv_i$의 개수이므로 점 v_i에 매달린 변의 수가 된다. 일반적으로 그래프 G에 대한 인접행렬을 $\mathbf{A}_G$라 하면 거듭제곱행렬 $\mathbf{A}_G^k$의 (i,j)-원소는 점 v_i와 v_j 사이의 k-path의 개수를 나타낸다.

모든 변에 방향을 표시한 그래프를 **방향그래프**(dighaph)라 한다. 방향그래프 G에 대한 인접행렬은

$$t_{ij}=\begin{cases}1, & v_i\rightarrow v_j,\ i\neq j\\0, & i=j\end{cases}$$

를 원소로 하는 행렬 $\mathrm{T}_G=[t_{ij}]$로 정의한다.

방향그래프 G에 대한 인접행렬 T_G는 일반적으로 대칭행렬이 아니다. 그리고 T_G에 대한 거듭제곱행렬 T_G^k의 (i,j)-원소는 점 v_i에서 화살표 방향의 k개 변을 따라 점 v_j로 이동하는 경로의 개수를 나타낸다.

예제 2.2.5 통신망 행렬

그림 2.2.2는 A, B, C, D, E 다섯 명이 서로에게 직접 소식을 전달하는 관계를 나타낸 방향그래프이다. 방향그래프에서 소식은 화살표 방향으로만 직접 전달된다. 다섯 명의 통신가능 루트에 대한 상태를 나타내는 통신망행렬 T_5는 방향그래프에 대한 인접행렬이므로

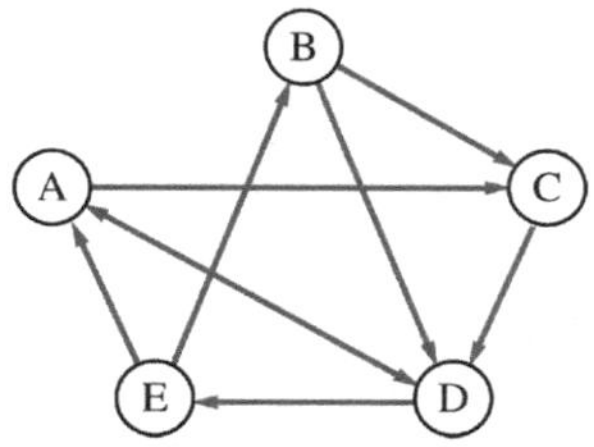

그림 2.2.2 방향그래프

$$T_5 = \begin{bmatrix} 0 & 0 & 1 & 1 & 0 \\ 0 & 0 & 1 & 1 & 0 \\ 0 & 0 & 0 & 1 & 0 \\ 1 & 0 & 0 & 0 & 1 \\ 1 & 1 & 0 & 0 & 0 \end{bmatrix}$$

이 된다. 여기서 T_5^2과 T_5^3를 구해보면

$$T_5^2 = \begin{bmatrix} 0 & 0 & 1 & 1 & 0 \\ 0 & 0 & 1 & 1 & 0 \\ 0 & 0 & 0 & 1 & 0 \\ 1 & 0 & 0 & 0 & 1 \\ 1 & 1 & 0 & 0 & 0 \end{bmatrix} \begin{bmatrix} 0 & 0 & 1 & 1 & 0 \\ 0 & 0 & 1 & 1 & 0 \\ 0 & 0 & 0 & 1 & 0 \\ 1 & 0 & 0 & 0 & 1 \\ 1 & 1 & 0 & 0 & 0 \end{bmatrix} = \begin{bmatrix} 1 & 0 & 0 & 1 & 1 \\ 1 & 0 & 0 & 1 & 1 \\ 1 & 0 & 0 & 0 & 1 \\ 1 & 1 & 1 & 1 & 0 \\ 0 & 0 & 2 & 2 & 0 \end{bmatrix}$$

$$T_5^3 = \begin{bmatrix} 1 & 0 & 0 & 1 & 1 \\ 1 & 0 & 0 & 1 & 1 \\ 1 & 0 & 0 & 0 & 1 \\ 1 & 1 & 1 & 1 & 0 \\ 0 & 0 & 2 & 2 & 0 \end{bmatrix} \begin{bmatrix} 0 & 0 & 1 & 1 & 0 \\ 0 & 0 & 1 & 1 & 0 \\ 0 & 0 & 0 & 1 & 0 \\ 1 & 0 & 0 & 0 & 1 \\ 1 & 1 & 0 & 0 & 0 \end{bmatrix} = \begin{bmatrix} 2 & 1 & 1 & 1 & 1 \\ 2 & 1 & 1 & 1 & 1 \\ 1 & 1 & 1 & 1 & 0 \\ 1 & 0 & 2 & 3 & 1 \\ 2 & 0 & 0 & 2 & 2 \end{bmatrix}$$

인데, T_5^3의 두 번째 행, 첫 번째 열의 원소 $t_{21}=2$는 3단계를 거쳐서 B에서 A로 소식을 전달할 수 있는 방법의 수가 두 가지임을 의미한다. 그림 2.2.2의 방향그래프를 보면 3단계를 거쳐 B에서 A로 접속할 수 있는 방법은

$$B \to C \to D \to A, \quad B \to D \to E \to A$$

의 두 가지임을 알 수 있다.

연습문제 2.2

1. 아래에 주어진 행렬과 벡터에 대하여 물음에 답하여라.

$$A = \begin{bmatrix} 6 & 0 & 0 \\ -3 & 4 & 0 \\ 0 & -5 & 2 \end{bmatrix}, \quad B = \begin{bmatrix} 1 & 2 & 3 \\ 0 & -1 & -2 \\ -1 & 0 & 7 \end{bmatrix}, \quad \mathbf{x} = \begin{bmatrix} 3 \\ 1 \\ 2 \end{bmatrix}$$

(1) 주어진 행렬을 이용하여

$$(A+B)^2=A^2+AB+BA+B^2$$

이 성립함을 보여라.

(2) $tr(A^t xx^t B)$를 구하여라.

2. 아래에 주어진 행렬과 벡터에 대하여 물음에 답하여라.

$$A=\frac{1}{480}\begin{bmatrix}790 & -80 & -42\\ -80 & 16 & 0\\ -42 & 0 & 6\end{bmatrix},\quad X^t=\begin{bmatrix}1 & 1 & 1 & 1 & 1\\ 2 & 9 & 6 & 3 & 5\\ 6 & 10 & 4 & 13 & 2\end{bmatrix},\quad b^t=[6.2\ \ 6.0\ \ 5.7\ \ 4.8\ \ 2.3],$$

(1) X^tX를 구하여라.

(2) X^tXA를 구하여라.

(3) $B=XAX^t$를 구하여라. B는 멱등행렬인가?

(4) I_5-B를 구하여라. I_5-B는 멱등행렬인가?

(5) B와 I_5-B의 대각합을 구하여라.

3. Kempthorne(1957, p.120)

발생행렬 $A=\begin{bmatrix}1 & \frac{1}{2}\\ 1 & \frac{1}{2}\end{bmatrix}$에 대하여 $f^{(i)}=Af^{(i-1)}$이라고 한다. 다음을 보여라.

$$f^{(2)}=\begin{bmatrix}1 & \frac{3}{4}\\ 0 & \frac{1}{4}\end{bmatrix}f^{(0)},\quad f^{(3)}=\begin{bmatrix}1 & \frac{7}{8}\\ 0 & \frac{1}{8}\end{bmatrix}f^{(0)},\quad f^{(n)}=A^nf^{(0)}=\begin{bmatrix}1 & 1-\left(\frac{1}{2}\right)^n\\ 0 & \left(\frac{1}{2}\right)^n\end{bmatrix}f^{(0)}$$

4. 다음 그림은 5명 각각이 다른 4명과 치른 탁구경기 결과를 그림으로 나타낸 것이다. 그림의 선수 i에서 선수 j방향으로 그어진 변은 i가 j에게 이겼음을 의미한다. 물음에 답하여라.

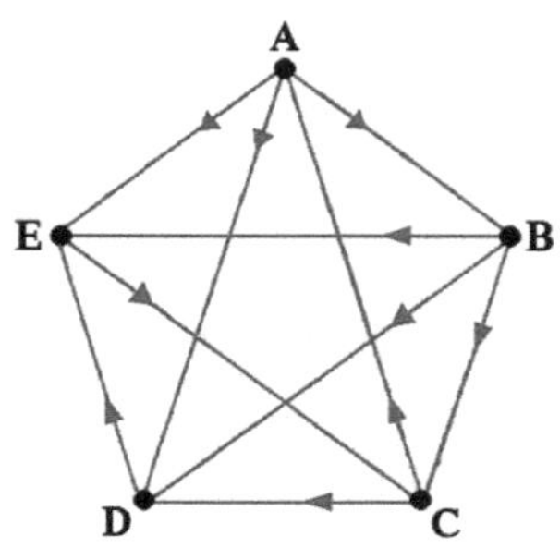

(1) 이 그래프에 대한 인접행렬 A를 구하여라.

(2) A^2을 구하고 비대각원소의 의미를 설명하여라.

(3) $A1_5$를 구하고 그 의미를 설명하여라.

(4) $(A+A^2)1_5$를 구하고 그 의미를 설명하여라.

5. 확률변수 $X_1, X_2, \cdots, X_n$을 원소로 하는 벡터 $\mathbf{x}=[X_1\ X_2\ \cdots\ X_n]^t$를 **확률벡터**(random vector)라 한다. 확률변수 X_i에 대하여

$$E(X_i)=\mu_i,\quad Var(X_i)=\sigma_i^2,\quad Cov(X_i, X_j)=\sigma_{ij}$$

라 할 때, 확률벡터 $\mathbf{x}$의 평균벡터 $\boldsymbol{\mu}$와 공분산 행렬 V는

$$E(\mathbf{x})=\begin{bmatrix} E(X_1) \\ E(X_2) \\ \vdots \\ E(X_n) \end{bmatrix}=\begin{bmatrix} \mu_1 \\ \mu_2 \\ \vdots \\ \mu_n \end{bmatrix}=\boldsymbol{\mu},$$

$$Var(\mathbf{x})=E[(\mathbf{x}-\boldsymbol{\mu})(\mathbf{x}-\boldsymbol{\mu})^t]=\begin{bmatrix} \sigma_1^2 & \sigma_{12} & \cdots & \sigma_{1n} \\ \sigma_{21} & \sigma_2^2 & \cdots & \sigma_{2n} \\ \vdots & \vdots & \ddots & \vdots \\ \sigma_{n1} & \sigma_{n2} & \cdots & \sigma_n^2 \end{bmatrix}=\mathrm{V}$$

로 정의한다.

(1) $E[(\mathbf{x}-\boldsymbol{\mu})(\mathbf{x}-\boldsymbol{\mu})^t]=E(\mathbf{x}\mathbf{x}^t)-\boldsymbol{\mu}\boldsymbol{\mu}^t$임을 보여라.

(2) $\mathbf{y}=\mathrm{A}\mathbf{x}$라 할 때 $E(\mathbf{y})$와 $Var(\mathbf{y})$를 구하여라.

(3) $E(\mathbf{x}^t\mathrm{A}\mathbf{x})=\mathrm{tr}(\mathrm{AV})+\boldsymbol{\mu}^t\mathrm{A}\boldsymbol{\mu}$임을 보여라.

2.3 역행렬

방정식 $ax=b$의 해는 $a\neq 0$일 때

$$\frac{1}{a}ax=\frac{1}{a}b \quad \Rightarrow \quad x=\frac{b}{a}$$

와 같이 식의 양변에 곱셈에 대한 a의 역원을 곱하여 구한다. 이와 같은 개념에 해당되는 행렬대수의 곱연산에 대한 역원을 구하는 문제를 생각해 보자. 사실, 선형연립방정식의 표현과 그 해를 찾는 문제가 행렬대수의 시작이라 볼 수 있다. 따라서 선형연립방정식의 해를 구하는 과정을 통해서 역행렬의 의미를 살펴보고 역행렬을 정의하자.

해가 동일한 두 연립방정식은 **동치**(equivalent)라고 한다. 예컨대, 연립방정식

$$L_1=\begin{cases} 2x_1+x_2+x_3=1 \\ 4x_1+x_2=-2 \\ -2x_1+2x_2+x_3=7 \end{cases} \text{과 } L_2=\begin{cases} 2x_1+x_2+x_3=1 \\ x_2+2x_3=4 \\ x_3=1 \end{cases}$$

의 해는 $x_1=-1$, $x_2=2$, $x_3=1$로 동일하므로 L_1과 L_2는 동등한 연립방정식이다. 그런데 L_2에서는 후방대입(back substitution)에 의하여 연립방정식의 해를 바로 구할 수 있다. 따라서 L_1형태로 주어진 연립방정식을 L_2와 같은 삼각형 형태로 변환하면 해를 구할 수 있다. 가우스 소거법으로 L_1을 L_2로 변환하는 과정에서 계수들만 변하므로 연립방정식 L_1을 방정식의 계수행렬에 오른쪽 상수열을 덧붙인 행렬

$$\left[\begin{array}{ccc|c} 2 & 1 & 1 & 1 \\ 4 & 1 & 0 & -2 \\ -2 & 2 & 1 & 7 \end{array}\right]$$

로 나타내자. 위와 같은 행렬을 연립방정식 L_1에 대한 **확장행렬**(augmented matrix)이라 한다. L_1을 L_2로 변환하는 과정에서의 연립방정식과 대응하는 확장행렬을 구해보면

	연립방정식	연립방정식의 확장행렬
	$2x_1+x_2+x_3=1 \cdots ①$ $4x_1+x_2=-2 \cdots ②$ $-2x_1+2x_2+x_3=7 \cdots ③$	$\left[\begin{array}{ccc\|c} 2 & 1 & 1 & 1 \\ 4 & 1 & 0 & -2 \\ -2 & 2 & 1 & 7 \end{array}\right]$
I	②+(−2)×①	(2행)+(−2)×(1행)
	$2x_1+x_2+x_3=1 \cdots ①$ $-x_2-2x_3=-4 \cdots ②$ $-2x_1+2x_2+x_3=7 \cdots ③$	$\left[\begin{array}{ccc\|c} 2 & 1 & 1 & 1 \\ 0 & -1 & -2 & -4 \\ -2 & 2 & 1 & 7 \end{array}\right]$

Ⅱ	$(-1)\times$②	$(-1)\times(2$**행**$)$

$$\begin{aligned} 2x_1 + \ x_2 + \ x_3 &= 1 \ \cdots ① \\ x_2 + 2x_3 &= 4 \ \cdots ② \\ -2x_1 + 2x_2 + \ x_3 &= 7 \ \cdots ③ \end{aligned} \qquad \left[\begin{array}{ccc|c} 2 & 1 & 1 & 1 \\ 0 & 1 & 2 & 4 \\ -2 & 2 & 1 & 7 \end{array}\right]$$

Ⅲ	③$+(1)\times$①	$(3$행$)+(1)\times(1$행$)$

$$\begin{aligned} 2x_1 + \ x_2 + \ x_3 &= 1 \ \cdots ① \\ x_2 + 2x_3 &= 4 \ \cdots ② \\ 3x_2 + 2x_3 &= 8 \ \cdots ③ \end{aligned} \qquad \left[\begin{array}{ccc|c} 2 & 1 & 1 & 1 \\ 0 & 1 & 2 & 4 \\ 0 & 3 & 2 & 8 \end{array}\right]$$

Ⅳ	③$+(-3)\times$②	$(3$행$)+(-3)\times(2$행$)$

$$\begin{aligned} 2x_1 + \ x_2 + \ x_3 &= \ \ 1 \ \cdots ① \\ x_2 + 2x_3 &= \ \ 4 \ \cdots ② \\ -\,4x_3 &= -4 \ \cdots ③ \end{aligned} \qquad \left[\begin{array}{ccc|c} 2 & 1 & 1 & 1 \\ 0 & 1 & 2 & 4 \\ 0 & 0 & -4 & -4 \end{array}\right]$$

Ⅴ	$(-1/4)\times$③	$(-1/4)+3\times(3$**행**$)$

$$\begin{aligned} 2x_1 + \ x_2 + \ x_3 &= 1 \\ x_2 + 2x_3 &= 4 \\ x_3 &= 1 \end{aligned} \qquad \left[\begin{array}{ccc|c} 2 & 1 & 1 & 1 \\ 0 & 1 & 2 & 4 \\ 0 & 0 & 1 & 1 \end{array}\right]$$

인데, L_1에서 L_2를 구하는 과정에서 만들어지는 모든 연립방정식들은 동치이다. 위에서 보면 연립방정식의 계수행렬이 상삼각행렬로 변환되었지만 연립방정식을 풀 때 위와 같은 상삼각행렬이 항상 구해지지는 않는다. 그러나 영이 아닌 원소들이 계단 형태로 배치되는 행렬은 항상 구할 수 있다.

$m\times n$행렬 $\mathbf{A}=[a_{ij}]$에서 $a_{ij}\neq 0$일 때 i번째 행의 처음 $j-1$개의 원소들이 모두 0이고 j번째 열의 i번째 원소 아래에 있는 $m-i$개의 원소들이 모두 0이면 이 행렬을 **행사다리꼴**(row echelon form)이라 한다. 다음과 같은 행렬

$$\begin{bmatrix} 0 & * & \bullet & \bullet & \bullet & \bullet & \bullet & \bullet & \bullet & \cdots & \bullet \\ 0 & 0 & * & \bullet & \bullet & \bullet & \bullet & \bullet & \bullet & \cdots & \bullet \\ 0 & 0 & 0 & * & \bullet & \bullet & \bullet & \bullet & \bullet & \cdots & \bullet \\ 0 & 0 & 0 & 0 & 0 & 0 & 0 & * & \bullet & \cdots & \bullet \\ 0 & 0 & 0 & 0 & 0 & 0 & 0 & 0 & 0 & \cdots & 0 \end{bmatrix}$$

은 행사다리꼴의 전형적인 형태이다. 여기서 $*$는 0이 아닌 실수를 나타내고 $\bullet$는 임의의 실수를 나타낸다.

앞에서 예시한 연립방정식의 풀이 과정에서 동치인 확장행렬로 바꾸는 데 사용한 연산들을 이용하면 행렬의 행사다리꼴을 구할 수 있다. 먼저, 그러한 연산을 정의하자.

기본 행연산

정의 2.3.1 기본 행연산(elemetary row operations)

임의의 행렬의 행에 실행되는 다음과 같은 연산

a. 두 행을 서로 교환하기

b. 한 행에 0이 아닌 상수 곱하기

c. 한 행의 상수 배를 다른 행에 더하기

을 기본 행연산이라 한다.

기본 행연산은 임의의 행렬을 행사다리꼴로 변환하는데 사용된다. 앞으로는 i번째 행과 j번째 행을 교환하는 연산을 R_{ij}, i번째 행에 상수 c를 곱하는 연산을 cR_i, j번째 행의 c배를 i번째 행에 더하는 연산을 R_i+cR_j로 표기한다. 행연산 R_i+cR_j에 의하면 i번째 행이 행연산의 결과로 대체된다.

예제 2.3.1 다음의 행렬 A에 대한 행사다리꼴을 구하여라.

$$A=\begin{bmatrix} 1 & 2 & 1 & -1 & 1 \\ 5 & 9 & 6 & -7 & 2 \\ 3 & 5 & 2 & -2 & 1 \\ 4 & 6 & 2 & -5 & 1 \end{bmatrix}$$

풀이

행렬 A에 행연산 R_2-5R_1, R_3-3R_1, R_4-4R_1을 차례로 시행하면

$$\begin{bmatrix} 1 & 2 & 1 & -1 & 1 \\ 5 & 9 & 6 & -7 & 2 \\ 3 & 5 & 2 & -2 & 1 \\ 4 & 6 & 2 & -5 & 1 \end{bmatrix} \rightarrow \begin{matrix} R_2-5R_1 \\ R_3-3R_1 \\ R_4-4R_1 \end{matrix} \rightarrow \begin{bmatrix} 1 & 2 & 1 & -1 & 1 \\ 0 & -1 & 1 & -2 & -3 \\ 0 & -1 & -1 & 1 & -2 \\ 0 & -2 & -2 & -1 & -3 \end{bmatrix}$$

이 된다. 얻어진 행렬에

$$R_3-R_2,\ R_4-2R_2 \rightarrow R_4-2R_3$$

와 같은 순서로 행연산을 계속하면 다음과 같이 행사다리꼴이 구해진다.

$$\begin{bmatrix} 1 & 2 & 1 & -1 & 1 \\ 0 & -1 & 1 & -2 & -3 \\ 0 & -1 & -1 & 1 & -2 \\ 0 & -2 & -2 & -1 & -3 \end{bmatrix} \rightarrow \begin{bmatrix} 1 & 2 & 1 & -1 & 1 \\ 0 & -1 & 1 & -2 & -3 \\ 0 & 0 & -2 & 3 & 1 \\ 0 & 0 & -4 & 3 & 3 \end{bmatrix} \rightarrow \begin{bmatrix} 1 & 2 & 1 & -1 & 1 \\ 0 & -1 & 1 & -2 & -3 \\ 0 & 0 & -2 & 3 & 1 \\ 0 & 0 & 0 & -3 & 1 \end{bmatrix}.$$

행사다리꼴의 i번째 행에서 처음으로 0이 아닌 원소를 **선도원소**(leading element)라 하는데 행사다리꼴의 각 행의 선도원소가 1인 행사다리꼴을 **축소행사다리꼴**(reduced row echelon form)이라 한다. 임의의 행렬에 대한 행사다리꼴은 유일하지 않지만 축소행사다리꼴은 유일하다. 예제 2.3.1의 행렬 A에 대한 축소행사다리꼴은 다음과 같다.

$$\begin{bmatrix} 1 & 2 & 1 & -1 & 1 \\ 0 & 1 & -1 & 2 & 3 \\ 0 & 0 & 1 & -3/2 & -1/2 \\ 0 & 0 & 0 & 1 & -1/3 \end{bmatrix}.$$

정의 2.3.2 행동치 행렬(row equivalent matrices)

행렬 A에 기본 행연산을 시행하여 구한 행렬을 B라 할 때, A와 B는 서로 행동치인 행렬들이라 한다.

정의 2.3.2에 의하면 행렬 A와 A의 행사다리꼴 및 축소행사다리꼴들은 모두 행동치인 행렬들이다. 어떤 행렬의 행사다리꼴은 유일하지 않지만 모든 행사다리꼴들에서 모든 원소가 0이 아닌 행들의 개수는 동일하다. 행렬 A의 행사다리꼴에서 모든 원소가 0이 아닌 행들의 개수를 A의 계수(階數)라 한다. 행렬의 계수에 대하여는 나중에 논의한다.

행렬 A에 기본 행연산을 시행한 결과는 기본 행연산자 행렬이라 부르는 행렬과 A의 곱으로 표현할 수 있다. 예컨대, 다음과 같은 확장행렬

$$A=\left[\begin{array}{rrr|r} 2 & 1 & 1 & 1 \\ 4 & 1 & 0 & -2 \\ -2 & 2 & 1 & 7 \end{array}\right]$$

의 2행과 3행을 교환한 행연산 결과는

$$EA=\begin{bmatrix} 1 & 0 & 0 \\ 0 & 0 & 1 \\ 0 & 1 & 0 \end{bmatrix}\left[\begin{array}{rrr|r} 2 & 1 & 1 & 1 \\ 4 & 1 & 0 & -2 \\ -2 & 2 & 1 & 7 \end{array}\right]=\left[\begin{array}{rrr|r} 2 & 1 & 1 & 1 \\ -2 & 2 & 1 & 7 \\ 4 & 1 & 0 & -2 \end{array}\right]$$

와 같이 행연산에 대응하는 행연산 행렬 E를 행렬 A에 곱한 EA와 같아진다.

정의 2.3.3 기본 행연산자 행렬(elemetary row operator matrix)

항등행렬 I_n에 기본 행연산을 시행한 행렬을 기본 행연산자 행렬이라 한다.

기본 행연산에는 세 가지가 있으므로 정의 2.3.3에 의하면 기본 행연산자 행렬 역시 행연산 R_{ij}에 대응되는 $\mathbf{E}_{ij}$, 행연산 cR_i에 대응되는 $\mathbf{E}_{ii}^{(c)}$, 행연산 R_i+cR_j에 대응되는 $\mathbf{E}_{ij}^{(c)}$의 세 가지가 있다. 기본 행연산자 행렬의 중요한 점은 행렬 $\mathbf{A}$에 행연산을 시행한 결과가 $\mathbf{EA}$라는 것이다.

예제 2.3.1의 행렬 $\mathbf{A}$에 행연산 R_2-5R_1, R_3-3R_1, R_4-4R_1를 시행한 결과를 보면

$$\mathbf{E}_{41}^{(-4)}\mathbf{E}_{31}^{(-3)}\mathbf{E}_{21}^{(-5)}\mathbf{A}=\begin{bmatrix} 1&0&0&0\\ 0&1&0&0\\ 0&0&1&0\\ -4&0&0&1\end{bmatrix}\begin{bmatrix} 1&0&0&0\\ 0&1&0&0\\ -3&0&1&0\\ 0&0&0&1\end{bmatrix}\begin{bmatrix} 1&0&0&0\\ -5&1&0&0\\ 0&0&1&0\\ 0&0&0&1\end{bmatrix}\begin{bmatrix} 1&2&1&-1&1\\ 5&9&6&-7&2\\ 3&5&2&-2&1\\ 4&6&2&-5&1\end{bmatrix}$$

$$=\begin{bmatrix} 1&0&0&0\\ -5&1&0&0\\ -3&0&1&0\\ -4&0&0&1\end{bmatrix}\begin{bmatrix} 1&2&1&-1&1\\ 5&9&6&-7&2\\ 3&5&2&-2&1\\ 4&6&2&-5&1\end{bmatrix}$$

$$=\begin{bmatrix} 1&2&1&-1&1\\ 0&-1&1&-2&-3\\ 0&-1&-1&1&-2\\ 0&-2&-2&-1&-3\end{bmatrix}$$

인데, 이 결과는 $\mathbf{E}_{41}^{(-4)}\mathbf{E}_{31}^{(-3)}\mathbf{E}_{21}^{(-5)}=\mathbf{B}$라 할 때 $\mathbf{BA}$와 같아야 한다. 따라서

$$\mathbf{E}_{43}^{(-2)}\mathbf{E}_{42}^{(-2)}\mathbf{E}_{32}^{(-1)}\mathbf{E}_{41}^{(-4)}\mathbf{E}_{31}^{(-3)}\mathbf{E}_{21}^{(-5)}=\mathbf{E}$$

라 하면 $\mathbf{EA}$는 예제 2.3.1에서 구한 행사다리꼴과 일치한다.

역행렬

연립방정식

$$\begin{aligned} 2x_1+\ \ x_2+x_3&=\ \ 1\\ 4x_1+\ \ x_2\qquad\ &=-2\\ -2x_1+2x_2+x_3&=\ \ 7 \end{aligned}$$

에서 계수행렬과 변수 및 등호 우측의 벡터를 각각

$$\mathbf{A}=\begin{bmatrix} 2&1&1\\ 4&1&0\\ -2&2&1\end{bmatrix},\quad \mathbf{x}=\begin{bmatrix} x_1\\ x_2\\ x_3\end{bmatrix},\quad \mathbf{b}=\begin{bmatrix} 1\\ -2\\ 7\end{bmatrix}$$

라 하면 이 연립방정식은 $\mathbf{Ax}=\mathbf{b}$로 간단히 쓸 수 있다. 여기서 적당한 기본 행연산자 행렬들의 곱을 $\mathbf{B}$라 할 때 $\mathbf{BA}=\mathbf{I}$인 행렬 $\mathbf{B}$가 존재 한다면 $\mathbf{BAx}=\mathbf{Bb}$이므로 $\mathbf{x}=\mathbf{Bb}$가 바

로 이 연립방정식의 해가 된다. 실제로 행렬

$$B = E_{13}^{(-1/2)}E_{12}^{(-1/2)}E_{23}^{(-2)}E_{11}^{(1/2)}E_{33}^{(-1/4)}E_{22}^{(-1)}E_{32}^{(3)}E_{31}^{(1)}E_{21}^{(-2)} = \begin{bmatrix} \frac{1}{8} & \frac{1}{8} & -\frac{1}{8} \\ -\frac{1}{2} & \frac{1}{2} & \frac{1}{2} \\ \frac{5}{4} & -\frac{3}{4} & -\frac{1}{4} \end{bmatrix}$$

은 BA=I를 만족하는 행렬이고

$$\mathbf{x} = B\mathbf{b} = \begin{bmatrix} -1 \\ 2 \\ 1 \end{bmatrix}$$

이 주어진 연립방정식의 해이다. 이상에서 살펴본 바와 같이 연립방정식 $A\mathbf{x}=\mathbf{y}$의 해를 구하는 문제는 BA=I가 되는 행렬 B를 구하는 문제로 귀착된다. 위의 예에서는 B가 유일한 것으로 구해져서 연립방정식의 해가 단 하나로 결정되었지만 임의의 행렬 A와의 곱이 항등행렬이 되는 B가 존재할 것이라는 보장은 없다. BA=I가 되는 행렬 B의 존재 여부는 전적으로 A의 성질에 종속되어 있다. 선형 연립방정식 $A\mathbf{x}=\mathbf{b}$의 해를 고려할 때 B의 존재 여부는 다음과 같은 세 가지 경우로 구분된다.

(i) BA=I인 B가 유일하게 존재하고 AB=I인 경우, 예컨대,

$$A_1 = \begin{bmatrix} 2 & 5 \\ 3 & 8 \end{bmatrix}, \quad B_1 = \begin{bmatrix} 8 & -5 \\ -3 & 2 \end{bmatrix}$$

일 때, $B_1A_1 = A_1B_1 = I$이고 $A\mathbf{x}=\mathbf{b}$의 해가 유일하게 존재한다.

(ii) BA=I인 B가 무수히 존재하지만 AB≠I인 경우, 예컨대,

$$A_2 = \begin{bmatrix} 1 & 1 \\ -1 & 0 \\ 3 & -1 \end{bmatrix}, \quad B_2 = \begin{bmatrix} 1 & 3 & 1 \\ 2 & 5 & 1 \end{bmatrix}, \quad B_2^* = \begin{bmatrix} 4 & 15 & 4 \\ 7 & 25 & 6 \end{bmatrix}$$

일 때,

$$B_2A_2 = B_2^*A_2 = I, \; A_2B_2 \neq I, \; A_2B_2^* \neq I$$

이고 $A\mathbf{x}=\mathbf{b}$의 해가 무수히 존재한다.

(iii) BA=I인 B가 존재하지 않지만 AB=I인 B는 존재하는 경우, 예컨대,

$$A_3 = \begin{bmatrix} 0 & 3 & 7 \\ 0 & 2 & 5 \end{bmatrix}, \quad C = \begin{bmatrix} 1 & 8 \\ 5 & -7 \\ -2 & 3 \end{bmatrix}$$

일 때, $A_3C=I$이지만 $BA_3=I$인 B는 존재하지 않아서 $A\mathbf{x}=\mathbf{b}$의 해는 존재하지 않는다.

정의 2.3.4 역행렬(inverse matrix)

n차 정방행렬 A에 대하여

$$AB=BA=I_n$$

를 만족하는 행렬 B를 A의 역행렬이라 하고 기호 $B=A^{-1}$로 표기한다.

행렬 A의 역행렬이 존재하면 A를 **정칙행렬**(nonsingular matrix)이라 하고, 역행렬이 존재하지 않는 행렬은 **비정칙행렬**(singular matrix)이라 한다.

예제 2.3.2 다음 각 행렬의 역행렬을 구하여라.

$$D=\begin{bmatrix} d_1 & 0 & 0 \\ 0 & d_2 & 0 \\ 0 & 0 & d_3 \end{bmatrix},\ E_{31}^{(\lambda)}=\begin{bmatrix} 1 & 0 & 0 \\ 0 & 1 & 0 \\ \lambda & 0 & 1 \end{bmatrix},\ E_{22}^{(\lambda)}=\begin{bmatrix} 1 & 0 & 0 \\ 0 & \lambda & 0 \\ 0 & 0 & 1 \end{bmatrix},\ E_{231}=\begin{bmatrix} 0 & 1 & 0 \\ 0 & 0 & 1 \\ 1 & 0 & 0 \end{bmatrix}$$

풀이

$$\begin{bmatrix} d_1 & 0 & 0 \\ 0 & d_2 & 0 \\ 0 & 0 & d_3 \end{bmatrix}\begin{bmatrix} d_1^{-1} & 0 & 0 \\ 0 & d_2^{-1} & 0 \\ 0 & 0 & d_3^{-1} \end{bmatrix}=\begin{bmatrix} 1 & 0 & 0 \\ 0 & 1 & 0 \\ 0 & 0 & 1 \end{bmatrix} \Rightarrow D^{-1}=\begin{bmatrix} d_1^{-1} & 0 & 0 \\ 0 & d_2^{-1} & 0 \\ 0 & 0 & d_3^{-1} \end{bmatrix}$$

$$\begin{bmatrix} 1 & 0 & 0 \\ 0 & 1 & 0 \\ \lambda & 0 & 1 \end{bmatrix}\begin{bmatrix} 1 & 0 & 0 \\ 0 & 1 & 0 \\ -\lambda & 0 & 1 \end{bmatrix}=\begin{bmatrix} 1 & 0 & 0 \\ 0 & 1 & 0 \\ 0 & 0 & 1 \end{bmatrix} \Rightarrow \left[E_{31}^{(\lambda)}\right]^{-1}=\begin{bmatrix} 1 & 0 & 0 \\ 0 & 1 & 0 \\ -\lambda & 0 & 1 \end{bmatrix}=E_{31}^{(-\lambda)}$$

$$\left[E_{22}^{(\lambda)}\right]^{-1}=\begin{bmatrix} 1 & 0 & 0 \\ 0 & \lambda^{-1} & 0 \\ 0 & 0 & 1 \end{bmatrix}=E_{22}^{(\lambda^{-1})},\qquad \left[E_{231}\right]^{-1}=E_{231}^{t}=\begin{bmatrix} 0 & 0 & 1 \\ 1 & 0 & 0 \\ 0 & 1 & 0 \end{bmatrix}$$

예제 2.3.2의 내용은 일반적으로 성립한다. 즉, 대각행렬의 역행렬은

$$[D(d_i)]^{-1}=D\left(d_i^{-1}\right),\ d_i\neq 0$$

와 같이 간단히 구해진다. 또, 기본 행연산자 행렬의 역행렬은

$$[E_{ij}^{(\lambda)}]^{-1}=E_{ij}^{(-\lambda)}, \quad [E_{ii}^{(\lambda)}]^{-1}=E_{ii}^{(\lambda^{-1})}, \quad E_{ij}^{-1}=E_{ij}^{t}=E_{ij}$$

로 그 기본적인 형이 바뀌지 않는다.

정칙행렬 A 앞에 일련의 기본 행연산자 행렬들을 곱하여 항등행렬 I가 되도록 할 수 있다. 즉, $E_{ij}^{(\lambda)}$, $E_{ii}^{(\lambda)}$, E_{ij} 중의 하나인 기본 행연산자 행렬을 E_i라 할 때

$$E_kE_{k-1}\cdots E_2E_1A=I$$

가 되는 $E_1, E_2, \cdots, E_k$를 구할 수 있다. 따라서

$$A^{-1}=E_kE_{k-1}\cdots E_2E_1$$

이므로 확장행렬 $[A \mid I]$의 왼쪽에 $E_kE_{k-1}\cdots E_2E_1$을 곱하면

$$E_kE_{k-1}\cdots E_2E_1[A \mid I]=[I \mid A^{-1}]$$

이 된다. 즉, $[A \mid I]$의 왼쪽에 기본 행연산자 행렬들을 곱하여 $[I \mid B]$로 바뀌면 B가 A의 역행렬이 된다.

예제 2.3.3 **기본 행연산자 행렬을 이용하여 다음 행렬 A의 역행렬을 구하여라.**

$$A=\begin{bmatrix} 2 & 2 & 0 \\ 2 & 1 & 1 \\ -7 & 2 & -3 \end{bmatrix}$$

풀이

$$E_{32}^{(3)}A=E_1A=\begin{bmatrix} 1 & 0 & 0 \\ 0 & 1 & 0 \\ 0 & 3 & 1 \end{bmatrix}\begin{bmatrix} 2 & 2 & 0 \\ 2 & 1 & 1 \\ -7 & 2 & -3 \end{bmatrix}=\begin{bmatrix} 2 & 2 & 0 \\ 2 & 1 & 1 \\ -1 & 5 & 0 \end{bmatrix}=B_1,$$

$$E_{23}E_{31}B_1=E_2B_1=\begin{bmatrix} 0 & 0 & 1 \\ 1 & 0 & 0 \\ 0 & 1 & 0 \end{bmatrix}\begin{bmatrix} 2 & 2 & 0 \\ 2 & 1 & 1 \\ -1 & 5 & 0 \end{bmatrix}=\begin{bmatrix} -1 & 5 & 0 \\ 2 & 2 & 0 \\ 2 & 1 & 1 \end{bmatrix}=B_2,$$

$$E_{21}^{(2)}E_{31}^{(2)}B_2=E_3B_2=\begin{bmatrix} 1 & 0 & 0 \\ 2 & 1 & 0 \\ 2 & 0 & 1 \end{bmatrix}\begin{bmatrix} -1 & 5 & 0 \\ 2 & 2 & 0 \\ 2 & 1 & 1 \end{bmatrix}=\begin{bmatrix} -1 & 5 & 0 \\ 0 & 12 & 0 \\ 0 & 11 & 1 \end{bmatrix}=B_3,$$

$$E_{22}^{(12^{-1})}E_{11}^{(-1)}B_3=E_4B_3=\begin{bmatrix} -1 & 0 & 0 \\ 0 & 12^{-1} & 0 \\ 0 & 0 & 1 \end{bmatrix}\begin{bmatrix} -1 & 5 & 0 \\ 0 & 12 & 0 \\ 0 & 11 & 1 \end{bmatrix}=\begin{bmatrix} 1 & -5 & 0 \\ 0 & 1 & 0 \\ 0 & 11 & 1 \end{bmatrix}=B_4,$$

$$E_{12}^{(5)}E_{32}^{(-11)}B_4=E_5B_4=\begin{bmatrix}1&5&0\\0&1&0\\0&-11&1\end{bmatrix}\begin{bmatrix}1&-5&0\\0&1&0\\0&11&1\end{bmatrix}=\begin{bmatrix}1&0&0\\0&1&0\\0&0&1\end{bmatrix}$$

이므로 A의 역행렬은

$$\begin{aligned}A^{-1}&=E_5E_4E_3E_2E_1\\&=\begin{bmatrix}1&5&0\\0&1&0\\0&-11&1\end{bmatrix}\begin{bmatrix}-1&0&0\\0&12^{-1}&0\\0&0&1\end{bmatrix}\begin{bmatrix}1&0&0\\2&1&0\\2&0&1\end{bmatrix}\begin{bmatrix}0&0&1\\1&0&0\\0&1&0\end{bmatrix}\begin{bmatrix}1&0&0\\0&1&0\\0&3&1\end{bmatrix}\\&=\begin{bmatrix}\frac{5}{12}&-\frac{1}{2}&-\frac{1}{6}\\\frac{1}{12}&\frac{1}{2}&\frac{1}{6}\\-\frac{11}{12}&\frac{3}{2}&\frac{1}{6}\end{bmatrix}\end{aligned}$$

과 같이 구해진다.

기본 행연산자 행렬을 이용하면

$$A^{-1}=\begin{bmatrix}a&b\\c&d\end{bmatrix}^{-1}=\frac{1}{ad-bc}\begin{bmatrix}d&-b\\-c&a\end{bmatrix}$$

임을 보일 수 있다. 따라서 2×2행렬 A의 역행렬이 존재하기 위해서는 $ad-bc\neq0$이어야 한다. $ad-bc=0$이면 A의 역행렬은 존재하지 않는다. $ad-bc$는 A의 행렬식이라 부르는 것인데 다음 장에서 자세히 논의할 것이다.

예제 2.3.4 **기본 행연산자 행렬을 이용하여 다음 행렬의 역행렬을 구하여라.**

$$A=aI_3+bJ_3=\begin{bmatrix}a+b&b&b\\b&a+b&b\\b&b&a+b\end{bmatrix}$$

풀이

$$E_1=E_{11}^{((a+3b)^{-1})}E_{12}^{(1)}E_{13}^{(1)}$$

$$\Rightarrow\ E_1A=\begin{bmatrix}(a+3b)^{-1}&0&0\\0&1&0\\0&0&1\end{bmatrix}\begin{bmatrix}1&1&1\\0&1&0\\0&0&1\end{bmatrix}A=\begin{bmatrix}1&1&1\\b&a+b&b\\b&b&a+b\end{bmatrix},$$

$$E_2=E_{21}^{(-b)}E_{31}^{(-b)}$$

$$\Rightarrow \quad E_2E_1A=\begin{bmatrix}1&0&0\\-b&1&0\\-b&0&1\end{bmatrix}E_1A=\begin{bmatrix}1&1&1\\0&a&0\\0&0&a\end{bmatrix},$$

$E_3=E_{22}^{(a^{-1})}E_{33}^{(a^{-1})}$

$$\Rightarrow \quad E_3E_2E_1A=\begin{bmatrix}1&0&0\\0&a^{-1}&0\\0&0&a^{-1}\end{bmatrix}E_2E_1A=\begin{bmatrix}1&1&1\\0&1&0\\0&0&1\end{bmatrix},$$

$E_4=E_{12}^{(-1)}E_{13}^{(-1)}$

$$\Rightarrow \quad E_4E_3E_2E_1A=\begin{bmatrix}1&-1&-1\\0&1&0\\0&0&1\end{bmatrix}E_3E_2E_1A=\begin{bmatrix}1&0&0\\0&1&0\\0&0&1\end{bmatrix}.$$

$$\therefore \quad A^{-1}=\begin{bmatrix}1&-1&-1\\0&1&0\\0&0&1\end{bmatrix}\begin{bmatrix}1&0&0\\0&a^{-1}&0\\0&0&a^{-1}\end{bmatrix}\begin{bmatrix}1&0&0\\-b&1&0\\-b&0&1\end{bmatrix}\begin{bmatrix}(a+3b)^{-1}&0&0\\0&1&0\\0&0&1\end{bmatrix}\begin{bmatrix}1&1&1\\0&1&0\\0&0&1\end{bmatrix}$$

$$=\frac{1}{a}\left(I_3-\frac{b}{a+3b}J_3\right).$$

예제 2.3.4의 결과로부터 $a\neq 0$, $a+nb\neq 0$일 때 aI_n+bJ_n의 역행렬은

$$(aI_n+bJ_n)^{-1}=\frac{1}{a}\left(I_n-\frac{b}{a+nb}J_n\right)$$

이 된다. 정리 2.3.1은 역행렬에 관한 성질들인데, 증명은 독자의 몫으로 남긴다.

정리 2.3.1 역행렬의 성질

크기가 같고 역행렬이 존재하는 행렬 A와 B에 대하여 다음이 성립한다.

1. A^{-1}는 유일하고, A^{-1}의 역행렬은 A이다. 즉, $(A^{-1})^{-1}=A$.
2. c가 0이 아닌 스칼라이면 $(cA)^{-1}=c^{-1}A^{-1}$.
3. AB의 역행렬이 존재하고 $(AB)^{-1}=B^{-1}A^{-1}$.
4. A^t의 역행렬이 존재하고 $(A^t)^{-1}=(A^{-1})^t$.
5. 음이 아닌 정수 n에 대하여 A^n의 역행렬이 존재하고 $(A^n)^{-1}=(A^{-1})^n$.
6. A가 대칭행렬이면 A^{-1}도 대칭행렬이다.

LU-인수분해

임의의 행렬을 둘 이상의 여러 행렬들의 곱으로 나타내는 것을 행렬의 인수분해라고 한다. 다음과 같은 행렬

$$\mathrm{A}=\begin{bmatrix} 2 & 1 & 1 \\ 4 & 1 & 0 \\ -2 & 2 & 1 \end{bmatrix}$$

에 행연산자 행렬

$$\mathrm{E}_1=\begin{bmatrix} 1 & 0 & 0 \\ -2 & 1 & 0 \\ 1 & 0 & 1 \end{bmatrix}, \quad \mathrm{E}_2=\begin{bmatrix} 1 & 0 & 0 \\ 0 & 1 & 0 \\ 0 & 3 & 1 \end{bmatrix}$$

를 곱한 행렬을 $\mathrm{U}=\mathrm{E}_2\mathrm{E}_1\mathrm{A}$라 하면

$$\mathrm{U}=\begin{bmatrix} 1 & 0 & 0 \\ 0 & 1 & 0 \\ 0 & 3 & 1 \end{bmatrix}\begin{bmatrix} 1 & 0 & 0 \\ -2 & 1 & 0 \\ 1 & 0 & 1 \end{bmatrix}\mathrm{A}=\begin{bmatrix} 2 & 1 & 1 \\ 0 & -1 & -2 \\ 0 & 0 & -4 \end{bmatrix}$$

는 상삼각행렬이다. 그런데 $\mathrm{A}=\mathrm{E}_1^{-1}\mathrm{E}_2^{-1}\mathrm{U}$ 이고, $\mathrm{E}_1, \mathrm{E}_2, \mathrm{E}_3$의 역행렬은 각각

$$\mathrm{E}_1^{-1}=\begin{bmatrix} 1 & 0 & 0 \\ 2 & 1 & 0 \\ -1 & 0 & 1 \end{bmatrix}, \quad \mathrm{E}_2^{-1}=\begin{bmatrix} 1 & 0 & 0 \\ 0 & 1 & 0 \\ 0 & -3 & 1 \end{bmatrix}$$

로 쉽게 구해진다. 따라서

$$\mathrm{L}=\mathrm{E}_1^{-1}\mathrm{E}_2^{-1}=\begin{bmatrix} 1 & 0 & 0 \\ 2 & 1 & 0 \\ -1 & 0 & 1 \end{bmatrix}\begin{bmatrix} 1 & 0 & 0 \\ 0 & 1 & 0 \\ 0 & -3 & 1 \end{bmatrix}=\begin{bmatrix} 1 & 0 & 0 \\ 2 & 1 & 0 \\ -1 & -3 & 1 \end{bmatrix}$$

이라 하면 A는 대각원소가 모두 1인 하삼각행렬 L과 상삼각행렬 U의 곱으로 인수분해 된다.

정의 2.3.5 행렬의 *LU*-인수분해(LU-facterization)

n차 정방행렬 A를 대각원소가 모두 1인 하삼각행렬 L과 상삼각행렬 U의 곱으로 나타낼 수 있으면, 즉, A=LU이면 LU를 A의 *LU*-인수분해라 한다.

정방행렬 A가 $\mathrm{E}_{ij}^{(c)}$형 행연산자 행렬들의 곱에 의하여 행사다리꼴로 축소되면 A=LU로 인수분해 할 수 있다. 연립방정식 Ax=b의 계수행렬 A가 A=LU로 인수분해 되면

$$\mathrm{A}\mathbf{x}=\mathrm{LU}\mathbf{x}=\mathrm{L}(\mathrm{U}\mathbf{x})=\mathrm{b}$$

이므로 $\mathrm{L}\mathbf{y}=\mathrm{b}$를 $\mathbf{y}$에 대하여 전향대입법으로 풀고, 다시 $\mathrm{U}\mathbf{x}=\mathbf{y}$를 $\mathbf{x}$에 대하여 후향대입법으로 풀면 주어진 연립방정식의 해를 구할 수 있다. 예컨대,

$$\mathrm{A}=\begin{bmatrix} 2 & 1 & 1 \\ 4 & 1 & 0 \\ -2 & 2 & 1 \end{bmatrix}, \quad \mathbf{x}=\begin{bmatrix} x_1 \\ x_2 \\ x_3 \end{bmatrix}, \quad \mathrm{b}=\begin{bmatrix} 1 \\ -2 \\ 7 \end{bmatrix}$$

인 연립방정식 $\mathrm{A}\mathbf{x}=\mathrm{b}$에서

$$\mathrm{A}=\mathrm{LU}=\begin{bmatrix} 1 & 0 & 0 \\ 2 & 1 & 0 \\ -1 & -3 & 1 \end{bmatrix}\begin{bmatrix} 2 & 1 & 1 \\ 0 & -1 & -2 \\ 0 & 0 & -4 \end{bmatrix}$$

이므로

$$\mathrm{L}\mathbf{y}=\begin{bmatrix} 1 & 0 & 0 \\ 2 & 1 & 0 \\ -1 & -3 & 1 \end{bmatrix}\begin{bmatrix} y_1 \\ y_2 \\ y_3 \end{bmatrix}=\begin{bmatrix} 1 \\ -2 \\ 7 \end{bmatrix}=\mathrm{b}$$

를 $\mathbf{y}$에 대하여 전방대입법으로 풀면

$$y_1=1, \quad y_2=-4, \quad y_3=-4$$

가 된다. 따라서

$$\mathrm{U}\mathbf{x}=\begin{bmatrix} 2 & 1 & 1 \\ 0 & -1 & -2 \\ 0 & 0 & -4 \end{bmatrix}\begin{bmatrix} x_1 \\ x_2 \\ x_3 \end{bmatrix}=\begin{bmatrix} 1 \\ -4 \\ -4 \end{bmatrix}$$

를 $\mathbf{x}$에 대하여 후방대입법으로 풀면 다음과 같은 연립방정식의 해가 구해진다.

$$x_3=1, \quad x_2=2, \quad x_1=-1.$$

n차 정방행렬 A에 행연산자 행렬 $\mathrm{E}_{ij}^{(c)}$, $i>j$를 곱한 행렬이 상삼각행렬이면 하삼각행렬 L은 항등행렬 I_n의 (i,j)-원소를 $-c$로 대체한 행렬이 된다. 즉, A에 행연산자 행렬

$$\mathrm{E}_{ij}^{(c_{ij})}, \ i=j+1, j+2, \cdots, n, \ j=1, 2, \cdots, n-1$$

을 순서대로 모두 곱하여 상삼각행렬 U가 구해졌다면 하삼각행렬 L은

$$\mathrm{L}=\begin{bmatrix} 1 & 0 & 0 & 0 & \cdots & 0 \\ d_{21} & 1 & 0 & 0 & \cdots & 0 \\ d_{31} & d_{32} & 1 & 0 & \cdots & 0 \\ d_{41} & d_{42} & d_{43} & 1 & \cdots & 0 \\ \vdots & \vdots & \vdots & \vdots & \ddots & 0 \\ d_{n1} & d_{n2} & d_{n3} & d_{n4} & \cdots & 1 \end{bmatrix}$$

이 된다. 여기서 $d_{ij}=-c_{ij}$이다. 예컨대,

$$E_{21}^{(-2)}E_{41}^{(3)}E_{32}^{(-1)}E_{42}^{(-4)}E_{43}^{(2)}A=U$$

이면 하삼각행렬 L은

$$L=\begin{bmatrix} 1 & 0 & 0 & 0 \\ 2 & 1 & 0 & 0 \\ 0 & 1 & 1 & 0 \\ -3 & 4 & -2 & 1 \end{bmatrix}$$

과 같이 구해진다.

예제 2.3.5 **다음 행렬 A의 LU-인수분해행렬 L과 U를 구하여라.**

$$A=\begin{bmatrix} 1 & 2 & 3 & -1 \\ 2 & 6 & 3 & -4 \\ 0 & 4 & -3 & -2 \\ -1 & -2 & -9 & -7 \end{bmatrix}$$

풀이

행연산자 행렬

$$E_{21}^{(-2)}=\begin{bmatrix} 1 & 0 & 0 & 0 \\ -2 & 1 & 0 & 0 \\ 0 & 0 & 1 & 0 \\ 0 & 0 & 0 & 1 \end{bmatrix}, \quad E_{41}^{(1)}=\begin{bmatrix} 1 & 0 & 0 & 0 \\ 0 & 1 & 0 & 0 \\ 0 & 0 & 1 & 0 \\ 1 & 0 & 0 & 1 \end{bmatrix},$$

$$E_{32}^{(-2)}=\begin{bmatrix} 1 & 0 & 0 & 0 \\ 0 & 1 & 0 & 0 \\ 0 & -2 & 1 & 0 \\ 0 & 0 & 0 & 1 \end{bmatrix}, \quad E_{43}^{(2)}=\begin{bmatrix} 1 & 0 & 0 & 0 \\ 0 & 1 & 0 & 0 \\ 0 & 0 & 1 & 0 \\ 0 & 0 & 2 & 1 \end{bmatrix}$$

을 순서대로 A에 곱하면

$$U=E_{43}^{(2)}E_{32}^{(-2)}E_{41}^{(1)}E_{21}^{(-2)}A=\begin{bmatrix} 1 & 2 & 3 & -1 \\ 0 & 2 & -3 & -2 \\ 0 & 0 & 3 & 2 \\ 0 & 0 & 0 & -4 \end{bmatrix}$$

이고, 따라서 하삼각행렬은

$$L=\begin{bmatrix} 1 & 0 & 0 & 0 \\ 2 & 1 & 0 & 0 \\ 0 & 2 & 1 & 0 \\ -1 & 0 & -2 & 1 \end{bmatrix}$$

이 된다.

LU-인수분해 과정에서 행을 서로 교환하는 행연산을 사용하게 될 때는 주의하여야 한다. 다음과 같은 행렬

$$\mathrm{A}=\begin{bmatrix} 4 & 1 & 0 \\ 2 & 1 & 1 \\ -2 & 2 & 1 \end{bmatrix}$$

의 LU-인수분해 행렬을 구해보자. A를 보면 1열의 첫 번째 원소가 두 번째 또는 세 번째 원소의 정수배이므로 1행과 2행을 바꾼 행렬 $\mathbf{E}_{12}\mathbf{A}$의 LU-인수분해를 구하면

$$\mathrm{E}_{12}\mathrm{A}=\begin{bmatrix} 2 & 1 & 1 \\ 4 & 1 & 0 \\ -2 & 2 & 1 \end{bmatrix}=\begin{bmatrix} 1 & 0 & 0 \\ 2 & 1 & 0 \\ -1 & -3 & 1 \end{bmatrix}\begin{bmatrix} 2 & 1 & 1 \\ 0 & -1 & -2 \\ 0 & 0 & -4 \end{bmatrix}=\mathrm{LU}$$

가 된다. 따라서 A는

$$\mathrm{A}=\mathrm{E}_{12}^{-1}\mathrm{LU}=\mathrm{E}_{12}^{t}\mathrm{LU}$$

와 같이 인수분해 할 수 있다.

한편, A의 행사다리꼴은 유일하지 않지만 A의 역행렬이 존재할 때는 A=LU인 L과 U는 유일하게 존재한다.

행렬과 연관된 부분공간

$m\times n$행렬 A의 n차 행벡터들을 $\mathbf{a}_1^t, \mathbf{a}_2^t, \cdots, \mathbf{a}_m^t$이라 하면 이 행벡터들에 의하여 생성된 공간, 즉, $\mathrm{span}(\mathbf{a}_1, \mathbf{a}_2, \cdots, \mathbf{a}_m)$은 $\mathbb{R}^n$의 부분공간이다. $\mathrm{span}(\mathbf{a}_1, \mathbf{a}_2, \cdots, \mathbf{a}_m)$은 $\mathbf{R}(\mathrm{A})$로 표기하고 A의 **행공간**(row space)이라 부른다. 또한, A의 m차 열벡터 $\mathbf{b}_1, \mathbf{b}_2, \cdots, \mathbf{b}_n$에 의하여 생성된 공간 $\mathrm{span}(\mathbf{b}_1, \mathbf{b}_2, \cdots, \mathbf{b}_n)$ 역시 $\mathbb{R}^m$의 부분공간인데, 기호 $\mathbf{C}(\mathrm{A})$로 나타내고 A의 **열공간**(column space)이라 한다.

다음과 같은 행렬

$$\mathrm{A}=\begin{bmatrix} 1 & 2 \\ 2 & 1 \\ 2 & -3 \end{bmatrix}$$

에서

$$\mathbf{c}=\begin{bmatrix} 4 \\ 5 \\ 1 \end{bmatrix}=2\begin{bmatrix} 1 \\ 2 \\ 2 \end{bmatrix}+\begin{bmatrix} 2 \\ 1 \\ -3 \end{bmatrix}$$

이므로 c는 $\mathbf{C}$(A)에 속한다. 그런데, c가 $\mathbf{C}$(A)에 속한다는 것은 $\mathbf{A}\mathbf{x}=\mathbf{c}$를 만족하는 벡터 $\mathbf{x}$가 존재한다는 것이다. 확장행렬 $[\mathbf{A}|\mathbf{c}]$의 축소 행사다리꼴을 이용하여 연립방정식 $\mathbf{A}\mathbf{x}=\mathbf{c}$의 해를 구하면

$$\left[\begin{array}{cc|c}1 & 2 & 4\\ 2 & 1 & 5\\ 2 & -3 & 1\end{array}\right] \rightarrow \left[\begin{array}{cc|c}1 & 0 & 2\\ 0 & 1 & 1\\ 0 & 0 & 0\end{array}\right] \rightarrow \quad \mathbf{x}=\begin{bmatrix}2\\1\end{bmatrix}$$

이므로 c는 $\mathbf{C}$(A)에 속한다. 그리고 $\mathbf{C}$(A)는 임의의 실수 s와 t에 대하여

$$\mathbf{v}=\begin{bmatrix}x\\y\\z\end{bmatrix}=s\begin{bmatrix}1\\2\\2\end{bmatrix}+t\begin{bmatrix}2\\1\\-3\end{bmatrix}$$

을 만족하는 벡터 $\mathbf{v}$들의 집합이다. 따라서 벡터 $\mathbf{v}$는

$$x=s+2t, \quad y=2s+t, \quad z=2s-3t$$

를 만족하는 벡터들인데 이 매개방정식은 $8x-7y+3z=0$과 일치한다. 그러므로 $\mathbf{C}$(A)는 점 (0,0,0), (1,2,2), (2,1,−3)을 통과하는 평면, 즉, 원점을 통과하고 A의 두 열벡터들에 의하여 만들어지는 평면으로 $\mathbb{R}^3$의 부분공간이다. 한편, $\mathbf{A}^t$의 열벡터들이 A의 행벡터들이므로 $\mathbf{R}(\mathbf{A})=\mathbf{C}(\mathbf{A}^t)$이다. $\mathbf{A}^t$의 열벡터들을 보면

$$\begin{bmatrix}2\\-3\end{bmatrix}=-\frac{8}{3}\begin{bmatrix}1\\2\end{bmatrix}+\frac{7}{3}\begin{bmatrix}2\\1\end{bmatrix}$$

이므로 $\mathbf{R}$(A)는 두 벡터 $[1\ 2]^t$와 $[2\ 1]^t$에 의해 생성되는 평면, 즉, $\mathbb{R}^2$가 된다. 그리고

$$c_1\mathbf{v}_1+c_2\mathbf{v}_2=c_1\begin{bmatrix}1\\2\end{bmatrix}+c_2\begin{bmatrix}2\\1\end{bmatrix}=\begin{bmatrix}0\\0\end{bmatrix}$$

을 만족하는 c_1과 c_2는 $c_1=c_2=0$뿐이므로 $\mathbf{v}_1$과 $\mathbf{v}_2$는 선형 독립인데,

$$\mathbf{R}(\mathbf{A})=\mathrm{span}(\mathbf{v}_1, \mathbf{v}_2)$$

이므로 $\{\mathbf{v}_1, \mathbf{v}_2\}$는 $\mathbf{R}$(A)의 기저이고

$$\dim[\mathbf{R}(\mathbf{A})]=2$$

이다. 또, A의 두 열벡터들도 $\mathbf{C}$(A)의 기저이므로

$$\dim[\mathbf{C}(\mathbf{A})]=2$$

가 된다. 따라서

$$\dim[\mathbf{R}(\mathbf{A})]=\dim[\mathbf{C}(\mathbf{A})]=2$$

임을 알 수 있다. 이 사실은 다음과 같은 정의 2.3.6으로 일반화할 수 있다.

정의 2.3.6 행렬의 계수(rank of a matrix)

임의의 행렬 A에 대하여 dim[$\mathbf{R}$(A)] 또는 dim[$\mathbf{C}$(A)]를 행렬 A의 계수라 하고 기호 r(A)로 나타낸다. 즉,

$$r(A)=\dim[\mathbf{R}(A)]=\dim[\mathbf{C}(A)].$$

행렬 A와 B가 행동치이면 일련의 행연산들에 의하여 A를 B로 변환할 수 있는데 이것은 B의 행들이 A의 행들의 선형결합으로 표현됨을 의미한다. 따라서 B의 행들의 선형결합은 A의 행들의 선형결합이므로

$$\mathbf{R}(B)\subseteq\mathbf{R}(A)$$

이고, 일련의 행연산들에 의하여 B를 A로 변환할 수 있으므로

$$\mathbf{R}(A)\subseteq\mathbf{R}(B)$$

이다. 그러므로 A와 B가 행동치이면

$$\mathbf{R}(A)=\mathbf{R}(B)$$

이고,

$$r(A)=\dim[\mathbf{R}(A)]=\dim[\mathbf{R}(B)]$$

가 된다. 이 사실에 의하면 A의 행사다리꼴 행렬을 R이라 할 때

$$r(A)=\dim[\mathbf{R}(R)]$$

이므로 R에서 선도원소가 0이 아닌 행의 개수가 A의 계수가 된다. 예컨대,

$$A=\begin{bmatrix}1&2&0&1\\1&-1&3&2\\3&0&6&5\\2&1&3&3\end{bmatrix}\rightarrow R=\begin{bmatrix}1&2&0&1\\0&-3&3&1\\0&0&0&0\\0&0&0&0\end{bmatrix}$$

이므로 r(A)=2이다.

$m\times n$행렬 A의 계수가 $r\neq 0$일 때 $r=m<n$이면 A는 **최대 행계수**(full row rank)를, $r=n<m$이면 A는 **최대 열계수**(full column rank)를, $r=n=m$이면 A는 **최대 계수**(full rank)를 갖는다고 한다.

정리 2.3.2 계수의 성질

$m\times n$ **행렬** A**에 대하여** $\mathrm{r}(A)=r\neq 0$**일 때 다음이 성립한다.**

1. $\mathrm{r}(A)$**는 양의 정수이고** $\mathrm{r}(O)=0$**으로 정의한다.**
2. $\mathrm{r}(A)\leq m$**이고** $\mathrm{r}(A)\leq n$**이다.**
3. $r\times r$ **정칙행렬을** A_{11}**이라 할 때**

$$A=\begin{bmatrix} A_{11} & A_{12} \\ A_{21} & A_{22} \end{bmatrix}$$

를 만족하는 A의 부분행렬 A_{11}**이 적어도 하나는 존재한다.**

4. $r=n$**이면** A_n**은 정칙행렬이다. 즉,** A_n^{-1}**가 존재한다.**
5. $\mathrm{r}(A)=\mathrm{r}(A^t)=\mathrm{r}(AA^t)=\mathrm{r}(A^tA)$

행렬의 계수는 행렬대수에서 대단히 중요하고 유용한 행렬의 특성치이다. 예컨대, 정방행렬 A_n에 대한 역행렬의 존재 여부는 $\mathrm{r}(A)$를 이용하여 판단할 수 있다.

행렬과 관련하여 중요한 또 하나의 부분공간이 연립방정식 $A\mathbf{x}=\mathbf{0}$를 만족하는 벡터 $\mathbf{x}$들의 집합이다. $m\times n$행렬 A에 대하여 $A\mathbf{x}=\mathbf{0}$를 만족하는 벡터 $\mathbf{x}$들의 집합을 **영공간**(null space)이라 하고 기호 $\aleph(A)$로 표기한다. 그리고 $m\times n$행렬 A의 $\aleph(A)$는 $\mathbb{R}^n$의 부분공간이다.

예제 2.3.6 다음 행렬 A에 대하여 $\mathbf{R}(A)$, $\mathbf{C}(A)$ 및 $\aleph(A)$의 기저를 구하여라.

$$A=\begin{bmatrix} 1 & 1 & 1 & 3 & 6 \\ 2 & -1 & 1 & 0 & -1 \\ -3 & 2 & -2 & 1 & 1 \\ 4 & 1 & 1 & 6 & 3 \end{bmatrix}$$

풀이

A의 축소 행사다리꼴을 구하면

$$R=\begin{bmatrix} 1 & 0 & 0 & 1 & -1 \\ 0 & 1 & 0 & 2 & 3 \\ 0 & 0 & 1 & 0 & 4 \\ 0 & 0 & 0 & 0 & 0 \end{bmatrix}$$

이다. 그런데, A와 R은 동치이므로 $\mathbf{R}(A)=\mathbf{R}(R)$이고, $\mathbf{R}(R)$은 0이 아닌

행들에 의하여 생성된 부분공간이다. 따라서 $\mathbf{R}$(A)의 기저는

$$\left\{\begin{bmatrix}1\\0\\0\\1\\-1\end{bmatrix}^t, \begin{bmatrix}0\\1\\0\\2\\3\end{bmatrix}^t, \begin{bmatrix}0\\0\\1\\0\\4\end{bmatrix}^t\right\}$$

가 된다. 한편, R의 열벡터들을 $\mathrm{r}_1, \cdots, \mathrm{r}_5$라 하면

$$\mathrm{r}_4 = \mathrm{r}_1 + 2\mathrm{r}_2, \quad \mathrm{r}_5 = -\mathrm{r}_1 + 3\mathrm{r}_2 + 4\mathrm{r}_3$$

이고, $\mathrm{r}_1, \mathrm{r}_2, \mathrm{r}_3$는 표준단위벡터들이므로 선형 독립이다. 따라서 A의 열벡터 a_1, $\mathrm{a}_2, \mathrm{a}_3$도 선형 독립이고 a_4와 a_5는 $\mathrm{a}_1, \mathrm{a}_2, \mathrm{a}_3$의 선형결합으로 표현된다. 그러므로 $\mathbf{C}$(A)의 기저는 $\{\mathrm{a}_1, \mathrm{a}_2, \mathrm{a}_3\}$이다.

그리고 영공간 $\aleph$(A)는 Rx=0을 만족하는 벡터 x들의 집합이다. 따라서

$$\begin{bmatrix}1&0&0&1&-1\\0&1&0&2&3\\0&0&1&0&4\\0&0&0&0&0\end{bmatrix}\begin{bmatrix}x_1\\x_2\\x_3\\x_4\\x_5\end{bmatrix}=\mathbf{0} \quad\Rightarrow\quad \begin{cases}x_1=-x_4+x_5\\x_2=-2x_4-3x_5\\x_3=-4x_5\end{cases}$$

이므로 $x_4=s$, $x_4=t$라 하면

$$\begin{cases}x_1=(-1)s+(\ \ 1)t\\x_2=(-2)s+(-3)t\\x_3=(\ \ 0)s+(-4)t\\x_4=(\ \ 1)s+(\ \ 0)t\\x_5=(\ \ 0)s+(\ \ 1)t\end{cases} \quad\Rightarrow\quad \mathbf{x}=\begin{bmatrix}x_1\\x_2\\x_3\\x_4\\x_5\end{bmatrix}=s\begin{bmatrix}-1\\-2\\0\\1\\0\end{bmatrix}+t\begin{bmatrix}1\\-3\\-4\\0\\1\end{bmatrix}=s\mathbf{u}+t\mathbf{v}$$

가 된다. 즉, $\aleph$(A)=span(u, v)이고 u와 v는 선형 독립이므로 $\aleph$(A)의 기저는 $\{$u, v$\}$이다.

예제 2.3.6에서 r(A)와 $\aleph$(A)의 차수의 합은 A의 최대 열계수 5와 같음을 알 수 있다. 일반적으로 r(A)와 $\aleph$(A)의 차수의 합은 A의 최대 열계수와 같아야 한다. 행렬 A와 연관된 공간은 $\mathbf{R}$(A), $\mathbf{C}$(A), $\aleph$(A) 이외에도 하나가 더 있는데 이에 대하여는 4장에서 논의하기로 한다.

연습문제 2.3

1. 다음 각 행렬에 대하여 행사다리꼴을 이용하여 행렬의 계수를 구하고 역행렬이 존재하면 역행렬을 구하여라.

(1) $A=\begin{bmatrix} 2 & 1 & 3 \\ -5 & 1 & 0 \\ 1 & 4 & -2 \end{bmatrix}$

(2) $B=\begin{bmatrix} 1 & -2 & 3 \\ -2 & 4 & -2 \\ 3 & -2 & 1 \end{bmatrix}$

(3) $C=\begin{bmatrix} 0 & -4 & -1 \\ 4 & 0 & -3 \\ 1 & 3 & 0 \end{bmatrix}$

(4) $D=\begin{bmatrix} 0 & 0 & 0 & 3 \\ 0 & 0 & 6 & 0 \\ 0 & 4 & 0 & 0 \\ 5 & 0 & 0 & 0 \end{bmatrix}$

(5) $E=\begin{bmatrix} 0 & 1 & 1 & 1 \\ 1 & 0 & 1 & 1 \\ 1 & 1 & 0 & 1 \\ 1 & 1 & 1 & 0 \end{bmatrix}$

(6) $F=\begin{bmatrix} 1 & -1 & -1 & -1 \\ -1 & 1 & -1 & -1 \\ -1 & -1 & 1 & -1 \\ -1 & -1 & -1 & 1 \end{bmatrix}$

2. 다음 행렬에 대하여 $(A^t)^{-1}=(A^{-1})^t$임을 보여라.

$$A=\begin{bmatrix} 1 & 6 & 0 & 8 \\ 0 & 1 & 5 & 4 \\ 0 & 0 & -1 & 0 \\ 0 & 0 & 0 & -1 \end{bmatrix}$$

3. 다음 행렬에 대하여 $\mathbf{R}(A)$, $\mathbf{C}(A)$, $\aleph(A)$를 구하여라.

$$A=\begin{bmatrix} 1 & 2 & 4 & 0 \\ 2 & 1 & 5 & 3 \\ 2 & -3 & 1 & 7 \end{bmatrix}$$

4. 다음 행렬의 역행렬을 구하여라.

$$E=\frac{1}{\sqrt{6}}\begin{bmatrix} \sqrt{2} & -2 & 0 \\ \sqrt{2} & 1 & -\sqrt{3} \\ \sqrt{2} & 1 & \sqrt{3} \end{bmatrix}$$

5. 다음 행렬에 대하여 물음에 답하여라.

$$A=\begin{bmatrix} 1 & 2 & 0 & 1 \\ 0 & 1 & 1 & 0 \\ 1 & 2 & 0 & 1 \end{bmatrix}$$

(1) A의 LU-인수분해를 구하여라.

(2) $Ax=0$의 일반해를 구하여라.

6. 다음 행렬

$$A=\begin{bmatrix}0 & 1 & 4 & 0\\0 & 2 & 8 & 0\end{bmatrix}$$

의 행사다리꼴을 구하고 Ax=0의 일반해를 구하여라. Ax=0가 해를 갖기 위한 필요충분조건을 구하여라.

7. 다음과 같은 연립방정식

$$A\mathbf{x}=\begin{bmatrix}1 & 0\\0 & 1\\2 & 3\end{bmatrix}\begin{bmatrix}x\\y\end{bmatrix}=\begin{bmatrix}b_1\\b_2\\b_3\end{bmatrix}=\mathbf{b}$$

의 해가 존재하는 벡터 b의 집합을 구하여라.

8. 다음 행렬 A의 1행과 3행을 교환하여 A의 LU-인수분해를 구하여라.

$$A=\begin{bmatrix}4 & 5 & 0\\2 & 1 & 1\\1 & 6 & -4\end{bmatrix}$$

9. 다음 각 행렬의 LU-인수분해를 구하여라.

$$A=\begin{bmatrix}1 & 1 & 3 & 2\\3 & 3 & 9 & 6\\2 & 2 & 6 & 4\\4 & 4 & 5 & 4\\1 & 1 & 7 & 8\end{bmatrix},\quad B=\begin{bmatrix}1 & 4 & 6 & 0\\4 & -1 & 2 & 0\\-7 & 6 & 2 & 1\end{bmatrix}$$

제3장

행렬식과 응용

3.1 행렬식

역사적으로 보면 행렬식은 행렬보다 먼저 등장하여 행렬과 무관하게 많은 실제 문제들을 해결하는데 사용되어 왔지만 선형대수와 함께 본격적으로 주목받게 된 것으로 행렬의 한 특성을 나타내는 스칼라이다.

행렬식에 대한 이론은 행렬의 연구에 앞서 거의 2세기 동안 발전되어 오늘날에는 행렬대수의 중요한 한 부분을 차지하고 있다. 이 장에서는 상대적으로 간단히 구할 수 있는 행렬식의 기본적인 계산법에 대하여 논의한 다음 행렬식의 구조를 이해하는 데에 보다 유용한 방식으로 행렬식을 정의하고 그 응용에 대하여 논의하고자 한다.

행렬 A의 **행렬식**(determinant)은 |A|로 표기하는 스칼라이다. 먼저, 1×1행렬 $\mathrm{A}=[a]$의 행렬식은 $|\mathrm{A}|=a$로 정의한다. 다음으로 연립방정식

$$\mathbf{A}\mathbf{x}=\begin{bmatrix} a_{11} & a_{12} \\ a_{21} & a_{22} \end{bmatrix}\begin{bmatrix} x_1 \\ x_2 \end{bmatrix}=\begin{bmatrix} b_1 \\ b_2 \end{bmatrix}=\mathbf{b}$$

를 풀기 위하여 A의 확장행렬에 대한 행사다리꼴을 구하면

$$\mathrm{R}=\left[\begin{array}{cc|c} a_{11} & a_{12} & b_1 \\ 0 & \dfrac{a_{11}a_{22}-a_{12}a_{21}}{a_{11}} & \dfrac{a_{11}b_2-a_{21}b_1}{a_{11}} \end{array}\right]$$

이므로 연립방정식의 해는

$$x_1=\frac{a_{22}b_1-a_{12}b_2}{a_{11}a_{22}-a_{12}a_{21}}, \quad x_2=\frac{a_{11}b_2-a_{21}b_1}{a_{11}a_{22}-a_{12}a_{21}}$$

가 된다. 그런데, 이 해가 유일하게 존재하기 위해서는 R의 대각원소들의 곱이

$$d=a_{11}\times\frac{a_{11}a_{22}-a_{12}a_{21}}{a_{11}}=a_{11}a_{22}-a_{12}a_{21}\neq 0$$

이어야 한다. 여기서 d는 A의 대각원소들의 곱에서 비대각원소들의 곱을 뺀 값으로 A의 역행렬의 존재 여부를 결정짓는 A의 중요한 특성치임을 알 수 있다. 따라서 2×2행렬 $\mathrm{A}=[a_{ij}]$의 행렬식은

$$|\mathrm{A}|=a_{11}a_{22}-a_{12}a_{21}$$

으로 정의한다.

다음으로 3×3행렬 $A=[a_{ij}]$의 행렬식을 정의하고 이를 일반화 하자. A의 행사다리꼴을 구해보면

$$\begin{bmatrix} a_{11} & a_{12} & a_{13} \\ a_{21} & a_{22} & a_{23} \\ a_{31} & a_{32} & a_{33} \end{bmatrix} \to \begin{bmatrix} a_{11} & a_{12} & a_{13} \\ 0 & a_{22}-\dfrac{a_{21}}{a_{11}}a_{12} & a_{23}-\dfrac{a_{21}}{a_{11}}a_{13} \\ 0 & a_{32}-\dfrac{a_{31}}{a_{11}}a_{12} & a_{33}-\dfrac{a_{31}}{a_{11}}a_{13} \end{bmatrix} \to R=\begin{bmatrix} a_{11} & a_{12} & a_{13} \\ 0 & a_{22}-\dfrac{a_{21}}{a_{11}}a_{12} & a_{23}-\dfrac{a_{21}}{a_{11}}a_{13} \\ 0 & 0 & x \end{bmatrix}$$

가 된다. 여기서 x는

$$x = a_{33}-\frac{a_{13}a_{31}}{a_{11}}-\frac{a_{23}-\dfrac{a_{13}a_{21}}{a_{11}}}{a_{22}-\dfrac{a_{12}a_{21}}{a_{11}}}\left(a_{32}-\frac{a_{12}a_{31}}{a_{11}}\right)$$

$$=\frac{a_{33}(a_{11}a_{22}-a_{12}a_{21})+a_{32}(a_{13}a_{21}-a_{11}a_{23})+a_{31}(a_{12}a_{23}-a_{13}a_{22})}{a_{11}\left(a_{22}-\dfrac{a_{12}a_{21}}{a_{11}}\right)}$$

이다. 따라서 $\mathbf{Ax=b}$에 대한 유일한 해의 존재 여부는

$$d = a_{11}\times\left(a_{22}-\frac{a_{21}}{a_{11}}a_{12}\right)\times x$$

$$= a_{33}(a_{11}a_{22}-a_{12}a_{21})+a_{32}(a_{13}a_{21}-a_{11}a_{23})+a_{31}(a_{12}a_{23}-a_{13}a_{22})$$

에 의하여 결정되므로 3×3행렬 $A=[a_{ij}]$의 행렬식은

$$|A| = a_{33}(a_{11}a_{22}-a_{12}a_{21})+a_{32}(a_{13}a_{21}-a_{11}a_{23})+a_{31}(a_{12}a_{23}-a_{13}a_{22})$$

로 정의한다. 여기서 $|A|$는

$$|A| = a_{31}\begin{vmatrix} a_{12} & a_{13} \\ a_{22} & a_{23} \end{vmatrix}+(-1)a_{32}\begin{vmatrix} a_{11} & a_{13} \\ a_{21} & a_{23} \end{vmatrix}+a_{33}\begin{vmatrix} a_{11} & a_{12} \\ a_{21} & a_{22} \end{vmatrix}$$

$$= a_{11}\begin{vmatrix} a_{22} & a_{23} \\ a_{32} & a_{33} \end{vmatrix}+(-1)a_{12}\begin{vmatrix} a_{21} & a_{23} \\ a_{31} & a_{33} \end{vmatrix}+a_{13}\begin{vmatrix} a_{21} & a_{22} \\ a_{31} & a_{32} \end{vmatrix}$$

와 같이 나타낼 수 있음을 알 수 있다. 그러므로 A에서 i행과 j열을 제거한 부분행렬을

A_{ij}라 하면

$$|A| = \sum_{j=1}^{3}(-1)^{i+j}a_{ij}|A_{ij}|, \quad i = 1, 2, 3$$
$$= \sum_{i=1}^{3}(-1)^{i+j}a_{ij}|A_{ij}|, \quad j = 1, 2, 3$$

이 된다. 행렬 A_{ij}의 행렬식 $|A_{ij}|$를 원소 a_{ij}에 대한 **소행렬식**(minor)이라 하고, 행렬식을 위와 같이 전개하는 것을 **소행렬식 전개**(expansion by minors)라 한다. 3차 행렬식의 소행렬식에 의한 전개는 n차 행렬식에 대한 전개로 확장할 수 있다.

정의 3.1.1 행렬식

n차 정방행렬 $A = [a_{ij}]$에서 a_{ij}에 대한 소행렬식을 $|A_{ij}|$라 하면

$$|A| = \sum_{j=1}^{n}(-1)^{i+j}a_{ij}|A_{ij}|, \quad i = 1, 2, \cdots, n$$
$$= \sum_{i=1}^{n}(-1)^{i+j}a_{ij}|A_{ij}|, \quad j = 1, 2, \cdots, n$$

을 A의 행렬식이라 한다.

정의 3.1.1에서 다음과 같이 정의하는

$$c_{ij} = (-1)^{i+j}|A_{ij}|$$

를 원소 a_{ij}에 대한 **여인자**(cofactor)라 하는데 여인자를 이용하면 $|A|$는

$$|A| = \sum_{i=1}^{n}a_{ij}c_{ij} = \sum_{j=1}^{n}a_{ij}c_{ij}$$

가 된다. 이와 같은 행렬식의 전개를 **라플라스 전개**(Laplace expansion) 또는 **여인자 전개**(cofactor expansion)라 한다.

n차 행렬식의 소행렬식에 의한 전개에서 $|A_{ij}|$는 한 단계 낮은 차수의 소행렬식으로 다시 전개할 수 있다. 예컨대, 4차 행렬식은 3차 행렬식을 포함하는 4개의 부호가 붙은 곱들의 합으로 전개되고, 각 3차 행렬식들은 다시 2차 행렬식을 포함하는 3개의 부호를

가진 곱들의 합으로 전개된다. 그러므로 4차 행렬식은 $4\times3\times2=4!$개의 곱으로 구성되어 있고, 각 곱은 4차 정방행렬의 한 행과 한 열에만 속하는 서로 다른 네 원소들의 곱이 된다. 일반적으로, n차 정방행렬의 행렬식은 $n!$개의 부호를 가진 곱들의 합으로 전개되는데, 각 곱은 그 행렬에서 한 행과 한 열에만 속하는 서로 다른 n개의 원소들의 곱이 된다.

한 행 또는 한 열의 원소가 모두 0인 정방행렬의 행렬식은 여인자 전개에 의하면 0이 된다. 여인자 전개는 삼각행렬의 행렬식을 구하는데 특별히 유용하다. 예컨대,

$$\begin{vmatrix} 2 & 1 & 3 & 0 \\ 0 & 3 & 5 & 7 \\ 0 & 0 & 1 & 4 \\ 0 & 0 & 0 & 4 \end{vmatrix} = 2\begin{vmatrix} 3 & 5 & 7 \\ 0 & 1 & 4 \\ 0 & 0 & 4 \end{vmatrix} = (2)(3)\begin{vmatrix} 1 & 4 \\ 0 & 4 \end{vmatrix} = (2)(3)(4) = 24$$

이 된다. 일반적으로 삼각행렬의 행렬식은 모든 대각원소들의 곱이 된다.

예제 3.1.1 다음과 같은 n차 차분행렬의 행렬식을 구하여라.

$$|A| = \begin{vmatrix} 2 & -1 & 0 & 0 & \cdots & 0 \\ -1 & 2 & -1 & 0 & \cdots & 0 \\ 0 & -1 & 2 & -1 & \cdots & 0 \\ \vdots & \vdots & \ddots & \ddots & \ddots & \vdots \\ 0 & 0 & 0 & -1 & 2 & -1 \\ 0 & 0 & 0 & 0 & -1 & 2 \end{vmatrix}$$

풀이

제1행의 각 원소에 대하여 행렬식을 전개하면

$$|A| = a_{11}c_{11} + a_{12}c_{12} = 2c_{11} - c_{12}$$

이 된다. 여기서 여인자 c_{11}은 제1행과 제1열을 제거하여 얻어진 A와 같은 형태인 $(n-1)$차 행렬의 행렬식이고,

$$c_{12} = (-1)^{1+2}\begin{vmatrix} -1 & -1 & & & \\ & 2 & -1 & & \\ & & \ddots & \ddots & \\ & & & 2 & -1 \\ & & & -1 & 2 \end{vmatrix}$$

인데, 이 행렬식을 다시 제1열에 대하여 전개하면

$$c_{12}=(-1)^{1+2}(-1)\begin{vmatrix} 2 & -1 & & \\ & \ddots & \ddots & \\ & & 2 & -1 \\ & & -1 & 2 \end{vmatrix}$$

이므로 c_{12}는 A와 같은 형태인 $(n-2)$차 행렬의 행렬식이 된다. 따라서

$$|A_n|=2|A_{n-1}|-|A_{n-2}|$$

이므로

$$|A_1|=|2|=2,\quad |A_2|=\begin{vmatrix} 2 & -1 \\ -1 & 2 \end{vmatrix}=3$$

인 이 점화식을 풀면 $|A_n|=n+1$이다.

예제 3.1.2 다음 행렬 A의 행렬식을 여인자 전개를 이용하여 구하여라.

$$A=\begin{bmatrix} 2 & 1 & 1 \\ 4 & 1 & 0 \\ -2 & 2 & 1 \end{bmatrix}$$

풀이

2행의 각 원소에 대한 여인자를 구하면

$$c_{21}=(-1)^3\begin{vmatrix} 1 & 1 \\ 2 & 1 \end{vmatrix}=(-1)(1-2)=1,$$

$$c_{22}=(-1)^4\begin{vmatrix} 2 & 1 \\ -2 & 1 \end{vmatrix}=2-(-2)=4,$$

$$c_{23}=(-1)^5\begin{vmatrix} 2 & 1 \\ -2 & 2 \end{vmatrix}=(-1)(4-(-2))=-6$$

이므로 $|A|$는 다음과 같이 구해진다.

$$|A|=a_{21}c_{21}+a_{22}c_{22}+a_{23}c_{23}=(4)(1)+(1)(4)+(0)(-6)=8.$$

사실, 고차의 행렬식을 소행렬식에 의한 전개를 이용하여 구하는 것은 대단히 고단한 일이다. 따라서 행렬식에 관한 성질들을 살펴보고 행렬식의 성질을 이용하여 행렬식을 비교적 간단히 구할 수 있는 방법들에 대하여 논의하기로 한다.

행렬식의 성질

한 행 또는 한 열의 원소가 모두 0인 정방행렬의 행렬식은 여인자 전개에 의하여 0이 된다. 또한, 정방행렬 $\mathrm{A}=[a_{ij}]$의 두 행이 같다면 여인자 전개의 마지막 단계에서 2차 소행렬식들의 두 행이 동일한 행이 되도록 전개할 수 있고, 두 행이 동일한 2×2행렬의 행렬식은 0이므로 $|\mathrm{A}|=0$이 된다. 따라서 $i\neq k$일 때

$$\sum_j a_{ij}c_{kj}=|\mathrm{A}|=0$$

이 되어야 한다. 즉, 한 행의 원소와 다른 행의 여인자와의 곱의 합은 0이 된다.

정방행렬 $\mathrm{A}=[a_{ij}]$에 행연산 $R_i+\lambda R_k$를 시행한 행렬을 $\mathrm{B}=[b_{ij}]$라 하면

$$b_{ij}=a_{ij}+\lambda a_{kj}$$

이고, 행렬 A의 i번째 행의 원소들에 대한 여인자 C_{ij}와 행렬 B의 i번째 행의 원소들에 대한 여인자 b_{ij}는 동일하므로

$$\begin{aligned}|\mathrm{B}|&=\sum_j c_{ij}b_{ij}=\sum_j(a_{ij}+\lambda a_{kj})c_{ij}\\&=\sum_j a_{ij}c_{ij}+\lambda\sum_j a_{kj}c_{ij}=|\mathrm{A}|+0=|\mathrm{A}|\end{aligned}$$

가 된다. 즉, $\mathrm{B}=\mathrm{E}_{ij}^{(\lambda)}\mathrm{A}$이므로 $|\mathrm{B}|=|\mathrm{E}_{ij}^{(\lambda)}\mathrm{A}|=|\mathrm{A}|$이다. 따라서 행연산자 행렬 $\mathrm{E}_{ij}^{(\lambda)}$들의 곱 E를 A에 곱하여 얻어진 삼각행렬을 $\mathrm{R}=[r_{ij}]$라 하면

$$|\mathrm{A}|=|\mathrm{EA}|=|\mathrm{R}|=\prod_i r_{ii}$$

기 된다. 이와 같은 사실을 이용하면 $|\mathrm{AB}|=|\mathrm{A}||\mathrm{B}|$임을 다음과 같이 증명할 수 있다.

n차 정방행렬 A와 B에 대하여 다음과 같은 행렬식

$$\begin{vmatrix}\mathrm{O} & \mathrm{A}\\ -\mathrm{I} & \mathrm{B}\end{vmatrix}$$

를 1열의 원소들에 대한 소행렬식으로 전개하면

$$\begin{vmatrix}\mathrm{O} & \mathrm{A}\\ -\mathrm{I} & \mathrm{B}\end{vmatrix}=\left[(-1)(-1)^{(n+1)+1}\right]^n|\mathrm{A}|=(-1)^{n(n+3)}|\mathrm{A}|=|\mathrm{A}|$$

가 된다. 그리고 행연산자 행렬 $\mathrm{E}_{ij}^{(\lambda)}$들의 곱 E를 A에 곱하여 얻어진 하삼각행렬을 R이

라 하면

$$\begin{vmatrix} A & O \\ C & B \end{vmatrix} = \left| \begin{bmatrix} E & O \\ O & I \end{bmatrix} \begin{bmatrix} A & O \\ C & B \end{bmatrix} \right| = \begin{vmatrix} EA & O \\ C & B \end{vmatrix} = \begin{vmatrix} R & O \\ C & B \end{vmatrix}$$

이다. 따라서 $R = [r_{ij}]$ 라 하면

$$\begin{vmatrix} R & O \\ C & B \end{vmatrix} = \begin{vmatrix} r_{11} & 0 & \mathbf{0} & 0 & \\ r_{21} & r_{22} & \mathbf{0} & 0 & \\ \vdots & \vdots & \ddots & 0 & O \\ r_{n1} & r_{n2} & \cdots & r_{nn} & \\ & C & & & B \end{vmatrix} = \left(\prod_{i=1}^{n} r_{ii} \right) |B| = |A||B|$$

가 된다. 이 두 가지 결과를 이용하여 $|AB| = |A||B|$임을 증명하기 위하여

$$P = \begin{bmatrix} I & A \\ O & I \end{bmatrix}, \quad Q = \begin{bmatrix} A & O \\ -I & B \end{bmatrix}$$

라 하면 P는 Q의 한 행에 다른 행의 상수배를 더하는 행연산자 행렬들의 곱이므로

$$|PQ| = |Q| = \begin{vmatrix} A & O \\ -I & B \end{vmatrix} = |A||B|$$

이고,

$$|PQ| = \begin{vmatrix} O & AB \\ -I & B \end{vmatrix} = |AB|$$

이다. 따라서 $|AB| = |A||B|$이다.

예제 3.1.3 다음의 각 행렬

$$A = \begin{bmatrix} 5 & -9 & -3 \\ -6 & 2 & 4 \\ -1 & 1 & 1 \end{bmatrix}, \quad B = \begin{bmatrix} 1 & 8 & 3 \\ 2 & 4 & 1 \\ 3 & 2 & 1 \end{bmatrix}$$

에 대하여 $|A|$, $|B|$ 및 $|AB|$를 구하여 $|AB| = |A||B|$임을 보여라.

풀이

$$AB = \begin{bmatrix} -22 & -2 & 3 \\ 10 & -32 & -12 \\ 4 & -2 & -1 \end{bmatrix}$$

와 동치인 하삼각행렬을 구하면

$$E_{12}^{(-1)}E_{23}^{(-12)}E_{13}^{(3)}AB=\begin{bmatrix} 28 & 0 & 0 \\ -38 & -8 & 0 \\ 4 & -2 & -1 \end{bmatrix}$$

이므로

$$|AB|=(28)(-8)(-1)=224$$

이다. 그리고 A, B와 동치인 하삼각행렬을 각각 구하면

$$E_{12}^{(-3)}E_{23}^{(-4)}E_{13}^{(3)}A=\begin{bmatrix} 8 & 0 & 0 \\ -2 & -2 & 0 \\ -1 & 1 & 1 \end{bmatrix}=E_2A,$$

$$E_{12}^{(-1)}E_{23}^{(-1)}E_{13}^{(-3)}B=\begin{bmatrix} -7 & 0 & 0 \\ -1 & 2 & 0 \\ 3 & 2 & 1 \end{bmatrix}=E_3B$$

이므로

$$|A|=(8)(-2)(1)=-16, \quad |B|=(-7)(2)(1)=-14,$$

이고

$$|A||B|=(-16)(-14)=224$$

가 된다. 따라서 $|AB|=|A||B|$이다.

지금까지 살펴본 행렬식의 성질을 이용하면 기본 행연산자 행렬의 행렬식을 간단히 구할 수 있다. 먼저, 정방행렬 A에 $E_{ij}^{(\lambda)}$를 곱한 행렬 $E_{ij}^{(\lambda)}A$의 행렬식은

$$|E_{ij}^{(\lambda)}A|=|E_{ij}^{(\lambda)}||A|=|A|$$

이므로 $E_{ij}^{(\lambda)}$의 행렬식은 1이 되어야 한다. 그리고 $E_{ii}^{(\lambda)}$의 행렬식은

$$|E_{ii}^{(\lambda)}|=\begin{vmatrix} 1 & \cdots & 0 & 0 & \\ \vdots & \ddots & 0 & 0 & \\ 0 & \cdots & 1 & 0 & O \\ 0 & \cdots & \cdots & \lambda & \\ & & O & & I \end{vmatrix}=\lambda$$

이 된다. 따라서

$$|E_{ii}^{(\lambda)}A|=|E_{ii}^{(\lambda)}||A|=\lambda|A|$$

이고

$$|\lambda \mathrm{I}_n| = \left|\prod_{i=1}^{n} \mathrm{E}_{ii}^{(\lambda)}\right| = \prod_{I=1}^{n} |\mathrm{E}_{ii}^{(\lambda)}| = \lambda^n$$

이므로

$$|\lambda \mathrm{A}_n| = |\lambda \mathrm{I}_n||\mathrm{A}_n| = \lambda^n |\mathrm{A}_n|$$

이 된다. 또한, $\mathrm{E}_{ji}^{(-1)}\mathrm{E}_{ij}^{(1)}\mathrm{E}_{ij}$는 j번째 대각원소가 -1이고 나머지 대각원소는 모두 1인 상삼각행렬이므로

$$|\mathrm{E}_{ij}| = |\mathrm{E}_{ji}^{(-1)}\mathrm{E}_{ij}^{(1)}\mathrm{E}_{ij}| = -1$$

이 된다. 따라서

$$|\mathrm{E}_{ij}\mathrm{A}| = |\mathrm{E}_{i}||\mathrm{A}| = -|\mathrm{A}|$$

가 된다. 즉, 정방행렬 A의 두 행을 서로 바꾼 행렬의 행렬식은 $-|\mathrm{A}|$가 된다.

한편, 정방행렬 A의 i행 원소들에 대한 여인자 전개는 A^t의 j열 원소들에 대한 여인자 전개와 같으므로 $|\mathrm{A}^t| = |\mathrm{A}|$임은 자명하고

$$|\mathrm{A}^2| = |\mathrm{A}\mathrm{A}| = |\mathrm{A}||\mathrm{A}| = |\mathrm{A}|^2$$

인데, 이를 확장하면 양의 정수 k에 대하여

$$|\mathrm{A}^k| = |\mathrm{A}|^k$$

이 된다. 따라서 A가 멱등행렬이면

$$|\mathrm{A}^2| - |\mathrm{A}| = |\mathrm{A}|^2 - |\mathrm{A}| = |\mathrm{A}|(|\mathrm{A}| - 1) = 0$$

이므로 멱등행렬의 행렬식은 0 또는 1이 된다.

정방행렬 A_n과 B_m에 대하여 $m \neq n$일 때 $\mathrm{A}_n \pm \mathrm{B}_m$은 정의되지 않으므로 $|\mathrm{A}_n \pm \mathrm{B}_m|$도 정의되지 않는다. 그러나 $|\mathrm{A}_n| \pm |\mathrm{B}_m|$은 의미가 있을 수 있음에 유의해야 하며 같은 차수의 정방행렬 A와 B에 대하여도

$$|\mathrm{A} \pm \mathrm{B}| = |\mathrm{A}| \pm |\mathrm{B}|$$

는 일반적으로 성립하지 않는다. 그렇더라도 $|\mathrm{A} \pm \mathrm{B}|$는 어떤 적절한 행렬식들의 합으로 전개할 수는 있다. 일반적으로 $|\mathrm{A}_n \pm \mathrm{B}_m|$은 2^n개의 n차 행렬식의 합으로 전개할 수 있음이 알려져 있다. 이상에서 논의한 행렬식의 성질을 정리하면 다음과 같다.

정리 3.1.1 행렬식의 성질

n차 정방행렬 A, B와 행연산자 행렬 E_{ij}, $E_{ii}^{(\lambda)}$, $E_{ij}^{(\lambda)}$에 대하여

1. A의 한 행(열)의 원소가 모두 0이면 $|A|=0$.
2. A의 두 행(열)이 동일하면 $|A|=0$.
3. A의 두 행(열)을 서로 바꾼 행렬을 B라 하면 $|B|=-|A|$.
4. A의 한 행(열)에 λ배를 한 행렬을 B라 하면 $|B|=\lambda|A|$.
5. A의 한 행(열)에 다른 행(열)의 λ배를 더한 행렬을 B라 하면 $|B|=|A|$.
6. $|E_{ij}|=-1$, $|E_{ii}^{(\lambda)}|=\lambda$, $|E_{ij}^{(\lambda)}|=1$.
7. $|A^t|=|A|$.
8. $|AB|=|A||B|$.
9. 양의 정수 k에 대하여 $|A^k|=|A|^k$.

예제 3.1.4 정리 3.1.1을 이용하여 다음의 각 행렬에 대한 행렬식을 구하여라.

$$A=\begin{bmatrix} 2 & 1 & 1 \\ 4 & 1 & 0 \\ -2 & 2 & 1 \end{bmatrix},\quad B=\begin{bmatrix} 1 & -1 & 0 \\ 2 & 1 & 2 \\ 4 & 4 & 9 \end{bmatrix},\quad C=\begin{bmatrix} 3 & 0 & 27 \\ -9 & 3 & 0 \\ 15 & 6 & -3 \end{bmatrix},$$

$$D=\begin{bmatrix} a & b & b & b \\ b & a & b & b \\ b & b & a & b \\ b & b & b & a \end{bmatrix},\quad E=\begin{bmatrix} 6 & 8 & 1 & 4 & 2 \\ 18 & 27 & 3 & 13 & 5 \\ -11 & -17 & -2 & -9 & 2 \\ 7 & 10 & 1 & 4 & 7 \\ 4 & 3 & 13 & 8 & 5 \end{bmatrix}$$

풀이

$$|A|=\left|\begin{bmatrix} 1 & 0 & 0 \\ -2 & 1 & 0 \\ 1 & 3 & 1 \end{bmatrix}\begin{bmatrix} 2 & 1 & 1 \\ 4 & 1 & 0 \\ -2 & 2 & 1 \end{bmatrix}\right|=\begin{vmatrix} 2 & 1 & 1 \\ 0 & -1 & -2 \\ 0 & 0 & -4 \end{vmatrix}=(2)(-1)(-4)=8,$$

$$|B|=\begin{vmatrix} 1 & -1 & 0 \\ 2 & 1 & 2 \\ 4 & 4 & 9 \end{vmatrix}=\begin{vmatrix} 1 & 2 \\ 4 & 9 \end{vmatrix}+\begin{vmatrix} 2 & 2 \\ 4 & 9 \end{vmatrix}=1+10=11,$$

$$\begin{aligned}|C|=\begin{vmatrix} 3 & 0 & 27 \\ -9 & 3 & 0 \\ 15 & 6 & -3 \end{vmatrix}=\left|3\begin{bmatrix} 1 & 0 & 9 \\ -3 & 1 & 0 \\ 5 & 2 & -1 \end{bmatrix}\right|&=3^3\left(\begin{vmatrix} 1 & 0 \\ 2 & -1 \end{vmatrix}+9\begin{vmatrix} -3 & 1 \\ 5 & 2 \end{vmatrix}\right)\\ &=27[(-1)+(-99)]\\ &=-2700,\end{aligned}$$

$$|\mathrm{D}|=\left|\begin{bmatrix}1&1&1&1\\0&1&0&0\\0&0&1&0\\0&0&0&1\end{bmatrix}\begin{bmatrix}a&b&b&b\\b&a&b&b\\b&b&a&b\\b&b&b&a\end{bmatrix}\right|=(a+3b)\begin{vmatrix}1&1&1&1\\b&a&b&b\\b&b&a&b\\b&b&b&a\end{vmatrix}$$

$$=(a+3b)\left|\begin{bmatrix}1&0&0&0\\-b&1&0&0\\-b&0&1&0\\-b&0&0&1\end{bmatrix}\begin{bmatrix}1&1&1&1\\b&a&b&b\\b&b&a&b\\b&b&b&a\end{bmatrix}\right|$$

$$=(a+3b)\begin{vmatrix}1&1&1&1\\0&a-b&0&0\\0&0&a-b&0\\0&0&0&a-b\end{vmatrix}$$

$$=(a+3b)(a-b)^3$$

$$|\mathrm{E}|=\left|\begin{bmatrix}1&0&0&0&0\\-3&1&0&0&0\\2&0&1&0&0\\-1&0&0&1&0\\-13&0&0&0&1\end{bmatrix}\begin{bmatrix}6&8&1&4&2\\18&27&3&13&5\\-11&-17&-2&-9&2\\7&10&1&4&7\\4&3&13&8&5\end{bmatrix}\right|$$

$$=\begin{vmatrix}6&8&1&4&2\\0&3&0&1&-1\\1&-1&0&-1&6\\1&2&0&0&5\\-74&-101&0&-44&-21\end{vmatrix}$$

$$=\begin{vmatrix}0&3&1&-1\\1&-1&-1&6\\1&2&0&5\\-74&-101&-44&-21\end{vmatrix}\quad (C_2+3C_4,\ C_3+C_4)$$

$$=\begin{vmatrix}0&0&0&-1\\1&17&5&6\\1&17&5&5\\-74&-164&-65&-21\end{vmatrix}=(-1)\begin{vmatrix}1&17&5\\1&17&5\\-74&-164&-65\end{vmatrix}=0.$$

행렬식의 대각전개

n차 정방행렬 B_n을 A_n과 대각원소가 $\{x_i\}$인 대각행렬 D_n의 합, 즉, $\mathrm{B}_n=\mathrm{A}_n+\mathrm{D}_n$으로 나타내면 $|\mathrm{B}_n|$은 $\{x_i\}$들의 다항식으로 표현할 수 있다. n차 정방행렬의 한 원소에 대한 소행렬식은 $(n-1)$차 소행렬식인데, 일반적으로 n차 정방행렬에서 r개의 행과 r개의 열을 제거하고 남은 부분행렬의 행렬식을 $(n-r)$차 소행렬식이라 한다. 소행렬식을 부분

행렬의 대각원소를 이용하여

$$\begin{vmatrix} a_{11} & a_{12} \\ a_{21} & a_{22} \end{vmatrix} = |a_{11} \ \ a_{22}|, \quad \begin{vmatrix} a_{21} & a_{22} \\ a_{31} & a_{32} \end{vmatrix} = |a_{21} \ \ a_{32}|, \quad \begin{vmatrix} a_{21} & a_{23} & a_{24} \\ a_{31} & a_{33} & a_{34} \\ a_{41} & a_{43} & a_{44} \end{vmatrix} = |a_{21} \ \ a_{33} \ \ a_{44}|$$

와 같은 형태로 표기하면, 2차 정방행렬

$$\mathrm{B}=\mathrm{A}+\mathrm{D}=\begin{bmatrix} a_{11} & a_{12} \\ a_{21} & a_{22} \end{bmatrix} + \begin{bmatrix} x_1 & 0 \\ 0 & x_2 \end{bmatrix} = \begin{bmatrix} a_{11}+x_1 & a_{12} \\ a_{21} & a_{22}+x_2 \end{bmatrix}$$

의 행렬식은

$$\begin{aligned} |\mathrm{B}| = |\mathrm{A}+\mathrm{D}| &= (a_{11}+x_1)(a_{22}+x_2) - a_{12}a_{21} \\ &= x_1x_2 + a_{22}x_1 + a_{11}x_2 + \begin{vmatrix} a_{11} & a_{12} \\ a_{21} & a_{22} \end{vmatrix} \\ &= x_1x_2 + a_{22}x_1 + a_{11}x_2 + |a_{11} \ \ a_{22}| \end{aligned}$$

와 같이 x_1과 x_2의 함수식으로 나타낼 수 있다. 또, 3차 정방행렬

$$\mathrm{C}=\mathrm{A}+\mathrm{D}=\begin{bmatrix} a_{11}+x_1 & a_{12} & a_{13} \\ a_{21} & a_{22}+x_2 & a_{23} \\ a_{31} & a_{32} & a_{33}+x_3 \end{bmatrix}$$

의 행렬식은

$$\begin{aligned} |\mathrm{C}| &= x_1x_2x_3 + a_{33}x_1x_2 + a_{22}x_1x_3 + a_{11}x_2x_3 \\ &\quad + |a_{22} \ \ a_{33}|x_1 + |a_{11} \ \ a_{33}|x_2 + |a_{11} \ \ a_{22}|x_1 + |a_{11} \ \ a_{22} \ \ a_{33}| \end{aligned}$$

으로 표현된다. 이와 같은 행렬식의 전개를 행렬식의 **대각전개**(diagonal expansion)라 한다. 위와 같은 대각전개의 특징을 살펴보면

1. 모든 x_i들의 곱에 대한 계수는 1이다.
2. $i<j$에 대한 x_ix_j의 계수는 A의 대각원소이다.
3. x_i의 계수는 A의 대각원소들 중에서 a_{ii}를 제외한 것들이 대각원소인 |A|의 이차소 행렬식이다.
4. x_i와 관계없는 항은 |A|이다.

인데 행렬식 |C|의 대각전개에서 $x_i=x$라 하면

$$|\mathrm{C}| = x^3 + (a_{11}+a_{22}+a_{33})x^2 + (|a_{11} \ \ a_{22}| + |a_{11} \ \ a_{33}| + |a_{22} \ \ a_{33}|)x + |\mathrm{A}|$$

가 된다. 여기서

$$\mathrm{tr}_1(\mathrm{A})=\mathrm{tr}(\mathrm{A}),\ \mathrm{tr}_2(\mathrm{A})=\begin{vmatrix}a_{11} & a_{22}\end{vmatrix}+\begin{vmatrix}a_{11} & a_{33}\end{vmatrix}+\begin{vmatrix}a_{22} & a_{33}\end{vmatrix}$$

라 하면 행렬식 $|\mathrm{C}|$의 대각전개는

$$|\mathrm{C}|=x^3+\mathrm{tr}(\mathrm{A})x^2+\mathrm{tr}_2(\mathrm{A})x+|\mathrm{A}|$$

와 같이 쓸 수 있다.

일반적으로 n차 정방행렬 A의 대각원소들 중에서 a_{ii}를 제외한 것들을 대각원소로 하는 $|\mathrm{A}|$의 $(n-1)$차 소행렬식들을 $|\mathrm{A}|$의 **주소행렬식**(principal minors)이라 하며, A의 대각원소들 중에서 r개의 대각원소를 제외한 것들을 대각원소로 하는 $|\mathrm{A}|$의 $(n-r)$차 소행렬식들을 $|\mathrm{A}|$의 $(n-r)$차 **보주소행렬식**(complementary principal minors)이라 한다. 특별히, $r=0$인 n차 보주소행렬식은 $|\mathrm{A}|$이고, $r=n$인 0차 보주소행렬식은 1로 정의한다.

n차 정방행렬 A+D의 행렬식 $|\mathrm{A}+\mathrm{D}|$의 대각전개는 $r(=0, 1, \cdots, n)$개의 x_i들의 가능한 곱과 그에 대응하는 $(n-r)$차 보주소행렬식을 곱한 항들의 합으로 표현된다. 예컨대. $x_1x_3x_5$에 대응하는 보주소행렬식은 $\begin{vmatrix}a_{22} & a_{44} & a_{66} & \cdots & a_{nn}\end{vmatrix}$인데 이를 $\mathrm{M}(1,3,5)$로 나타내면 $|\mathrm{A}+\mathrm{D}|$의 대각전개는

$$|\mathrm{A}+\mathrm{D}|=x_1\cdots x_n+\sum_{i=1}^{n}\mathrm{M}(i)x_i+\sum_{i<j}^{n}\mathrm{M}(i,j)x_ix_j+\cdots+\sum_{i=1}^{n}a_{ii}x_i\cdots x_{i-1}x_{i+1}\cdots x_n+|\mathrm{A}|$$

으로 쓸 수 있다. 여기서 $x_i=x$라 하고 모든 $(n-r)$차 보주소행렬식의 합을 $\mathrm{tr}_r(\mathrm{A})$라 하면 $\mathrm{tr}_0(\mathrm{A})=1$, $\mathrm{tr}_1(\mathrm{A})=\mathrm{tr}(\mathrm{A})$이므로

$$|\mathrm{A}+\mathrm{D}|=x^n+\mathrm{tr}(\mathrm{A})x^{n-1}+\sum_{r=2}^{n-1}\mathrm{tr}_r(\mathrm{A})x^{n-r}+|\mathrm{A}|$$

가 된다.

예제 3.1.5 행렬식의 대각전개를 이용하여 다음 행렬식을 구하여라.

$$|\mathrm{A}+\mathrm{D}|=\begin{vmatrix}a+b & b & b & b & b\\ b & a+b & b & b & b\\ b & b & a+b & b & b\\ b & b & b & a+b & b\\ b & b & b & b & a+b\end{vmatrix}$$

풀이

$$|A+D|=a^5+\mathrm{tr}(A)a^4+\mathrm{tr}_2(A)a^3+\mathrm{tr}_3(A)a^2+\mathrm{tr}_4(A)a+|A|$$

인데 A의 모든 원소들이 b이므로 |A|와 |A|의 이차 이상인 모든 소행렬식은 0이다. 따라서 구하는 소행렬식은 다음과 같다.

$$|A+D|=a^5+\mathrm{tr}(A)a^4=a^5+(5b)a^4=a^4(a+5b).$$

연습문제 3.1

1. 다음 각 행렬의 행렬식을 구하여라.

(1) $A=\begin{bmatrix} 2 & 1 & 3 \\ -5 & 1 & 0 \\ 1 & 4 & -2 \end{bmatrix}$ (2) $B=\begin{bmatrix} 1 & -2 & 3 \\ -2 & 4 & -2 \\ 3 & -2 & 1 \end{bmatrix}$ (3) $C=\begin{bmatrix} 0 & -4 & -1 \\ 4 & 0 & -3 \\ 1 & 3 & 0 \end{bmatrix}$

(4) $D=\begin{bmatrix} 0 & 0 & 0 & 3 \\ 0 & 0 & 6 & 0 \\ 0 & 4 & 0 & 0 \\ 5 & 0 & 0 & 0 \end{bmatrix}$ (5) $E=\begin{bmatrix} 1 & 1 & 1 & 1 \\ 1 & 1 & 1 & 2 \\ 1 & 1 & 3 & 1 \\ 1 & 4 & 1 & 1 \end{bmatrix}$ (6) $F=\begin{bmatrix} 1 & -1 & -1 & -1 \\ -1 & 1 & -1 & -1 \\ -1 & -1 & 1 & -1 \\ -1 & -1 & -1 & 1 \end{bmatrix}$

2. (1) 대각원소가 모두 0이고 비대각원소가 모두 1인 n차 행렬 A_n의 행렬식을 구하여라.
   (2) 대각원소가 모두 1이고 비대각원소가 모두 -1인 n차 행렬 A_n의 행렬식을 구하여라.

3. 다음과 같은 행렬

$$A=\begin{bmatrix} 0 & -a_1 & a_2 & -a_3 \\ a_1 & 0 & -a_4 & a_5 \\ -a_2 & a_4 & 0 & -a_6 \\ a_3 & -a_5 & a_6 & 0 \end{bmatrix}$$

에 대하여

(1) |A|를 구하여라.

(2) $|I+A|=1+\sum a_i^2+|A|$임을 보여라.

4. 다음 행렬의 행렬식을 구하여라.

$$A=\begin{bmatrix} a+b+c & a+b & a & a \\ a+b & a+b+c & a & a \\ a & a & a+b+c & a+b \\ a & a & a+b & a+b+c \end{bmatrix}$$

5. Li(1955, p.97)는 임의의 교배 모집단에서 단 두 쌍의 유전자 조합에 의하여 결정되는 유전자형의 결합체 비율은 다음과 같은 행렬

$$L=2\begin{bmatrix} g_{11}^2 & 2g_{11}g_{13} & g_{13}^2 \\ g_{11}g_{31} & g_{11}g_{33}+g_{13}g_{31} & g_{13}g_{33} \\ g_{31}^2 & 2g_{31}g_{33} & g_{33}^2 \end{bmatrix}$$

으로 나타낼 수 있음을 보였다. 여기서 g_{11}, g_{13}, g_{31}, g_{33}은 최초의 배우자형을 나타낸다.

$$|L|=8\begin{vmatrix} g_{11} & g_{13} \\ g_{31} & g_{33} \end{vmatrix}^3$$

임을 보여라.

6. 다음과 같은 행렬에 대하여 물음에 답하여라.

$$A=\begin{bmatrix} 1 & 2 & 3 \\ 0 & 4 & 0 \\ 0 & 0 & 5 \end{bmatrix}$$

(1) A의 각 원소에 대한 여인자 c_{ij}를 모두 구하여라.

(2) B=$[c_{ji}]$일 때 AB=|A|I임을 보여라.

(3) A의 역행렬을 구하여라.

7. |A+B|=|A|+|B|가 성립하지 않음을 예를 들어 보여라.

8. 행렬 A의 2행에서 1행의 3배를 빼서 행렬 B를 만들고 B의 1행과 3행을 교환하여 행렬 C를 얻었다. |A|를 |C|에 관한 식으로 나타내어라.

3.2 행렬식의 응용

역행렬과 Ax=b 의 해

n차 정방행렬 $A=[a_{ij}]$의 원소 a_{ij}에 대한 여인자를 c_{ij}라 하면

$$|A|=\sum_{i=1}^{n}a_{ij}c_{ij}\text{이고, } i\neq j\text{에 대하여 } \sum_{i=1}^{n}a_{ij}c_{kj}=0$$

인데 이 두 식은

$$\begin{bmatrix} a_{11} & a_{12} & \cdots & a_{1n} \\ a_{21} & a_{22} & \cdots & a_{2n} \\ \vdots & \vdots & \ddots & \vdots \\ a_{n1} & a_{n2} & \cdots & a_{nn} \end{bmatrix}\begin{bmatrix} c_{11} & c_{21} & \cdots & c_{n1} \\ c_{12} & c_{22} & \cdots & c_{n2} \\ \vdots & \vdots & \ddots & \vdots \\ c_{1n} & c_{2n} & \cdots & c_{nn} \end{bmatrix}=\text{diag}\{|A|\}$$

와 같은 형태로 쓸 수 있다. 이 식에서

$$C=\begin{bmatrix} c_{11} & c_{21} & \cdots & c_{n1} \\ c_{12} & c_{22} & \cdots & c_{n2} \\ \vdots & \vdots & \ddots & \vdots \\ c_{1n} & c_{2n} & \cdots & c_{nn} \end{bmatrix}$$

라 하면

$$AC=\text{diag}\{|A|\}$$

로 쓸 수 있고

$$A\left(\frac{1}{|A|}C\right)=I_n$$

이 된다. 따라서 $|A|\neq 0$이면 A의 역행렬은

$$A^{-1}=\frac{C}{|A|}$$

가 된다. 여기서 C를 A의 **수반행렬**(adjoint or adjugate matrix)이라 부른다. A의 원소 a_{ij}에 대한 여인자를 c_{ij}라 할 때 A의 수반행렬 C는

$$C=[c_{ji}]=[c_{ij}]^t$$

임에 유의하여야 한다.

n차 정칙행렬 $A=[a_{ij}]$의 수반행렬을 C라 하면 연립방정식 $\mathbf{Ax}=\mathbf{b}$의 해는

$$\mathbf{x}=A^{-1}\mathbf{b}=\frac{1}{|A|}C\mathbf{b}$$

로 유일하다. 여기서 행렬 A의 j번째 열을 b로 대체한 행렬을

$$\mathrm{B}_j = [\mathbf{a}_1 \cdots \mathbf{a}_{j-1}\ \mathbf{b}\ \mathbf{a}_{j+1} \cdots \mathbf{a}_n]$$

라 하면

$$|\mathrm{B}_j| = b_1c_{1j} + b_2c_{j2} + \cdots + b_nc_{jn}$$

이 되는데 이 식의 우변은 Cb의 j번째 성분이 된다. 따라서

$$x_j = \frac{|\mathrm{B}_j|}{|\mathrm{A}|},\ j=1, 2, \cdots, n$$

이 Ax=b의 해가 된다. 이와 같은 식으로 연립방정식의 해를 구하는 방법을 **크라머의 법칙**(cramer's rule)이라 한다.

예제 3.2.1 **다음의 연립방정식에 대하여 물음에 답하여라.**

$$\mathrm{Ax} = \begin{bmatrix} 1 & 4 & -1 \\ 1 & 1 & 1 \\ 2 & 0 & 3 \end{bmatrix} \begin{bmatrix} x_1 \\ x_2 \\ x_3 \end{bmatrix} = \begin{bmatrix} 1 \\ 0 \\ 0 \end{bmatrix} = \mathrm{b}$$

(1) 여인자 전개를 이용하여 |A|를 구하여라.

(2) A의 수반행렬을 이용하여 A의 역행렬을 구하여라.

(3) 크라머의 법칙을 이용하여 연립방정식의 해를 구하여라.

풀이

(1) 제2열에 대한 여인자를 구하면

$$c_{12} = (-1)^{1+2}\begin{vmatrix} 1 & 1 \\ 2 & 3 \end{vmatrix} = -1,\quad c_{22} = (-1)^{2+2}\begin{vmatrix} 1 & -1 \\ 2 & 3 \end{vmatrix} = 5,$$

$$c_{32} = (-1)^{3+2}\begin{vmatrix} 1 & -1 \\ 1 & 1 \end{vmatrix} = -2$$

이므로 |A|는 다음과 같이 구해진다.

$$|\mathrm{A}| = (4)(-1) + (1)(5) = 1.$$

(2) 제1열과 제3열에 대한 여인자를 구하면

$$c_{11} = (-1)^{1+1}\begin{vmatrix} 1 & 1 \\ 0 & 3 \end{vmatrix} = 3,\qquad c_{13} = (-1)^{1+3}\begin{vmatrix} 1 & 1 \\ 2 & 0 \end{vmatrix} = -2,$$

$$c_{21} = (-1)^{2+1}\begin{vmatrix} 4 & -1 \\ 0 & 3 \end{vmatrix} = -12,\qquad c_{23} = (-1)^{2+3}\begin{vmatrix} 1 & 4 \\ 2 & 0 \end{vmatrix} = 8,$$

$$c_{31}=(-1)^{3+1}\begin{vmatrix}4 & -1\\1 & 1\end{vmatrix}=5, \qquad c_{33}=(-1)^{3+3}\begin{vmatrix}1 & 4\\1 & 1\end{vmatrix}=-3,$$

이므로 A의 수반행렬 C는

$$C=\begin{bmatrix}3 & -12 & 5\\-1 & 5 & -2\\-2 & 8 & -3\end{bmatrix}$$

이 된다. 따라서 A의 역행렬은 다음과 같이 구해진다.

$$A^{-1}=\frac{1}{|A|}C=\begin{bmatrix}3 & -12 & 5\\-1 & 5 & -2\\-2 & 8 & -3\end{bmatrix}.$$

(3) 크라머의 법칙을 이용하여 연립방정식의 해를 구하면 다음과 같다.

$$x_1=\begin{vmatrix}1 & 4 & -1\\0 & 1 & 1\\0 & 0 & 3\end{vmatrix}=\begin{vmatrix}1 & 1\\0 & 3\end{vmatrix}=3,$$

$$x_2=\begin{bmatrix}1 & 1 & -1\\1 & 0 & 1\\2 & 0 & 3\end{bmatrix}=(-1)^3\begin{vmatrix}1 & 1\\2 & 3\end{vmatrix}=-1,$$

$$x_3=\begin{vmatrix}1 & 4 & 1\\1 & 1 & 0\\2 & 0 & 0\end{vmatrix}=(-1)^4\begin{vmatrix}-1 & 5\\-2 & 8\end{vmatrix}=-2.$$

평행체의 체적

유클리드 공간 상의 직선, 평면, 면적이나 체적 등에 관한 식은 행렬식을 포함하는 식으로 나타낼 수 있다. 우선, 그림 3.2.1과 같이 두 벡터

$$\mathbf{u}=\begin{bmatrix}u_1\\u_2\end{bmatrix} \text{와 } \mathbf{v}=\begin{bmatrix}v_1\\v_2\end{bmatrix}$$

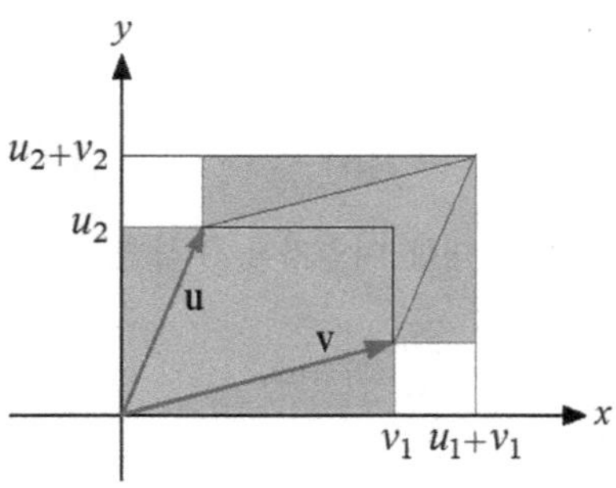

그림 3.2.1

로 만들어진 평행사변형의 면적과 행렬식의 관계를 살펴보자. 그림 3.2.1에서 평행사변형의 면적을 구해보면

$$\mathscr{A}=(u_1+v_1)(u_2+v_2)-2u_1v_2-u_1u_2-v_1v_2=u_2v_1-u_1v_2$$

이고, 행렬

$$\mathrm{A}=\begin{bmatrix} u_1 & v_1 \\ u_2 & v_2 \end{bmatrix}$$

의 행렬식 $|\mathrm{A}|$는

$$|\mathrm{A}|=\begin{vmatrix} u_1 & v_1 \\ u_2 & v_2 \end{vmatrix}=\begin{vmatrix} u_1 & v_1 \\ 0 & \dfrac{u_1v_2-u_2v_1}{u_1} \end{vmatrix}=u_1v_2-u_2v_1$$

이므로 평행사변형의 면적은 $|\mathrm{A}|$의 절대값과 같다. 또한, $|\mathrm{A}|$는 A를 삼각화한 행렬의 대각원소들의 곱이므로 삼각행렬의 두 대각원소는 평행사변형을 같은 면적의 직사각형으로 변환하였을 때의 두 변의 길이를 나타낸다. 마찬가지로 3차 정방행렬 A와 동치인 삼각행렬에서 대각원소의 절대값은 3차원 공간상에서 A의 열벡터들로 이루어진 평행육면체를 같은 체적이 되도록 바꾼 직각다면체의 한 변의 길이가 된다.

삼차원 유클리드 공간 $\mathbb{R}^3$에서 평행육면체는 삼차 정방행렬의 행렬식을 이용하여 나타낼 수 있다. 이에 필요한 다음의 정의는 $\mathbb{R}^3$에서만 정의된다.

정의 3.2.1 3차원 벡터의 교차곱(cross product)

두 벡터 $\mathbf{u}=[u_1\ u_2\ u_3]^t$와 $\mathbf{v}=[v_1\ v_2\ v_3]^t$의 교차곱은 기호 $\mathbf{u}\times\mathbf{v}$로 표기하고 다음과 같이 정의한다.

$$\mathbf{u}\times\mathbf{v}=\begin{bmatrix} u_2v_3-u_3v_2 \\ u_3v_1-u_1v_3 \\ u_1v_2-u_2v_1 \end{bmatrix}.$$

$\mathbb{R}^3$의 표준단위벡터 $\mathbf{e}_1, \mathbf{e}_2, \mathbf{e}_3$을 이용하면

$$\mathbf{u}\times\mathbf{v}=(u_2v_3-u_3v_2)\mathbf{e}_1-(u_1v_3-u_3v_1)\mathbf{e}_2+(u_1v_2-u_2v_1)\mathbf{e}_3$$

인데, 행렬식의 소행렬식 전개를 흉내 내면

$$\mathbf{u}\times\mathbf{v}=\mathbf{e}_1\begin{vmatrix} u_2 & v_2 \\ u_3 & v_3 \end{vmatrix}-\mathbf{e}_2\begin{vmatrix} u_1 & v_1 \\ u_3 & v_3 \end{vmatrix}+\mathbf{e}_3\begin{vmatrix} u_1 & v_1 \\ u_2 & v_2 \end{vmatrix}=\begin{vmatrix} \mathbf{e}_1 & u_1 & v_1 \\ \mathbf{e}_2 & u_2 & v_2 \\ \mathbf{e}_3 & u_3 & v_3 \end{vmatrix}$$

와 같이 쓸 수 있다. 이와 같은 표현을 교차곱의 행렬식 표현(determinant version)이라 하는데 교차곱의 정의를 기억하는데 유용하다.

교차곱 $\mathbf{u}\times\mathbf{v}$는 벡터이므로 임의의 벡터 $\mathbf{w}$와 $\mathbf{u}\times\mathbf{v}$의 내적 $\mathbf{w}\cdot(\mathbf{u}\times\mathbf{v})$는

$$\begin{aligned}\mathbf{w}\cdot(\mathbf{u}\times\mathbf{v})&=(u_2v_3-u_3v_2)\mathbf{w}\cdot\mathbf{e}_1-(u_1v_3-u_3v_1)\mathbf{w}\cdot\mathbf{e}_2+(u_1v_2-u_2v_1)\mathbf{w}\cdot\mathbf{e}_3\\&=w_1(u_2v_3-u_3v_2)-w_2(u_1v_3-u_3v_1)+w_3(u_1v_2-u_2v_1)\\&=\begin{vmatrix} w_1 & u_1 & v_1 \\ w_2 & u_2 & v_2 \\ w_3 & u_3 & v_3 \end{vmatrix}\end{aligned}$$

가 된다. 즉, $\mathbf{w}\cdot(\mathbf{u}\times\mathbf{v})$는 세 벡터 $\mathbf{u}, \mathbf{v}$와 $\mathbf{w}$로 이루어진 행렬 $[\mathbf{u}\ \mathbf{v}\ \mathbf{w}]$의 행렬식과 같다. 따라서 $\mathbf{u}\cdot(\mathbf{u}\times\mathbf{v})$와 $\mathbf{v}\cdot(\mathbf{u}\times\mathbf{v})$는

$$\mathbf{u}\cdot(\mathbf{u}\times\mathbf{v})=\begin{vmatrix} u_1 & u_1 & v_1 \\ u_2 & u_2 & v_2 \\ u_3 & u_3 & v_3 \end{vmatrix}=0,\ \ \mathbf{v}\cdot(\mathbf{u}\times\mathbf{v})=\begin{vmatrix} v_1 & u_1 & v_1 \\ v_2 & u_2 & v_2 \\ v_3 & u_3 & v_3 \end{vmatrix}=0$$

이 된다. 즉, $\mathbf{u}\times\mathbf{v}$는 $\mathbf{u}$ 및 $\mathbf{v}$와 직교하는 벡터이므로 $\mathbf{u}$와 $\mathbf{v}$ 사이의 각을 ϕ라 하면 $\mathbf{u}\times\mathbf{v}$를 중심축으로 하여 $\mathbf{u}$를 $\phi(\leq\pi)$만큼 회전시키면 $\mathbf{v}$와 겹치게 되고, $\mathbf{u}\times\mathbf{v}$의 크기는

$$\|\mathbf{u}\times\mathbf{v}\|=\|\mathbf{u}\|\|\mathbf{v}\|\sin\phi$$

가 된다. (연습문제 3.2.7)

그림 3.2.2와 같이 $\mathbf{u}, \mathbf{v}$와 $\mathbf{w}$에 의하여 만들어지는 평행육면체에서 $\mathbf{u}$와 $\mathbf{v}$ 사이의 각을 ϕ라 하고, $\mathbf{u}\times\mathbf{v}$와 $\mathbf{w}$ 사이의 각을 θ라 하면 평행육면체의 높이는 $\|\mathbf{w}\|\cos\theta$이고 밑면적은 $\|\mathbf{u}\|\|\mathbf{v}\|\sin\phi$이므로 평행육면체의 부피는

$$V=(\|\mathbf{u}\|\|\mathbf{v}\|\sin\phi)(\|\mathbf{w}\|\cos\theta)$$

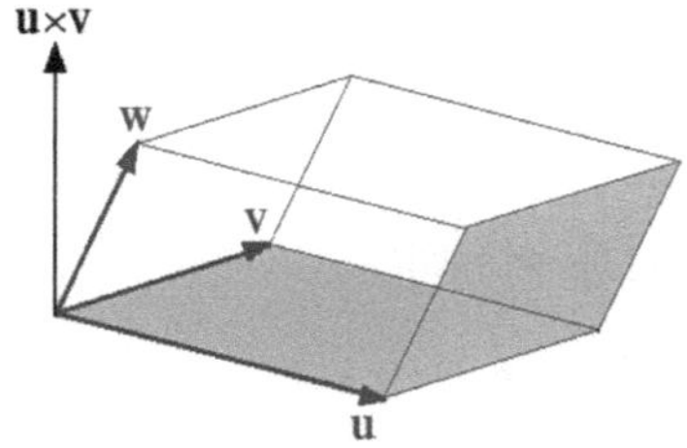

그림 3.2.2 벡터 u, v, w로 이루어진 평행육면체

가 된다. 그런데

$$\mathbf{w}\cdot(\mathbf{u}\times\mathbf{v})=\|\mathbf{w}\|\|\mathbf{u}\times\mathbf{v}\|\cos\theta=\|\mathbf{w}\|\|\mathbf{u}\|\|\mathbf{v}\|\sin\phi\cos\theta=V$$

이므로 $\mathbf{u}, \mathbf{v}, \mathbf{w}$로 구성된 행렬에 대한 행렬식의 절댓값이 $\mathbf{u}, \mathbf{v}$와 $\mathbf{w}$에 의하여 만들어지는 평행육면체의 부피가 된다. 또한,

$$\mathbf{u}=\begin{bmatrix}u_1\\u_2\end{bmatrix} \text{와 } \mathbf{v}=\begin{bmatrix}v_1\\v_2\end{bmatrix} \text{를 } \mathbf{u}'=\begin{bmatrix}u_1\\u_2\\0\end{bmatrix} \text{와 } \mathbf{v}'=\begin{bmatrix}v_1\\v_2\\0\end{bmatrix}$$

으로 나타내면

$$\mathbf{u}'\times\mathbf{v}'=u_1v_2-u_2v_1=|[\mathbf{u}\ \mathbf{v}]|$$

이므로 $\mathbf{u}$와 $\mathbf{v}$에 의하여 만들어지는 평행사변형의 면적은 행렬 $[\mathbf{u}\ \mathbf{v}]$의 행렬식의 절댓값이 된다.

평면 위의 두 점 (x_1, y_1)과 (x_2, y_2)을 지나는 직선의 식을 $ax+by+c=0$이라 하면

$$ax_1+by_1+c=0, \quad ax_2+by_2+c=0$$

을 만족해야 한다. 여기서 위의 세 방정식을 변수가 a, b, c인 연립방정식으로 간주하면

$$\begin{bmatrix}x & y & 1\\x_1 & y_1 & 1\\x_2 & y_2 & 1\end{bmatrix}\begin{bmatrix}a\\b\\c\end{bmatrix}=\begin{bmatrix}0\\0\\0\end{bmatrix}$$

으로 쓸 수 있다. 그런데 직선이 존재하기 위해서는 $a=b=c=0$이 아닌 해가 존재해야 하므로 계수행렬의 역행렬이 존재하지 않아야 한다. 따라서 계수행렬의 행렬식은 0이 되어야 한다. 그러므로 두 점 (x_1, y_1)과 (x_2, y_2)을 지나는 직선의 식은

$$\begin{vmatrix}x & y & 1\\x_1 & y_1 & 1\\x_2 & y_2 & 1\end{vmatrix}=0$$

으로 주어진다.

연습문제 3.2

1. 세 점 (x_1, y_1, z_1), (x_2, y_2, z_2), (x_3, y_3, z_3)를 지나는 직선의 식은

$$\begin{vmatrix} x & y & z & 1 \\ x_1 & y_1 & z_1 & 1 \\ x_2 & y_2 & z_2 & 1 \\ x_3 & y_3 & z_3 & 1 \end{vmatrix} = 0$$

임을 보여라.

2. (1) 세 점 A$=(2, 2)$, B$=(-1, 4)$, C$=(0, 0)$을 꼭짓점으로 하는 삼각형을 그려서 삼각형의 넓이가 다음과 같음을 보여라.

$$\text{ABC의 넓이} = \frac{1}{2}|a|, \quad a = \begin{vmatrix} 2 & 2 \\ -1 & 4 \end{vmatrix}$$

(2) 세 번째 꼭짓점이 C$=(-2, -3)$일 때

$$\text{ABC의 넓이} = \frac{1}{2}|a|, \quad a = \begin{vmatrix} 2 & 2 & 1 \\ -1 & 4 & 1 \\ -2 & -3 & 1 \end{vmatrix}$$

임을 보여라.

(3) 평면 상의 세 점 A$=(x_1, y_1)$, B$=(x_2, y_2)$, C$=(x_3, y_3)$에서 x-축에 수선을 내려 만든 사다리꼴을 이용하여 삼각형 ABC의 면적을 구하고, 삼각형의 면적이

$$\text{ABC의 넓이} = \frac{1}{2}|a|, \quad a = \begin{vmatrix} x_1 & y_1 & 1 \\ x_2 & y_2 & 1 \\ x_3 & y_3 & 1 \end{vmatrix}$$

임을 보여라.

3. **야코비안 행렬식**(Jacobian determinant)

$\mathbf{R}^2$ 상의 영역 R에서 $f(x,y)$에 대한 이중적분은 직교좌표계를

$$x = g(r, \theta) = r\cos\theta, \; x = h(r, \theta) = r\sin\theta$$

와 같은 극좌표계로 변환하여 구할 수 있다. 이 때, x와 y가 r과 θ의 함수이므로 dx와 dy는 크기와 방향을 갖는 x의 **경사**(gradient)와 y의 경사

$$\nabla x = \begin{bmatrix} \dfrac{\partial x}{\partial r} \\ \dfrac{\partial x}{\partial \theta} \end{bmatrix}, \quad \nabla y = \begin{bmatrix} \dfrac{\partial y}{\partial r} \\ \dfrac{\partial y}{\partial \theta} \end{bmatrix}$$

로 볼 수 있다. 따라서 면적소 $dxdy$의 크기는 두 벡터 ∇x와 ∇y로 만들어지는 평행사변형의 면적이므로

$$J=\begin{vmatrix} \dfrac{\partial x}{\partial r} & \dfrac{\partial x}{\partial \theta} \\ \dfrac{\partial y}{\partial r} & \dfrac{\partial y}{\partial \theta} \end{vmatrix}$$

의 절댓값이 된다. 그러므로 $dxdy=|J|drd\theta$가 된다. 여기서 J를 야코비안 행렬식이라 한다.

(1) $\mathbb{R}^2$에서 극좌표 변환에 대한 야코비안 행렬식 J를 구하여라.

(2) $\mathbb{R}^3$에서 극좌표 변환

$$x=\rho\sin\phi\cos\theta,\quad y=\rho\sin\phi\sin\theta,\quad z=\rho\cos\phi$$

에 대한 야코비안 행렬식 J를 구하여라.

4. 행렬식을 이용하여 다음 행렬의 열벡터들이 선형 독립인가를 밝혀라.

$$A=\begin{bmatrix} 1 & 1 & 1 & 3 \\ 2 & -1 & 1 & 0 \\ -3 & 2 & -2 & 1 \\ 4 & 1 & 1 & 6 \end{bmatrix}$$

5. 크라머의 법칙을 이용하여 다음 연립방정식을 풀어라.

$$2x+3y=7,\quad 3x+4y=11.$$

6. 네 점 (0,0,0), (−2,1,1), (1,−2,1), (1,1,−2)를 꼭짓점으로 하는 평행육면체의 부피를 구하여라. 그리고 나머지 네 개의 꼭짓점을 구하여라.

7. 두 벡터 $\mathbf{u}$와 $\mathbf{v}$ 사이의 각을 ϕ라 할 때

$$\|\mathbf{u}\times\mathbf{v}\|=\|\mathbf{u}\|\|\mathbf{v}\|\sin\phi$$

임을 보여라.

제4장

고유값과 고유벡터

4.1 선형변환

$m\times n$행렬 A와 n차원 벡터 $\mathbf{x}_n$의 곱 $\mathbf{y}_m=\mathrm{A}\mathbf{x}_n$은 n차원 공간에 속하는 벡터 $\mathbf{x}_n$이 A에 의하여 m차원 공간에 속하는 벡터 $\mathbf{y}_m$에 대응되는 것으로 볼 수 있다. 즉, A는 $\mathbf{x}_n$을 $\mathbf{y}_m$에 대응시키는 함수이다. 예컨대,

$$\mathrm{A}=\begin{bmatrix}1 & 2 & -1\\ 0 & -1 & 1\end{bmatrix},\quad \mathbf{x}=\begin{bmatrix}x_1\\ x_2\\ x_3\end{bmatrix},\quad \mathbf{y}=\begin{bmatrix}y_1\\ y_2\end{bmatrix}$$

이라 할 때

$$\mathbf{y}=f(\mathbf{x})=\mathrm{A}\mathbf{x}=\begin{bmatrix}x_1+2x_2-x_3\\ -x_2+x_3\end{bmatrix}$$

를 보면 변수 x_1, x_2, x_3는 행렬 A에 의하여 다른 변수 y_1, y_2로 변환되고 이들은

$$y_1=x_1+2x_2-x_3,\quad y_2=-x_2+x_3$$

와 같이 x_1, x_2, x_3의 선형결합이다. 이러한 까닭으로 $f(\mathbf{x})=\mathrm{A}\mathbf{x}$를 $\mathbb{R}^3$에 속하는 벡터를 $\mathbb{R}^2$에 속하는 벡터로 바꾸는 선형변환이라고 한다.

선형변환이란 벡터공간 **V**에 속하는 벡터를 또 다른 벡터공간 **W**로 보내는 특정한 함수를 지칭하는 것으로, 이에 대한 엄밀한 정의는 다음과 같다.

정의 4.1.1 선형변환(linear transformation)

벡터공간 V를 정의역으로, 벡터공간 W를 대응역으로 하는 함수 T가 V에 속하는 모든 벡터 u, v와 임의의 스칼라 λ_1, λ_2에 대하여

$$T(\lambda_1\mathbf{v}_1+\lambda_2\mathbf{v}_2)=\lambda_1 T(\mathbf{v}_1)+\lambda_2 T(\mathbf{v}_2)$$

를 만족하면 T를 V에서 W로의 선형변환이라 하고 $T:\mathbf{V}\to\mathbf{W}$로 표기한다.

선형변환 $T:\mathbf{V}\to\mathbf{W}$는 **V**에 속하는 벡터 **v**를 **W**에 속하는 유일한 벡터 $T(\mathbf{v})$에 대응시키는 함수(규칙)이므로 $T(\mathbf{v})$를 T하의 **v**의 **상**(象, image)이라 하고 모든 가능한 $T(\mathbf{v})$들의 집합을 T의 **치역**(range)이라 한다.

모든 $m \times n$행렬 A에 대하여 $T: \mathbb{R}^n \to \mathbb{R}^m$을

$$T(\mathbf{x}) = \mathrm{A}\mathbf{x}$$

로 정의하면 $\mathbb{R}^n$에 속하는 모든 벡터 $\mathbf{x}_1, \mathbf{x}_2$와 모든 스칼라 λ_1, λ_2에 대하여

$$\begin{aligned} T(\lambda_1\mathbf{x}_1 + \lambda_2\mathbf{x}_2) &= \mathrm{A}(\lambda_1\mathbf{x}_1 + \lambda_2\mathbf{x}_2) \\ &= \lambda_1\mathrm{A}\mathbf{x}_1 + \lambda_2\mathrm{A}\mathbf{x}_2 \\ &= \lambda_1 T(\mathbf{x}_1) + \lambda_2 T(\mathbf{x}_2) \end{aligned}$$

이므로 $\mathrm{A}\mathbf{x}$는 $\mathbb{R}^n$에서 $\mathbb{R}^m$으로의 선형변환이다.

예제 4.1.1 [Anderson & Kempthorne, 1954]

유전학에서 두 개의 대립형질 G와 g만을 갖는 염색체 상의 한 형질에 대하여 가능한 유전자형이

$$g_1 = GG,\ g_2 = Gg,\ g_3 = gg$$

의 세 가지라고 한다. 이 유전자형에 대한 유전자 효과는 평균 μ, 유전자 치환척도 α 및 우성척도 δ에 의하여 다음과 같은 식

$$\begin{aligned} \mu &= \tfrac{1}{4}g_1 + \tfrac{2}{4}g_2 + \tfrac{1}{4}g_3 \\ \alpha &= \tfrac{1}{4}g_1 \qquad\quad - \tfrac{1}{4}g_3 \\ \delta &= -\tfrac{1}{4}g_1 + \tfrac{2}{4}g_2 - \tfrac{1}{4}g_3 \end{aligned}$$

으로 정의한다고 한다. 여기서

$$\mathbf{e} = \begin{bmatrix} \mu \\ \alpha \\ \delta \end{bmatrix},\quad \mathbf{g} = \begin{bmatrix} g_1 \\ g_2 \\ g_3 \end{bmatrix},\quad \mathrm{T} = \begin{bmatrix} \frac{1}{4} & \frac{2}{4} & \frac{1}{4} \\ \frac{1}{4} & 0 & -\frac{1}{4} \\ -\frac{1}{4} & \frac{2}{4} & -\frac{1}{4} \end{bmatrix}$$

라 하면 $\mathbf{e} = \mathrm{T}\mathbf{g}$이므로 유전자 효과는 $\mathbf{g}$에서 $\mathbf{e}$로의 선형변환이다.

한편, Hayman & Mather(1955)는 유전자 효과 $m,\ a,\ d$를

$$\begin{aligned} g_1 &= m + a \\ g_2 &= m + d \\ g_3 &= m - a \end{aligned} \quad \Leftrightarrow \quad \mathbf{g} = \begin{bmatrix} g_1 \\ g_2 \\ g_3 \end{bmatrix} = \begin{bmatrix} 1 & 1 & 0 \\ 1 & 0 & 1 \\ 1 & -1 & 0 \end{bmatrix} \begin{bmatrix} m \\ a \\ d \end{bmatrix} = \mathrm{U}\mathbf{h}$$

로 정의하였다. 두 정의간의 관계는 $\mathbf{e} = \mathrm{T}\mathbf{g}$, $\mathbf{g} = \mathrm{U}\mathbf{h}$로부터

$$\mathbf{e}=\begin{bmatrix}\mu\\ \alpha\\ \delta\end{bmatrix}=\begin{bmatrix}\frac{1}{4} & \frac{2}{4} & \frac{1}{4}\\ \frac{1}{4} & 0 & -\frac{1}{4}\\ -\frac{1}{4} & \frac{2}{4} & -\frac{1}{4}\end{bmatrix}\begin{bmatrix}1 & 1 & 0\\ 1 & 0 & 1\\ 1 & -1 & 0\end{bmatrix}\begin{bmatrix}m\\ a\\ d\end{bmatrix}=\begin{bmatrix}1 & 0 & \frac{2}{4}\\ 0 & \frac{2}{4} & 0\\ 0 & 0 & \frac{2}{4}\end{bmatrix}\begin{bmatrix}m\\ a\\ d\end{bmatrix}$$

이므로 이것은 h에서 e로의 선형변환이다. 즉, 다음과 같은 세 개의 선형 관계식이 성립한다.

$$\mu=m+\frac{2}{4}d,\quad \alpha=\frac{2}{4}a,\quad \delta=\frac{2}{4}d.$$

벡터공간 $\mathbf{V}$에서 $\mathbf{V}$로의 선형변환 $T:\mathbf{V}\to\mathbf{V}$를 일차변환이라 한다. 따라서 선형변환

$$T(\mathbf{x})=T_{\mathrm{A}}(\mathbf{x})=\mathrm{A}\mathbf{x}$$

에서 A가 정방행렬이면 변환 T는 일차변환이 된다. 그리고 일차변환에서의 행렬 A를 **변환행렬**(transformation matrix)이라 부른다. 일차변환 T는 변환행렬 A에 따라 두 가지로 구분된다. A가 정칙행렬이면 f는 일대일 대응이고

$$\dim(\mathbf{V})=\dim[T(\mathbf{V})]$$

인데, 이때의 T를 **정칙변환**(nonsingular transformation)이라 부른다. 일차변환 T가 정칙변환이면 역변환 T^{-1}가 존재하고 T^{-1}의 변환행렬은 A^{-1}이다. 변환행렬 A가 정칙행렬이 아니면 일차변환 T는 일대일 대응이 아니고

$$\dim(\mathbf{V})>\dim[T(\mathbf{V})]$$

이다.

$m\times n$ 행렬 $\mathrm{A}=[a_{ij}]$에 $\mathbb{R}^n$의 표준기저벡터 $\mathbf{e}_j$를 곱하면

$$\begin{bmatrix}a_{11} & \cdots & a_{1j} & \cdots & a_{1n}\\ \vdots & \cdots & \vdots & \cdots & \vdots\\ a_{j1} & \cdots & a_{jj} & \cdots & a_{jn}\\ \vdots & \cdots & \vdots & \cdots & \vdots\\ a_{m1} & \cdots & a_{mj} & \cdots & a_{mn}\end{bmatrix}\mathbf{e}_j=\begin{bmatrix}a_{1j}\\ \vdots\\ a_{jj}\\ \vdots\\ a_{mj}\end{bmatrix},\quad j=1,2,\cdots,n$$

과 같이 A의 j번째 열이 구해진다. 이제, 선형변환을 $T:\mathbb{R}^n\to\mathbb{R}^m$이라 하고 $\mathbb{R}^n$의 표준기저벡터를 $\mathbf{e}_1,\mathbf{e}_2,\cdots,\mathbf{e}_n$이라 하면 $\mathbb{R}^n$에 속하는 임의의 벡터 $\mathbf{x}$는

$$\mathbf{x}=x_1\mathbf{e}_1+x_2\mathbf{e}_2+\cdots+x_n\mathbf{e}_n$$

이고 $T(\mathbf{e}_j)$는 $\mathbb{R}^m$에 속하는 j번째 열벡터이다. 여기서

$$A=\left[\, T(\mathbf{e}_1)\ T(\mathbf{e}_2)\ \cdots\ T(\mathbf{e}_n) \,\right]$$

이라 하면 A는 $m\times n$행렬이고,

$$\begin{aligned} T(\mathbf{x}) &= T(x_1\mathbf{e}_1+x_2\mathbf{e}_2+\cdots+x_n\mathbf{e}_n) \\ &= x_1T(\mathbf{e}_1)+x_2T(\mathbf{e}_2)+\cdots+x_nT(\mathbf{e}_n) \\ &= \left[\, T(\mathbf{e}_1)\ T(\mathbf{e}_2)\ \cdots\ T(\mathbf{e}_n) \,\right]\begin{bmatrix} x_1 \\ x_2 \\ \vdots \\ x_n \end{bmatrix} = A\mathbf{x} \end{aligned}$$

이므로 T는 행렬 A에 의한 선형변환 $T_A(\mathbf{x})=A\mathbf{x}$가 된다. 그리고 이와 같은 변환행렬 $\left[\, T(\mathbf{e}_1)\ T(\mathbf{e}_2)\ \cdots\ T(\mathbf{e}_n) \,\right]$를 선형변환 T의 **표준변환행렬**이라 부른다.

예제 4.1.2

변환 $T_\theta : \mathbb{R}^2 \to \mathbb{R}^2$는 $\mathbb{R}^2$에 속하는 벡터 $\mathbf{x}$를 원점을 중심으로 각 θ만큼 회전시키는 변환이다. T_θ가 선형변환임을 보이고 표준변환행렬을 구하여라.

풀이

그림 4.1.1을 보면

$$T_\theta(\lambda_1\mathbf{u}+\lambda_2\mathbf{v})=T_\theta(\lambda_1\mathbf{u})+T_\theta(\lambda_2\mathbf{v})=\lambda_1T_\theta(\mathbf{u})+\lambda_2T_\theta(\mathbf{v})$$

임을 알 수 있다. 따라서 T_θ는 표준변환행렬이 $A=\left[\, T_\theta(\mathbf{e}_1)\ T_\theta(\mathbf{e}_2) \,\right]$인 선형변환이다. 그리고 그림 4.1.2를 보면

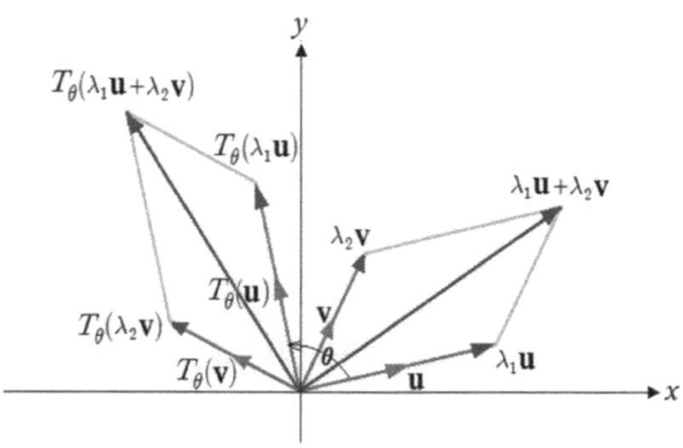

그림 4.1.1

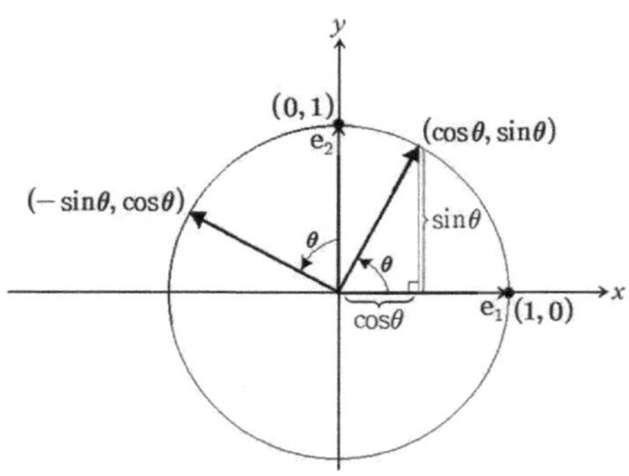

그림 4.1.2

$$T_\theta(\mathbf{e}_1)=\begin{bmatrix}\cos\theta\\ \sin\theta\end{bmatrix},\quad T_\theta(\mathbf{e}_2)=\begin{bmatrix}-\sin\theta\\ \cos\theta\end{bmatrix}$$

이므로

$$\mathrm{A}=\begin{bmatrix}\cos\theta & -\sin\theta\\ \sin\theta & \cos\theta\end{bmatrix}$$

가 T_θ의 표준변환행렬이 된다.

예제 4.1.2의 선형변환 T_θ에 대한 표준변환행렬 A를 보면

$$\mathrm{A}^t\mathrm{A}=\mathrm{A}\mathrm{A}^t=\mathrm{I}_2$$

임을 알 수 있다. 일반적으로 n차 정방행렬 A_n이

$$\mathrm{A}_n^t\mathrm{A}_n=\mathrm{A}_n\mathrm{A}_n^t=\mathrm{I}_n$$

을 만족하는 행렬이면 A_n을 **직교행렬**(orthogonal matrix)이라 한다.

변환 $T_\mathrm{A}(\mathbf{x})=\mathrm{A}\mathbf{x}$에서 A가 직교행렬이면 T_A를 **직교변환**(orthogonal transformation)이라 한다. T_A가 직교변환이면

$$\|\mathrm{A}\mathbf{x}\|^2=(\mathrm{A}\mathbf{x})^t\mathrm{A}\mathbf{x}=\mathbf{x}^t\mathrm{A}^t\mathrm{A}\mathbf{x}=\mathbf{x}^t\mathbf{x}=\|\mathbf{x}\|^2$$

이므로 $\|\mathrm{A}\mathbf{x}\|=\|\mathbf{x}\|$가 된다. 즉, 벡터는 직교변환을 하여도 그 크기가 변하지 않는다. 따라서 유클리드 공간에서 도형의 길이나 넓이, 부피 등은 직교변환을 하여도 그 크기가 변하지 않는다.

연습문제 4.1

1. $\mathbb{R}^2$의 벡터 $\mathbf{x}=[x_1\ x_2]^t$에 대하여 변환 $T:\mathbb{R}^2\to\mathbb{R}^3$를

$$T_\mathrm{A}(\mathbf{x})=\begin{bmatrix}x_1\\ 2x_1-3x_2\\ 3x_1+4x_2\end{bmatrix}$$

로 정의할 때 T가 선형변환임을 보이고, 표준변환행렬을 구하여라.

2. 다음 각 변환이 선형변환임을 보이고, 표준변환행렬을 구하여라.
   (1) $\mathbb{R}^2$의 각 점을 시계방향으로 90° 회전시키는 변환
   (2) $\mathbb{R}^2$의 점 (x, y)를 y-축에 대칭인 점으로 대응시키는 변환
   (3) $\mathbb{R}^2$의 점 (x, y)를 원점을 통과하는 직선에 투영시키는 변환
   (4) $\mathbb{R}^2$의 점 (x, y)를 원점을 통과하는 직선에 대하여 대칭인 점으로 대응시키는 변환

3. 연습문제 2의 각 변환은 직교변환인가?

4. $\mathbb{R}^3$의 벡터 $\mathbf{x}=[x_1\ x_2\ x_3]^t$에 대한 변환 $T(\mathbf{x})=3x_1-4x_2+5x_3$의 치역과 T의 영공간을 구하고, T의 영공간의 차원을 구하여라.

5. $m\times n$행렬 A에 의한 변환 $T_{\mathrm{A}}(\mathbf{x})=\mathrm{A}\mathbf{x}$의 치역이 $\mathbf{C}(\mathrm{A})$임을 보여라.

4.2 고유값과 고유벡터

고유값의 의미와 정의

어떤 자동차 임대회사에서는 A, B, C의 세 지점에서 영업을 한다고 한다. 빌린 차를 반환할 때에는 빌린 지점에 관계없이 어느 지점에 반환하여도 좋다고 한다. 이 때, 특정한 시점 t에서 세 지점에 남아 있는 자동차 수의 분포는 다음과 같은 벡터

$$\mathbf{n}_t = \begin{bmatrix} n_1(t) \\ n_2(t) \\ n_3(t) \end{bmatrix}$$

로 나타낼 수 있다. 여기서 A지점에서 대여된 자동차가 A, B, C의 각 지점으로 반납될 확률을 p_{11}, p_{21}, p_{31}라 하면 대여된 자동차는 세 지점의 어느 한 곳으로 반드시 반납될 것이므로

$$p_{11} + p_{21} + p_{31} = 1$$

이 되어야 한다. 마찬가지로 B에서 A, B, C의 각 지점으로 반납될 확률을 p_{12}, p_{22}, p_{32}, C에서 A, B, C의 각 지점으로 반납될 확률을 p_{13}, p_{23}, p_{33}라 하면

$$p_{12} + p_{22} + p_{32} = 1, \quad p_{13} + p_{23} + p_{33} = 1$$

이 된다. 이를 표로 정리하면

반납 \ 대여	A	B	C
A	p_{11}	p_{12}	p_{13}
B	p_{21}	p_{22}	p_{23}
C	p_{31}	p_{32}	p_{33}
합계	1	1	1

과 같다. 이제, 시점 t로부터 일주일 후의 시점을 $t+1$이라 하면 시점 $t+1$에 각 지점에 남아 있는 자동차 수에 대한 기댓값은

$$\begin{aligned} n_1(t+1) &= p_{11}n_1(t) + p_{12}n_2(t) + p_{13}n_3(t), \\ n_2(t+1) &= p_{21}n_1(t) + p_{22}n_2(t) + p_{23}n_3(t), \\ n_3(t+1) &= p_{31}n_1(t) + p_{32}n_2(t) + p_{33}n_3(t) \end{aligned}$$

가 된다. 따라서

$$A=\begin{bmatrix} p_{11} & p_{12} & p_{13} \\ p_{21} & p_{22} & p_{23} \\ p_{31} & p_{32} & p_{33} \end{bmatrix}$$

이라 하면, $\mathbf{n}_t$와 $\mathbf{n}_{t+1}$ 사이에는 다음과 같은 관계식

$$\mathbf{n}_{t+1}=A\mathbf{n}_t$$

가 성립한다. 즉, 반납되는 비율이 불변이라고 가정하면 매 주초에 각 지점에서 보유해야 할 적정 자동차 대수는 이 식에 의하여 결정할 수 있다. 여기서 제기되는 한 가지 문제는 각 지점에 분포하는 자동차의 대수가 안정되는 시점이 있겠는가 하는 것이다. 안정된다는 것은 한 시점에서 자동차 대수의 분포를 나타내는 벡터가 다음 시점의 분포 벡터와 크기를 떠나서 같아짐을 의미한다. 다시 말하면, 시점 $t=T$에서 적당한 상수 λ가 존재하여

$$n_i(T+1)=\lambda n_i(T), \quad i=1,2,3$$

이 되는 것을 안정된 상태라고 한다. 안정된 상태에서 $\mathbf{n}_T$와 $\mathbf{n}_{T+1}$의 관계는

$$\mathbf{n}_{T+1}=\lambda\mathbf{n}_T$$

이고 $\mathbf{n}_{T+1}=A\mathbf{n}_T$이므로

$$A\mathbf{n}_T=\lambda\mathbf{n}_T$$

가 되어야 한다. 따라서 안정된 자동차 대수의 분포에 관한 문제는 위와 같은 식을 만족하는 적당한 상수 λ와 벡터 $\mathbf{n}_T$가 존재하는 것인가이다. 그러한 λ와 $\mathbf{n}_T$가 구해지면 각 지점의 정비시설이나 주차장에 대한 적정 규모를 산출해 낼 수 있을 것이다.

$A\mathbf{n}_T$는 변환행렬이 A인 일차변환인데, 직교변환인 경우를 제외하고는 변환행렬 A가 일정해도 선형변환 $\mathbf{y}=A\mathbf{x}$에 의하여 벡터의 크기가 변하고 $\mathbf{x}$와 $\mathbf{y}$ 사이의 각도 일정하지 않다. 따라서 $A\mathbf{n}_T=\lambda\mathbf{n}_T$을 만족하는 벡터는 일차변환에 의하여 크기는 변하지만 방향이 변하지 않는 벡터임을 알 수 있다.

정의 4.2.1 고유값(eigen value)과 고유벡터(eigen vector)

정방행렬 A에 대하여 $A\mathbf{u}=\lambda\mathbf{u}$를 만족하는 스칼라 λ를 행렬 A의 고유값이라 하고 벡터 u를 λ에 대응하는 고유벡터라 한다.

$\mathbf{u}\neq\mathbf{0}$일 때 어떤 조건 하에서 $\mathbf{Au}=\lambda\mathbf{u}$를 만족하는 λ와 $\mathbf{u}$가 존재할 것인가를 생각해 보자. $\mathbf{Au}=\lambda\mathbf{u}$는 $(\mathbf{A}-\lambda\mathbf{I})\mathbf{u}=\mathbf{0}$과 같이 쓸 수 있다. 따라서 $\mathbf{A}-\lambda\mathbf{I}$가 정칙행렬이면 이 식을 만족하는 벡터 $\mathbf{u}$는 $\mathbf{u}=\mathbf{0}$뿐이다. 그러므로 $\mathbf{A}-\lambda\mathbf{I}$가 비정칙행렬일 때, 즉,

$$|\mathbf{A}-\lambda\mathbf{I}|=0$$

일 때 $(\mathbf{A}-\lambda\mathbf{I})\mathbf{u}=\mathbf{0}$를 만족하는 $\mathbf{u}(\neq\mathbf{0})$와 λ가 존재한다. 이 식은 $\mathbf{Au}=\lambda\mathbf{u}$를 만족하는 λ와 $\mathbf{u}$의 존재 조건으로 행렬 $\mathbf{A}$의 **특성방정식**(characteristic equation)이라 부른다. 행렬 $\mathbf{A}$가 n차 정방행렬이면 $\mathbf{A}$의 특성방정식은 λ에 관한 n차 방정식이 되고 n개의 근 $\lambda_1, \lambda_2, \cdots, \lambda_n$이 행렬 $\mathbf{A}$의 고유값들이다. 그리고 각 λ_i에 대하여

$$\mathbf{Au}_i=\lambda_i\mathbf{u}_i, \quad i=1, 2, \cdots, n$$

을 만족하는 벡터 $\mathbf{u}_i$가 존재하는데 이 벡터가 고유값 λ_i에 대한 고유벡터이다.

예제 4.2.1 (Bernadelli, 1941 & Leslie, 1945)

시점 t에서 특정 동물에 대한 연령별 개체 수의 분포는 다음과 같은 벡터

$$\mathbf{n}_t=\begin{bmatrix} n_0(t) \\ n_1(t) \\ \vdots \\ n_k(t) \end{bmatrix}$$

로 나타낼 수 있다. 이때, p_i를 시점 t에서 연령이 i인 암컷이 시점 $t+1$까지 생존할 확률이라 하고 f_i를 시점 t에서 연령이 i인 암컷이 시점 $t+1$까지 낳은 암컷들 중 시점 $t+1$까지 생존한 개체 수라 하면

$$n_0(t+1)=\sum_{i=0}^{k} f_i n_i(t),$$

$$n_i(t+1)=p_{i-1}n_{i-1}(t), \quad i=1, 2, \cdots, k$$

가 된다. 이것을 행렬로 나타내면

$$\mathbf{n}_{t+1}=\begin{bmatrix} n_0(t+1) \\ n_1(t+1) \\ \vdots \\ n_k(t+1) \end{bmatrix}=\begin{bmatrix} f_0 & f_1 & f_2 & \cdots & f_{k-1} & f_k \\ p_0 & 0 & 0 & \cdots & 0 & 0 \\ 0 & p_1 & 0 & \cdots & 0 & 0 \\ \vdots & \vdots & \vdots & \ddots & \vdots & \vdots \\ 0 & 0 & 0 & \cdots & p_{k-1} & 0 \end{bmatrix}\begin{bmatrix} n_0(t) \\ n_1(t) \\ \vdots \\ n_k(t) \end{bmatrix}=\mathbf{Mn}_t$$

이다. 즉, $t+1$시점의 연령별 개체 수 벡터 $\mathbf{n}_{t+1}$와 $\mathbf{n}_t$ 사이의 관계는

$$\mathbf{n}_{t+1} = \mathrm{M}\mathbf{n}_t$$

와 같은 식으로 표현할 수 있는데 이런 행렬 M을 **Leslie 행렬**이라 부른다.

버나들리는 수명이 3년이고 삼년 째에 번식하는 딱정벌레 종자를 조사하였다. 1세 연령군의 생존확률은 $\frac{1}{2}$, 2세 연령군의 생존확률은 $\frac{1}{3}$이라 하고, 3세 연령군의 암컷 딱정벌레는 평균적으로 6마리의 암컷을 낳는다고 가정할 때 앞에서 설명한 행렬 M을 구하고, M의 실고유값과 대응하는 고유벡터를 구하여 그 의미를 음미하여라.

풀이

앞에서 설명한 행렬 M은

$$\mathrm{M} = \begin{bmatrix} 0 & 0 & 6 \\ \frac{1}{2} & 0 & 0 \\ 0 & \frac{1}{3} & 0 \end{bmatrix}$$

이고, 행렬 M의 특성방정식은

$$|\mathrm{M} - \lambda \mathrm{I}| = \begin{vmatrix} -\lambda & 0 & 6 \\ \frac{1}{2} & -\lambda & 0 \\ 0 & \frac{1}{3} & -\lambda \end{vmatrix} = (-\lambda)\begin{vmatrix} -\lambda & 0 \\ \frac{1}{3} & -\lambda \end{vmatrix} + (6)\begin{vmatrix} \frac{1}{2} & -\lambda \\ 0 & \frac{1}{3} \end{vmatrix} = -\lambda^3 + 1 = 0$$

이므로 실고유값은 $\lambda = 1$이다. 따라서 $\lambda = 1$에 대응하는 고유벡터는

$$\mathrm{M}\mathbf{u} = \begin{bmatrix} 0 & 0 & 6 \\ \frac{1}{2} & 0 & 0 \\ 0 & \frac{1}{3} & 0 \end{bmatrix}\begin{bmatrix} u_1 \\ u_2 \\ u_3 \end{bmatrix} = (1)(\mathbf{u}) = \begin{bmatrix} u_1 \\ u_2 \\ u_3 \end{bmatrix}$$

을 만족하는 벡터이므로

$$6u_3 = u_1, \quad \frac{1}{2}u_1 = u_2, \quad \frac{1}{3}u_2 = u_3 \quad \Rightarrow \quad \mathbf{u} = \begin{bmatrix} 6 \\ 3 \\ 1 \end{bmatrix}$$

과 같이 구해진다. 즉,

$$\begin{bmatrix} 0 & 0 & 6 \\ \frac{1}{2} & 0 & 0 \\ 0 & \frac{1}{3} & 0 \end{bmatrix}\begin{bmatrix} 6 \\ 3 \\ 1 \end{bmatrix} = \begin{bmatrix} 6 \\ 3 \\ 1 \end{bmatrix}$$

인데, 이것은 연령분포가 $6:3:1$에서 시작하면 이 비율은 언제나 일정함을 의미한다.

예제 4.2.2 다음 행렬 A의 고유값과 각 고유값에 대응하는 고유벡터를 구하여라.

$$A=\begin{bmatrix}5 & -2\\6 & -2\end{bmatrix}$$

풀이

행렬 A에 대한 특성방정식은

$$|A-\lambda I|=\begin{vmatrix}5-\lambda & -2\\6 & -2-\lambda\end{vmatrix}=(\lambda-2)(\lambda-1)=0$$

이므로 고유값은 $\lambda_1=2$와 $\lambda_2=1$이다. 따라서 $\lambda_1=2$에 대한 고유벡터는

$$\mathbf{A}\mathbf{u}=2\mathbf{u} \text{ 또는 } (\mathbf{A}-2\mathbf{I})\mathbf{u}=\mathbf{0}$$

를 만족하는 벡터 $\mathbf{x}(\neq\mathbf{0})$가 된다. 여기서

$$A-2I=\begin{bmatrix}5 & -2\\6 & -2\end{bmatrix}-\begin{bmatrix}2 & 0\\0 & 2\end{bmatrix}=\begin{bmatrix}3 & -2\\6 & -4\end{bmatrix}$$

의 두 열벡터는 서로 종속이므로 $\mathbf{A}\mathbf{u}=2\mathbf{u}$는 영벡터가 아닌 해를 가지는데 그 벡터가 $\lambda_1=2$에 대응하는 고유벡터이다. 그러므로 행렬 $\mathbf{A}-2\mathbf{I}$의 영공간을 구하면

$$[A-2I\,|\,\mathbf{0}]=\left[\begin{array}{cc|c}3 & -2 & 0\\6 & -4 & 0\end{array}\right] \rightarrow \left[\begin{array}{cc|c}3 & -2 & 0\\0 & 0 & 0\end{array}\right]$$

이므로 $\lambda_1=2$에 대응하는 고유벡터 $\mathbf{u}_1=[x_1\ y_1]^t$는

$$3x_1-2y_1=0 \text{ 또는 } x_1=\frac{2}{3}y_1$$

를 만족하는 벡터가 된다. 즉,

$$\mathbf{u}_1=\begin{bmatrix}\frac{2}{3}y_1\\y_1\end{bmatrix}$$

와 같은 형태의 벡터들이 $\lambda_1=2$에 대응하는 고유벡터이므로

$$\mathbf{u}_1=t\begin{bmatrix}2\\3\end{bmatrix},\ t\neq 0$$

이다. $\lambda_2=1$에 대응하는 고유벡터 $\mathbf{u}_2=[x_2\ y_2]^t$는

$$[A-I\,|\,\mathbf{0}]=\left[\begin{array}{cc|c}4 & -2 & 0\\6 & -3 & 0\end{array}\right] \rightarrow \left[\begin{array}{cc|c}4 & -2 & 0\\0 & 0 & 0\end{array}\right]$$

이므로

$$4x_2 - 2y_2 = 0 \text{ 또는 } x_2 = \frac{1}{2}y_2$$

를 만족하는 벡터가 된다. 즉,

$$\mathbf{u}_2 = \begin{bmatrix} \frac{1}{2}y_2 \\ y_2 \end{bmatrix} = s\begin{bmatrix} 1 \\ 2 \end{bmatrix}, \quad s \neq 0$$

이다.

예제 4.2.2를 보면 $n \times n$ 행렬 $\mathbf{A}$의 고유값 λ에 대응하는 고유벡터들의 집합은 $\mathbf{A} - \lambda\mathbf{I}$의 영공간에 속하는 영벡터가 아닌 벡터들의 집합임을 알 수 있다. 따라서 $\mathbb{R}^n$에서의 영벡터와 λ에 대응하는 고유벡터들의 집합은 $\mathbf{A} - \lambda\mathbf{I}$의 영공간이 된다. 이 공간을 λ에 대한 **고유공간**(eigenspace)이라 하는데 기호 E_λ로 나타내기로 한다. 따라서 예제 4.2.2에서 고유치 $\lambda_1 = 2$와 $\lambda_2 = 1$에 대한 고유공간은 각각

$$E_2 = \left\{ t\begin{bmatrix} 2 \\ 3 \end{bmatrix} \right\}, \quad E_1 = \left\{ s\begin{bmatrix} 1 \\ 2 \end{bmatrix} \right\}$$

이 된다.

고유값과 고유벡터의 기하학적 의미를 살펴보기 위하여 다음과 같은 행렬

$$\mathbf{A} = \begin{bmatrix} 2 & 1 \\ 1 & 2 \end{bmatrix}$$

의 고유값을 구해보면

$$|\mathbf{A} - \lambda\mathbf{I}| = \begin{vmatrix} 2-\lambda & 1 \\ 1 & 2-\lambda \end{vmatrix} = (\lambda - 2)^2 - 1 = (\lambda - 3)(\lambda - 1) = 0$$

이므로 $\lambda_1 = 3$, $\lambda_2 = 1$이고, 대응하는 고유벡터는

$$\mathbf{u}_1 = t\begin{bmatrix} 1 \\ 1 \end{bmatrix}, \quad \mathbf{u}_2 = s\begin{bmatrix} 1 \\ -1 \end{bmatrix}$$

이 된다. 여기서 단위원 상의 벡터 $\mathbf{x}$를 $\mathbf{A}\mathbf{x}$로 변환하면

$$\mathbf{A}\mathbf{x}_1 = \begin{bmatrix} 2 & 1 \\ 1 & 2 \end{bmatrix}\begin{bmatrix} \frac{1}{\sqrt{2}} \\ \frac{1}{\sqrt{2}} \end{bmatrix} = \begin{bmatrix} \frac{3}{\sqrt{2}} \\ \frac{3}{\sqrt{2}} \end{bmatrix} = 3\mathbf{x}_1,$$

$$\mathbf{A}\mathbf{x}_2 = \begin{bmatrix} 2 & 1 \\ 1 & 2 \end{bmatrix}\begin{bmatrix} -\frac{1}{\sqrt{2}} \\ -\frac{1}{\sqrt{2}} \end{bmatrix} = \begin{bmatrix} -\frac{3}{\sqrt{2}} \\ -\frac{3}{\sqrt{2}} \end{bmatrix} = 3\mathbf{x}_2$$

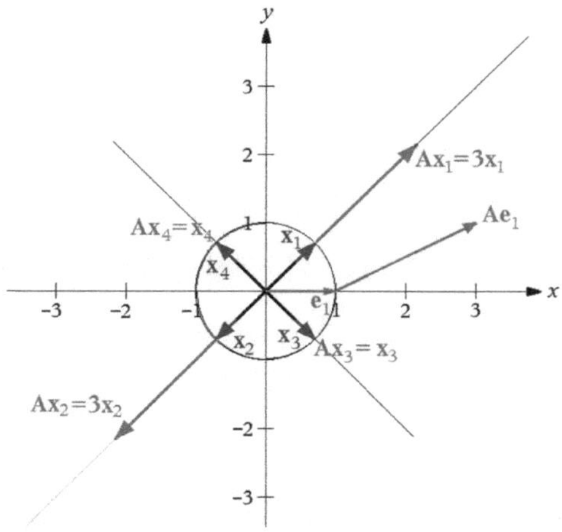

그림 4.2.1 행렬 A에 의한 고유벡터의 변환

$$\mathbf{Ax}_3=\begin{bmatrix}2 & 1\\1 & 2\end{bmatrix}\begin{bmatrix}\frac{1}{\sqrt{2}}\\-\frac{1}{\sqrt{2}}\end{bmatrix}=\begin{bmatrix}\frac{1}{\sqrt{2}}\\-\frac{1}{\sqrt{2}}\end{bmatrix}=\mathbf{x}_3,$$

$$\mathbf{Ax}_4=\begin{bmatrix}2 & 1\\1 & 2\end{bmatrix}\begin{bmatrix}-\frac{1}{\sqrt{2}}\\\frac{1}{\sqrt{2}}\end{bmatrix}=\begin{bmatrix}-\frac{1}{\sqrt{2}}\\\frac{1}{\sqrt{2}}\end{bmatrix}=\mathbf{x}_4$$

와 같이 고유벡터 $\mathbf{x}_1, \mathbf{x}_2, \mathbf{x}_3, \mathbf{x}_4$에 대하여만 $\mathbf{Ax}=\lambda\mathbf{x}$를 만족한다. 즉, 그림 4.2.1을 보면 A는 고유벡터만을 대응하는 고유값 배만큼의 크기인 벡터로 변환하는 행렬임을 알 수 있다. 그림 4.2.2는 '고유그림(eigenpicture)'라 부르는 그림인데, 이 그림에서 원점을 통과하는 직선상에 있는 벡터가 고유벡터이며 그 벡터의 크기가 대응하는 고유값이다. 그림 4.2.2에서 고유벡터를 찾고 고유값을 추정해 보라.

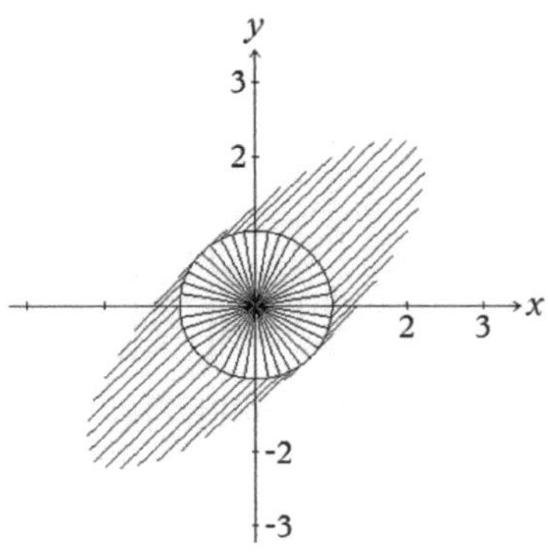

그림 4.2.2 고유그림(eigenpicture)

고유벡터 구하기

$n \times n$ 행렬 A의 특성방정식은 λ에 대한 n차 다항식이므로 그 근은 같은 근이 두 개 이상일 수 있다. 행렬에 대한 특성방정식의 근이 모두 다른 경우의 고유값을 **단일고유값**, 동일한 근이 m개인 경우의 고유값을 **대수적 중복수**(algebraic multiplicity)가 m인 **중복고유값**이라 한다. $\dim(E_\lambda)$을 고유값 λ의 **기하학적 중복수**(algebraic multiplicity)라 하는데 λ에 대응되는 고유벡터는 $\dim(E_\lambda)$와 $r(\mathrm{A}-\lambda\mathrm{I})$에 종속되어 있다. 다음 예제의 고유벡터를 구하는 과정을 통해서 고유벡터를 유도하는 방법에 대하여 논의하자.

예제 4.2.3 다음 각 행렬의 고유값과 고유값에 대응하는 고유벡터를 구하여라.

$$\mathrm{A}=\begin{bmatrix} 2 & 2 & 0 \\ 2 & 1 & 1 \\ -7 & 2 & -3 \end{bmatrix},\quad \mathrm{B}=\begin{bmatrix} -1 & -2 & -2 \\ 1 & 2 & 1 \\ -1 & -1 & 0 \end{bmatrix},\quad \mathrm{C}=\begin{bmatrix} 0 & 1 & 2 \\ 2 & 3 & 0 \\ 0 & 4 & 5 \end{bmatrix}$$

풀이

각 행렬의 특성방정식으로부터 고유값을 구하는 것은 연습문제로 남긴다.
행렬 A의 특성방정식은

$$|\mathrm{A}-\lambda\mathrm{I}|=(\lambda-3)(\lambda-1)(\lambda+4)=0$$

이므로 $\lambda_1=3$, $\lambda_2=1$, $\lambda_3=-4$이다. 이 고유값들은 중복수가 1인 단일고유값들이다. $\lambda_1=3$에 대한 고유벡터는 $(\mathrm{A}-3\mathrm{I})\mathbf{u}_1=\mathbf{0}$인 벡터이다. 따라서

$$[\mathrm{A}-3\mathrm{I}\,|\,\mathbf{0}]=\left[\begin{array}{ccc|c} -1 & 2 & 0 & 0 \\ 2 & -2 & 1 & 0 \\ -7 & 2 & -6 & 0 \end{array}\right] \rightarrow \left[\begin{array}{ccc|c} -1 & 2 & 0 & 0 \\ 0 & 2 & 1 & 0 \\ 0 & 0 & 0 & 0 \end{array}\right]$$

으로부터 $\mathbf{u}_1=[x_1\ y_1\ z_1]^t$는

$$-x_1+2y_1=0,\ 2y_1+z_1=0 \Rightarrow x_1=-z_1,\ y_1=-\tfrac{1}{2}z_1$$

을 만족하는 벡터이므로

$$\mathbf{u}_1=s_1\begin{bmatrix} -2 \\ -1 \\ 2 \end{bmatrix},\ s_1 \neq 0$$

이다. 여기서 대수적 중복수를 m이라 하면

$$E_3=\mathrm{span}\{\mathbf{u}_1\},\quad m=\dim(E_3)=1,\quad r(\mathrm{A}-3\mathrm{I})=2$$

임을 유념해 두자. 마찬가지로 $\lambda_2=1$에 대한 고유벡터 $\mathbf{u}_2=[x_2\ y_2\ z_2]^t$는

$$[\mathrm{A}-3\mathrm{I}\,|\,\mathbf{0}]=\left[\begin{array}{rrr|r} 1 & 2 & 0 & 0 \\ 2 & 0 & 1 & 0 \\ -7 & 2 & -4 & 0 \end{array}\right] \quad\rightarrow\quad \left[\begin{array}{rrr|r} 1 & 2 & 0 & 0 \\ 0 & -4 & 1 & 0 \\ 0 & 0 & 0 & 0 \end{array}\right]$$

으로부터

$$x_2+2y_2=0,\ -4y_2+z_2=0 \quad\Rightarrow\quad x_2=-\tfrac{1}{2}z_2,\ y_2=\tfrac{1}{4}z_2$$

를 만족하는 벡터이므로

$$\mathbf{u}_2=s_2\begin{bmatrix}-2\\1\\4\end{bmatrix},\ s_2\neq 0$$

이고

$$E_1=\mathrm{span}\{\mathbf{u}_2\},\quad m=\dim(E_1)=1,\quad \mathrm{r}(\mathrm{A}-\mathrm{I})=2$$

이다. 다음으로 $\lambda_3=-4$에 대한 고유벡터 $\mathbf{u}_3=[x_3\ y_3\ z_3]^t$는

$$[\mathrm{A}+4\mathrm{I}\,|\,\mathbf{0}]=\left[\begin{array}{rrr|r} 6 & 2 & 0 & 0 \\ 2 & 5 & 1 & 0 \\ -7 & 2 & 1 & 0 \end{array}\right] \quad\rightarrow\quad \left[\begin{array}{rrr|r} 6 & 2 & 0 & 0 \\ 0 & 13 & 3 & 0 \\ 0 & 0 & 0 & 0 \end{array}\right]$$

으로부터

$$3x_3+y_3=0,\ 13y_3+3z_3=0 \ \Rightarrow\ x_3=\tfrac{1}{13}z_3,\ y_3=-\tfrac{3}{13}z_3$$

을 만족하는 벡터

$$\mathbf{u}_3=s_3\begin{bmatrix}1\\-3\\13\end{bmatrix},\ s_2\neq 0$$

이고

$$E_{-4}=\mathrm{span}\{\mathbf{u}_3\},\quad m=\dim(E_{-4})=1,\quad \mathrm{r}(\mathrm{A}+4\mathrm{I})=2$$

이다.

행렬 B에 대한 특성방정식은

$$|\mathrm{B}-\lambda\mathrm{I}|=(\lambda-1)^2(\lambda+1)=0$$

이므로 $\lambda_1=1$은 대수적 중복수가 2인 중복고유값이고 $\lambda_2=-1$은 단일고유값이다. 중복수가 2인 중복고유값 $\lambda_1=1$에 대한 고유벡터는

$$[\mathrm{B}-\mathrm{I}\,|\,\mathbf{0}]=\left[\begin{array}{rrr|r} -2 & -2 & -2 & 0 \\ 1 & 1 & 1 & 0 \\ -1 & -1 & -1 & 0 \end{array}\right] \quad\rightarrow\quad \left[\begin{array}{rrr|r} 1 & 1 & 1 & 0 \\ 0 & 0 & 0 & 0 \\ 0 & 0 & 0 & 0 \end{array}\right]$$

으로부터

$$x_1+y_1+z_1=0$$

을 만족하는 벡터이다. 이 조건은 $x_1=0$인 경우와 $x_1\neq 0$인 경우로 나눌 수 있으므로 중복고유값 $\lambda_1=1$에 대한 고유벡터는

$$x_1=0,\ y_1+z_1=0 \Rightarrow x_1=0,\ y_1=-z_1 \quad \Rightarrow \quad \mathbf{u}_1=s_1\begin{bmatrix}0\\1\\-1\end{bmatrix},$$

$$x_1\neq 0, \Rightarrow x_1=-y_1-z_1 \quad \Rightarrow \quad \mathbf{u}_2=s_2\begin{bmatrix}-2\\1\\1\end{bmatrix}$$

과 같이 두 개이고

$$E_1=\text{span}\{\mathbf{u}_1,\mathbf{u}_2\},\quad m=\dim(E_1)=2,\quad \text{r}(\mathbf{A}-\mathbf{I})=1$$

이 된다. 그리고 단일고유값 $\lambda_2=-1$에 대한 고유벡터 $\mathbf{u}_3=[x_3\ y_3\ z_3]^t$는

$$[\mathbf{B}+\mathbf{I}\,|\,\mathbf{0}]=\left[\begin{array}{ccc|c}0&-2&-2&0\\1&3&1&0\\-1&-1&1&0\end{array}\right] \rightarrow \left[\begin{array}{ccc|c}1&3&1&0\\0&-2&-2&0\\0&0&0&0\end{array}\right]$$

으로부터

$$\mathbf{u}_3=s_3\begin{bmatrix}2\\-1\\1\end{bmatrix}$$

가 된다.

행렬 C에 대한 특성방정식은

$$(\lambda-6)(\lambda-1)^2=0$$

이므로 $\lambda_1=6$은 단일고유값이고 $\lambda_2=1$은 대수적 중복수가 2인 중복고유값이다. 그런데 $\mathbf{C}-6\mathbf{I}$와 $\mathbf{C}-\mathbf{I}$를 보면

$$\mathbf{C}-6\mathbf{I}=\begin{bmatrix}-6&1&2\\2&-3&0\\0&4&-1\end{bmatrix} \rightarrow \begin{bmatrix}-6&1&2\\0&-8&2\\0&0&0\end{bmatrix},$$

$$\mathbf{C}-\mathbf{I}=\begin{bmatrix}-1&1&2\\2&2&0\\0&4&4\end{bmatrix} \rightarrow \begin{bmatrix}-1&1&2\\0&4&4\\0&0&0\end{bmatrix}$$

은 모두 계수가 2인 행렬들이므로 $\lambda_1=6$과 $\lambda_2=1$ 각각에 하나의 고유벡터

$$\mathbf{u}_1=s_1\begin{bmatrix}3\\2\\8\end{bmatrix} \text{과 } \mathbf{u}_2=s_2\begin{bmatrix}1\\-1\\1\end{bmatrix}$$

이 대응된다. 여기서는 3차 정방행렬 C의 고유벡터 수가 2개이고

$$E_1=\text{span}\{\mathbf{u}_1\},\quad m=2\neq \dim(E_1)=1,\quad \text{r}(\mathbf{C}-\mathbf{I})=2,$$

$$E_6=\text{span}\{\mathbf{u}_2\},\quad m=\dim(E_6)=1,\quad \text{r}(\mathbf{C}-6\mathbf{I})=2$$

임에 유의하기 바란다.

예제 4.2.3을 보면 $\mathbf{A}-\lambda\mathbf{I}$의 행사다리꼴을 이용하여 고유벡터를 간단히 구할 수 있음을 알 수 있다. 또한, 3차 정방행렬의 단일고유값 λ에 대하여는

$$m=\dim(E_\lambda)=1,\ \text{r}(\mathbf{A}-\lambda\mathbf{I})=2$$

이고 단 하나의 고유벡터가 존재한다. 그러나 중복고유값 λ에 대하여는

$$m=\dim(E_\lambda)=2,\ \text{r}(\mathbf{A}-\lambda\mathbf{I})=1$$

이면 2개의 고유벡터가 존재하지만

$$m=2\neq \dim(E_\lambda)=1,\quad \text{r}(\mathbf{A}-\lambda\mathbf{I})=2$$

이면 1개의 고유벡터만 대응된다.

일반적으로 n차 정방행렬 $\mathbf{A}$의 고유값 λ에 대한 대수적 중복수를 m이라 할 때

$$m\neq \dim(E_\lambda)\ \text{또는}\ \text{r}(\mathbf{A}-\lambda\mathbf{I})\neq n-m$$

이면 $\mathbf{A}$의 고유벡터 수는 n보다 작아지고 그러한 행렬을 **결손행렬**(deficient matrix)이라 한다. 예제 4.2.3의 행렬 C가 바로 결손행렬이다.

고유값과 고유벡터의 성질

행렬의 고유값에는 행렬대수와 관련된 중요한 정보가 내재되어 있기 때문에 고유값을 알고 있으면 많은 노력 없이도 여러 사실들을 유도할 수 있다. 그 중의 하나가 역행렬의 존재 여부를 판단할 수 있다는 것이다. 즉, 정방행렬 $\mathbf{A}$의 역행렬이 존재하면 $|\mathbf{A}|\neq 0$이므로 $|\mathbf{A}-0\mathbf{I}|\neq 0$이 된다. 따라서 역행렬이 존재하는 행렬 $\mathbf{A}$의 고유값은 0이 될 수 없다. 그러므로 $\mathbf{A}$의 고유값이 모두 0이 아니면 $\mathbf{A}$의 역행렬이 존재한다.

n차 정방행렬 $\mathbf{A}$의 고유값 λ와 대응하는 고유벡터를 $\mathbf{u}$라 하면 $\mathbf{A}\mathbf{u}=\lambda\mathbf{u}$이므로 0이 아닌 스칼라 c에 대하여 $(c\mathbf{A})\mathbf{u}=(c\lambda)\mathbf{u}$가 된다. 따라서 $c\lambda$는 행렬 $c\mathbf{A}$의 고유값이고 대

응하는 고유벡터는 $\mathbf{u}$가 된다. 또한, 양의 정수 k에 대하여

$$\mathbf{A}^k\mathbf{u}=\mathbf{A}^{k-1}(\mathbf{A}\mathbf{u})=\mathbf{A}^{k-1}(\lambda\mathbf{u})=\lambda\mathbf{A}^{k-1}\mathbf{u}=\cdots=\lambda^k\mathbf{u}$$

이므로 λ^k은 행렬 $\mathbf{A}^k$의 고유값이 되고 λ^k에 대응하는 고유벡터는 $\mathbf{u}$이다. 그리고 $\mathbf{A}$가 정칙행렬이면

$$\mathbf{u}=\mathbf{A}^{-1}(\mathbf{A}\mathbf{u})=\mathbf{A}^{-1}(\lambda\mathbf{u}) \quad \Rightarrow \quad \mathbf{A}^{-1}\mathbf{u}=\frac{1}{\lambda}\mathbf{u}$$

이므로 λ^{-1}은 $\mathbf{A}^{-1}$의 고유값이고 λ^{-1}에 대응하는 고유벡터는 $\mathbf{u}$이다.

한편, n차 정방행렬 $\mathbf{A}=[a_{ij}]$가 삼각행렬이면 $\mathbf{A}$의 특성방정식은

$$|\mathbf{A}-\lambda\mathbf{I}|=\prod_{i=1}^{n}(\lambda-a_{ii})=0$$

이므로 $\mathbf{A}$의 고유값은 $\lambda_1=a_{11},\ \lambda_1=a_{22},\cdots,\ \lambda_n=a_{nn}$가 된다. 즉, 삼각행렬 $\mathbf{A}$의 고유치는 $\mathbf{A}$의 대각원소와 같다.

n차 정방행렬 $\mathbf{A}$의 특성방정식 $|\mathbf{A}-\lambda\mathbf{I}|=0$에서 행렬 $\mathbf{A}-\lambda\mathbf{I}$를

$$\mathbf{A}-\lambda\mathbf{I}=\mathbf{A}+\mathbf{D}=\mathbf{A}+\begin{bmatrix} -\lambda & 0 & \cdots & 0 \\ 0 & -\lambda & \cdots & 0 \\ \vdots & \vdots & \ddots & \vdots \\ 0 & 0 & \cdots & -\lambda \end{bmatrix}$$

로 나타내면 $|\mathbf{A}+\mathbf{D}|$는 행렬식의 대각전개를 이용하여

$$|\mathbf{A}+\mathbf{D}|=(-\lambda)^n+\mathrm{tr}_1(\mathbf{A})(-\lambda)^{n-1}+\mathrm{tr}_2(\mathbf{A})(-\lambda)^{n-2}+\cdots+\mathrm{tr}_{n-2}(\mathbf{A})(-\lambda)+\mathrm{tr}_n(\mathbf{A})$$

로 나타낼 수 있다. 여기서 $\mathbf{A}$의 고유값을 λ_i라 하면, 이 식은

$$(\lambda_1-\lambda)(\lambda_2-\lambda)\cdots(\lambda_n-\lambda)=(-\lambda)^n+(-\lambda)^{n-1}\sum_{i=1}^{n}\lambda_i+(-\lambda)^{n-2}\sum_{i\neq j}^{n}\lambda_i\lambda_j+\cdots+\prod_{i=1}^{n}\lambda_i$$

와 같아야 한다. 그러므로 위의 두 식에서 $(-\lambda)^{n-1}$의 계수와 상수항을 비교해 모면

$$\sum_{i=1}^{n}\lambda_i=\mathrm{tr}_1(\mathbf{A})=\mathrm{tr}(\mathbf{A}),$$

$$\prod_{i=1}^{n}\lambda_i=\mathrm{tr}_n(\mathbf{A})=|\mathbf{A}|$$

임을 알 수 있다.

이상에서 살펴본 고유값의 성질들을 정리한 것이 다음의 정리 4.2.1이다.

정리 4.2.1 고유값과 고유벡터의 성질

n차 정방행렬 A의 고유값 λ_i와 대응하는 고유벡터 u_i상수 $c \neq 0$에 대하여

1. $c\lambda_i$와 u_i는 $c\mathrm{A}$의 고유값과 고유벡터이다.
2. 양의 정수 k에 대하여 λ_i^k과 u_i은 A^k의 고유값과 고유벡터이다.
3. A가 정칙행렬이면 λ_i^{-1}와 u_i는 A^{-1}의 고유값과 고유벡터이다.
4. $f(\mathrm{A})$가 A의 다항식이면 $f(\lambda_i)$와 u_i는 $f(\mathrm{A})$의 고유값과 고유벡터이다.
5. $\sum_{i=1}^{n}\lambda_i = \mathrm{tr}(\mathrm{A})$, $\prod_{i=1}^{n}\lambda_i = |\mathrm{A}|$.

예제 4.2.4 예제 4.2.3의 행렬 A에 대하여

$$\mathrm{A}^2,\ 2\mathrm{A},\ \mathrm{A}^2+2\mathrm{A}-3\mathrm{I},\ \mathrm{A}^{-1}$$

의 고유값을 직접 구하여 정리 4.2.1이 성립함을 보여라.

풀이

예제 4.2.3의 행렬 A에 대한 고유값은 $\lambda_1=3$, $\lambda_2=1$, $\lambda_3=-4$이다. 행렬

$$\mathrm{A}^2=\begin{bmatrix} 2 & 2 & 0 \\ 2 & 1 & 1 \\ -7 & 2 & -3 \end{bmatrix}\begin{bmatrix} 2 & 2 & 0 \\ 2 & 1 & 1 \\ -7 & 2 & -3 \end{bmatrix}=\begin{bmatrix} 8 & 6 & 2 \\ -1 & 7 & -2 \\ 11 & -18 & 11 \end{bmatrix}$$

의 특성방정식은

$$|\mathrm{A}|=144,\quad \mathrm{tr}_1(\mathrm{A}^2)=\mathrm{tr}(\mathrm{A}^2)=26,$$

$$\mathrm{tr}_2(\mathrm{A}^2)=\begin{vmatrix} 8 & 6 \\ -1 & 7 \end{vmatrix}+\begin{vmatrix} 8 & 2 \\ 11 & 11 \end{vmatrix}+\begin{vmatrix} 7 & -2 \\ -18 & 11 \end{vmatrix}=169$$

이므로

$$\lambda^3-26\lambda^2+169\lambda-144=(\lambda\text{-}9)(\lambda\text{-}1)(\lambda\text{-}16)=0$$

이 된다. 따라서 A^2의 고유값은 3^2, 1^2, $(-4)^2$이다. 같은 방법으로

$$2\mathrm{A}=\begin{bmatrix} 4 & 4 & 0 \\ 4 & 2 & 2 \\ -14 & 4 & -6 \end{bmatrix}$$

의 특성방정식을 구하면

$$\lambda^3-52\lambda^2+96=(\lambda\text{-}3)(\lambda\text{-}2)(\lambda+4)=0$$

이므로 2A의 고유값은 A의 고유값의 2배가 된다. 그리고

$$A^{-1}=\frac{1}{12}\begin{bmatrix} 5 & -6 & -2 \\ 1 & 6 & 2 \\ -11 & 18 & 2 \end{bmatrix}$$

의 특성방정식을 구하면

$$12\lambda^3-12\lambda^2+1=(3\lambda-1)(\lambda-1)(4\lambda+1)=0$$

이므로 A^{-1}**의 고유값은** 3^{-1}, 1^{-1}, $(-4)^{-1}$**이다. 다음으로**

$$f(A)=A^2+2A-3I=\begin{bmatrix} 9 & 10 & 2 \\ 3 & 6 & 0 \\ -3 & -14 & 2 \end{bmatrix}$$

의 특성방정식은

$$\lambda^3-17\lambda^2+60\lambda=\lambda(\lambda-12)(\lambda-5)=0$$

이므로 $f(A)$**의 값** 0, 12, 5**는** $f(1)$, $f(3)$, $f(-4)$**와 같다.**

정리 4.2.1의 2를 이용하면 $\mathbf{A}^k\mathbf{x}$를 간단히 구할 수 있다. $n\times n$ 행렬 $\mathbf{A}$의 고유값과 대응하는 고유벡터를 $\lambda_1, \lambda_2, \cdots, \lambda_m$과 $\mathbf{u}_1, \mathbf{u}_2, \cdots, \mathbf{u}_m$이라 할 때 $\mathbb{R}^n$에 속하는 벡터 $\mathbf{x}$가

$$\mathbf{x}=c_1\mathbf{u}_1+c_2\mathbf{u}_2+\cdots+c_m\mathbf{u}_m$$

으로 고유벡터들의 선형결합이면

$$\begin{aligned} \mathbf{A}^k\mathbf{x} &= \mathbf{A}^k(c_1\mathbf{u}_1+c_2\mathbf{u}_2+\cdots+c_m\mathbf{u}_m) \\ &= c_1\mathbf{A}^k\mathbf{u}_1+c_2\mathbf{A}^k\mathbf{u}_2+\cdots+c_m\mathbf{A}^k\mathbf{u}_m \\ &= c_1\lambda_1^k\mathbf{u}_1+c_2\lambda_2^k\mathbf{u}_2+\cdots+c_m\lambda_m^k\mathbf{u}_m \end{aligned}$$

이 된다.

예제 4.2.5 **600대의 대여용 자동차를 보유하고 있는 자동차 임대회사에서 A, B, C 세 지점에 같은 대수의 자동차를 배치하여 영업을 시작한다고 하자. 경험에 의하면 전이확률행렬이**

$$A=\begin{bmatrix} 0.6 & 0.1 & 0.1 \\ 0.1 & 0.8 & 0.2 \\ 0.3 & 0.1 & 0.7 \end{bmatrix}=\frac{1}{10}\begin{bmatrix} 6 & 1 & 1 \\ 1 & 8 & 2 \\ 3 & 1 & 7 \end{bmatrix}$$

과 같다고 한다. k**째 주의 지점별 자동차 대수를** $\mathbf{n}_k$**라 할 때,** $\mathbf{n}_{10}$**을 계산하고** $k\to\infty$**일 때의** $\mathbf{n}_k$**를 구하여라.**

풀이

$$\mathbf{n}_k=\mathrm{A}\mathbf{n}_{k-1}=\cdots=\mathrm{A}^k\mathbf{n}_0,\quad \mathbf{n}_0=\begin{bmatrix}200\\200\\200\end{bmatrix}$$

이므로 A^k을 계산하기 위하여 먼저 A의 고유값과 고유벡터를 구하자.

행렬 10A의 특성방정식을 구하면

$$(\lambda-10)(\lambda-6)(\lambda-5)=0$$

이므로 10A의 고유값은 $\lambda_1=10$, $\lambda_2=6$, $\lambda_3=5$이고, 대응하는 고유벡터는

$$10\mathrm{A}-10\mathrm{I}=\left[\begin{array}{rrr|r}-4&1&1&0\\1&-2&2&0\\3&1&-3&0\end{array}\right]\to\left[\begin{array}{rrr|r}1&-2&2&0\\0&-7&9&0\\0&0&0&0\end{array}\right]\Rightarrow\ \mathbf{u}_1=\begin{bmatrix}4\\9\\7\end{bmatrix}$$

$$10\mathrm{A}-6\mathrm{I}=\left[\begin{array}{rrr|r}0&1&1&0\\1&2&2&0\\3&1&1&0\end{array}\right]\to\left[\begin{array}{rrr|r}1&2&2&0\\0&1&1&0\\0&0&0&0\end{array}\right]\Rightarrow\ \mathbf{u}_2=\begin{bmatrix}0\\1\\-1\end{bmatrix}$$

$$10\mathrm{A}-5\mathrm{I}=\left[\begin{array}{rrr|r}1&1&1&0\\1&3&2&0\\3&1&2&0\end{array}\right]\to\left[\begin{array}{rrr|r}1&1&1&0\\0&2&1&0\\0&0&0&0\end{array}\right]\Rightarrow\ \mathbf{u}_3=\begin{bmatrix}1\\1\\-2\end{bmatrix}$$

이 된다. 따라서 A의 고유값은 $\lambda_1=1$, $\lambda_2=0.6$, $\lambda_3=0.5$이고 대응하는 고유벡터는 위에서 구한 $\mathbf{u}_1, \mathbf{u}_2, \mathbf{u}_3$와 같다. 이제, $\mathbf{n}_0$가 $\mathbf{u}_1, \mathbf{u}_2, \mathbf{u}_3$의 선형결합

$$\mathbf{n}_0=c_1\mathbf{u}_1+c_2\mathbf{u}_2+c_3\mathbf{u}_3$$

으로 표현되는 $\mathbf{c}=[c_1\ c_2\ c_3]^t$를 구하면

$$[\mathrm{A}\,|\,\mathbf{n}_0]=\left[\begin{array}{rrr|r}4&0&-1&200\\9&1&-1&200\\7&-1&2&200\end{array}\right]\to\left[\begin{array}{rrr|r}4&0&-1&200\\0&4&5&-1000\\0&0&5&-400\end{array}\right]$$

으로부터 $c_1=30$, $c_2=-150$, $c_3=-80$이 된다. 따라서

$$\mathbf{n}_k=30(1.0)^k\mathbf{u}_1-150(0.6)^k\mathbf{u}_2-80(0.5)^k\mathbf{u}_3$$

이므로

$$\mathbf{n}_{10}=\begin{bmatrix}120.08\\269.17\\210.75\end{bmatrix},\qquad \lim_{k\to\infty}\mathbf{n}_k=30\mathbf{u}_1=\begin{bmatrix}120\\270\\210\end{bmatrix}$$

이다. 이상에서 어느 정도 시일이 지나면 A지점에는 120대, B지점에는 270대, C지점에는 120대의 자동차가 머물게 될 것임을 알 수 있다. 그러므로 B지점에 제일 큰 정비시설과 주차장을 마련해야 할 것이다.

고유값과 고유벡터는 복소수일 수도 있다. 이 책에서는 고유값이 복소수인 경우를 다루지는 않겠지만 그러한 경우의 예를 하나 제시한다. 다음과 같은 직교변환 행렬

$$A=\begin{bmatrix} \cos\theta & -\sin\theta \\ \sin\theta & \cos\theta \end{bmatrix}$$

의 고유값과 고유벡터를 구해 보자. A의 특성방정식

$$|A-\lambda I|=\begin{vmatrix} \cos\theta-\lambda & -\sin\theta \\ \sin\theta & \cos\theta-\lambda \end{vmatrix}=\lambda^2-2\lambda\cos\theta+1=0$$

을 풀면 행렬 A의 고유값은

$$\lambda_1=\cos\theta+i\sin\theta, \quad \lambda_2=\cos\theta-i\sin\theta$$

로 복소수가 된다. 또, 고유치 λ_1과 λ_2에 대응되는 고유벡터는

$$\mathbf{u}_1=s_1\begin{bmatrix} 1 \\ -i \end{bmatrix}, \quad \mathbf{u}_2=s_2\begin{bmatrix} 1 \\ i \end{bmatrix}$$

로 구해진다. 여기서 특성방정식의 근이 복소수일 때에는 두 개의 고유값과 고유벡터가 각각 켤레 복소수임을 알 수 있다.

연습문제 4.2

1. 다음 행렬에 대하여 물음에 답하여라.

$$A=\begin{bmatrix} 1 & 0 & 2 \\ 0 & 1 & 0 \\ 2 & 0 & 1 \end{bmatrix}$$

(1) A의 고유값과 대응하는 고유벡터를 구하여라.

(2) 정리 4.2.1의 3과 5가 성립함을 보여라.

(3) 각 고유값에 대응하는 고유공간과 고유공간의 차원을 구하여라.

2. 다음 행렬 A와 D의 고유값과 대응하는 고유벡터를 구하여라.

$$A=\begin{bmatrix} 1 & \frac{1}{2} & 0 \\ 0 & \frac{1}{2} & \frac{1}{3} \\ 0 & 0 & \frac{2}{3} \end{bmatrix}, \quad D=\begin{bmatrix} 4 & 0 & 0 \\ 0 & 6 & 0 \\ 0 & 0 & 3 \end{bmatrix}$$

3. 행렬 A의 한 고유값 $\lambda \neq 0$에 대응하는 고유벡터를 u라 할 때 u가 A^{-1}의 고유벡터임을 보이고 대응하는 고유값을 구하여라.

4. 각 행의 원소의 합이 1인 3×3행렬에서 $\lambda=1$이 고유값임을 보이고 고유벡터를 구하여라.

5. 다음 행렬의 특성방정식을 찾고 고유값과 고유벡터를 구하여라.

$$A=\begin{bmatrix} 0 & 0 & 1 & 0 \\ 0 & 1 & 0 & 0 \\ 0 & 0 & 0 & 1 \\ 1 & 0 & 0 & 0 \end{bmatrix}$$

6. 다음 행렬 A의 고유값과 고유벡터를 구하고, 크기 1인 벡터 x에 대한 Ax를 그려라.

$$\begin{bmatrix} 2 & \sqrt{5} \\ \sqrt{5} & -2 \end{bmatrix}$$

7. Li(1955, p.107)

유전자형이 g_0, g_1, g_2의 세 군으로 분류되는 유전 문제에서 유전자형 g_i에서 나온 자손의 유전자형이 g_j일 전이확률행렬 P가

$$P=\begin{bmatrix} 1 & \frac{1}{4} & \frac{1}{18} \\ 0 & \frac{1}{2} & \frac{4}{9} \\ 0 & \frac{1}{4} & \frac{1}{2} \end{bmatrix}$$

일 때, $\lim_{k\to\infty} P^k$을 구하여라.

8. 예제 4.2.3의 각 행렬에 대한 고유값을 구하여라.

4.3 행렬의 표준형

임의의 행렬 A를 A와 동치인 행사다리꼴로 표현함으로써 A와 관련된 문제들을 간단히 해결하고 있음을 보아 왔다. 이 절에서는 행렬대수에서 대단히 유용한 행렬의 표준형(canonical form)에 대하여 논의하고자 한다.

동치표준형

$m\times n$ 행렬 A에 기본 행연산자 행렬들의 곱 P를 곱한 행렬 B=PA가 $m\times n$ 행사다리꼴 행렬일 때 B^t에 또 다른 기본 행연산자 행렬들의 곱 Q^t를 곱하여 Q^tB^t를

$$Q^tB^t = Q^t(PA)^t = \begin{bmatrix} D_r & O \\ O & O \end{bmatrix}$$

와 같은 형태로 만들 수 있다. 여기서 D_r은 계수가 r인 대각행렬을 나타낸다. 이 Q^tB^t의 전치행렬을 구해보면

$$(Q^tB^t)^t = BQ = PAQ = \begin{bmatrix} D_r & O \\ O & O \end{bmatrix}$$

이 된다. 이 때, 행렬 PAQ를 행렬 A의 **대각형**(diagonal form)이라 부른다. 예컨대,

$$A=\begin{bmatrix} 1 & 2 & 1 & -1 & 1 \\ 5 & 9 & 6 & -7 & 2 \\ 3 & 5 & 2 & -2 & 1 \\ 4 & 6 & 2 & -5 & 1 \end{bmatrix},\quad P=\begin{bmatrix} 1 & 0 & 0 & 0 \\ -5 & 1 & 0 & 0 \\ 2 & -1 & 1 & 0 \\ 2 & 0 & -2 & 1 \end{bmatrix},\quad Q=\begin{bmatrix} 1 & -2 & -3 & \frac{1}{2} & -\frac{17}{3} \\ 0 & 1 & 1 & -\frac{1}{2} & \frac{11}{3} \\ 0 & 0 & 1 & \frac{3}{2} & -1 \\ 0 & 0 & 0 & 1 & -\frac{1}{3} \\ 0 & 0 & 0 & 0 & -1 \end{bmatrix}$$

일 때

$$PA=\begin{bmatrix} 1 & 2 & 1 & -1 & 1 \\ 0 & -1 & 1 & -2 & -3 \\ 0 & 0 & -2 & 3 & 1 \\ 0 & 0 & 0 & -3 & 1 \end{bmatrix},\quad PAQ=\begin{bmatrix} 1 & 0 & 0 & 0 & 0 \\ 0 & -1 & 0 & 0 & 0 \\ 0 & 0 & -2 & 0 & 0 \\ 0 & 0 & 0 & -3 & 0 \end{bmatrix}$$

이므로 PAQ는 A의 대각형이다.

PAQ가 A의 대각형이면 PAQ의 앞에 행연산자 행렬 $E_{ii}^{(\lambda)}$등을 곱하여 D_r을 I_r로 바꿀 수 있다. 앞에서 예로 든 행렬을 보면

$$\begin{bmatrix} 1 & 0 & 0 & 0 \\ 0 & -1 & 0 & 0 \\ 0 & 0 & -\frac{1}{2} & 0 \\ 0 & 0 & 0 & -\frac{1}{3} \end{bmatrix} PAQ = \begin{bmatrix} 1 & 0 & 0 & 0 & 0 \\ 0 & 1 & 0 & 0 & 0 \\ 0 & 0 & 1 & 0 & 0 \\ 0 & 0 & 0 & 1 & 0 \end{bmatrix}$$

임을 알 수 있다.

정의 4.3.1 동치표준형(equivalent canonical form)

계수가 r인 행렬 A에 대하여

$$PAQ = \begin{bmatrix} I_r & O \\ O & O \end{bmatrix}$$

이면 PAQ를 A에 대한 동치표준형이라 한다.

정의 4.3.1의 PAQ에서 P는 통상적으로 A에 행연산을 하기 위한 행연산자 행렬들의 곱으로 구할 수 있고, Q는 PA의 전치행렬에 행연산을 하기 위한 행연산자 행렬들의 곱의 전치행렬이 된다.

임의의 행렬 A에 대한 동치표준형은 항상 존재하고 P와 Q는 유일하지 않지만 그 존재성은 보장된다. 행렬 A가 정칙행렬이면 PAQ=I이므로 $A=P^{-1}Q^{-1}$가 된다. 따라서 모든 정칙행렬은 기본 행연산자 행렬들의 곱으로 나타낼 수 있다.

특별히 PAQ가 대칭행렬 A의 대각형이면 P와 Q는 서로 대칭인 행렬이 된다. 즉, $Q=P^t$이므로 PAP^t가 A의 동치표준형이다.

예제 4.3.1 다음과 같은 대칭행렬 A의 대각형 및 동치표준형을 구하여라.

$$A = \begin{bmatrix} 2 & 3 & -1 \\ 3 & 4 & 2 \\ -1 & 2 & 0 \end{bmatrix}$$

풀이

$$\frac{1}{2}\begin{bmatrix} 1 & 0 & 0 \\ 0 & 1 & 0 \\ 0 & 7 & 1 \end{bmatrix}\begin{bmatrix} 2 & 0 & 0 \\ -3 & 2 & 0 \\ 1 & 0 & 2 \end{bmatrix}\begin{bmatrix} 2 & 3 & -1 \\ 3 & 4 & 2 \\ -1 & 2 & 0 \end{bmatrix} = \frac{1}{2}\begin{bmatrix} 4 & 6 & -2 \\ 0 & -1 & 7 \\ 0 & 0 & 48 \end{bmatrix}$$

이므로

$$P=\frac{1}{2}\begin{bmatrix}1&0&0\\0&1&0\\0&7&1\end{bmatrix}\begin{bmatrix}2&0&0\\-3&2&0\\1&0&2\end{bmatrix}=\frac{1}{2}\begin{bmatrix}2&0&0\\-3&2&0\\-20&14&2\end{bmatrix}$$

라 하면

$$PAP^t=\frac{1}{4}\begin{bmatrix}2&0&0\\-3&2&0\\-20&14&2\end{bmatrix}\begin{bmatrix}2&3&-1\\3&4&2\\-1&2&0\end{bmatrix}\begin{bmatrix}2&-3&-20\\0&2&14\\0&0&2\end{bmatrix}$$

$$=\frac{1}{2}\begin{bmatrix}4&0&0\\0&-1&0\\0&0&48\end{bmatrix}=D$$

이다. 따라서 PAP^t와 $D^{-1}PAP^t$는 A의 대각형과 동치표준형이다. 여기서

$$D^{-1/2}=\begin{bmatrix}\frac{1}{\sqrt{2}}&0&0\\0&-\sqrt{2}i&0\\0&0&\frac{1}{\sqrt{24}}\end{bmatrix}$$

이라 하면

$$D^{-1/2}DD^{-1/2}=\begin{bmatrix}\frac{1}{\sqrt{2}}&0&0\\0&-\sqrt{2}i&0\\0&0&\frac{1}{\sqrt{24}}\end{bmatrix}\begin{bmatrix}2&0&0\\0&-\frac{1}{2}&0\\0&0&24\end{bmatrix}\begin{bmatrix}\frac{1}{\sqrt{2}}&0&0\\0&-\sqrt{2}i&0\\0&0&\frac{1}{\sqrt{24}}\end{bmatrix}=I$$

이므로 $R=D^{-1/2}P$로 두면 RAR^t는 A의 동치표준형이 된다.

합동표준형

계수가 r인 대칭행렬 A와 동치인 A의 대각형

$$PAP^t=\begin{bmatrix}D_r&O\\O&O\end{bmatrix}$$

에서 D_r의 대각원소를 $d_{11}, d_{22}, \cdots, d_{rr}$이라 할 때

$$d_{ii}^{-1/2}=\frac{1}{\sqrt{d_{ii}}},\quad i=1, 2, \cdots, r$$

을 대각원소로 하는 대각행렬을 $D_r^{-1/2}$이라 하면

$$D_r^{-1/2}D_rD_r^{-1/2}=I_r$$

이 된다. 따라서

$$\begin{bmatrix} D_r^{-1/2} & O \\ O & I \end{bmatrix} PAP^t \begin{bmatrix} D_r^{-1/2} & O \\ O & I \end{bmatrix} = \begin{bmatrix} I_r & O \\ O & I \end{bmatrix}$$

이므로

$$R = \begin{bmatrix} D_r^{-1/2} & O \\ O & I \end{bmatrix} P$$

라 하면 RAR^t는 A의 동치표준형인데, 이와 같은 특별한 동치표준형을 대칭행렬 A의 합동표준형이라 부른다.

정의 4.3.2 합동표준형(congruent canonical form)

계수가 r인 대칭행렬 A의 대각형이

$$PAP^t = \begin{bmatrix} D_r & O \\ O & O \end{bmatrix}$$

일 때

$$RAR^t = \left(\begin{bmatrix} D_r^{-1/2} & O \\ O & I \end{bmatrix} P \right) A \left(\begin{bmatrix} D_r^{-1/2} & O \\ O & I \end{bmatrix} P \right)^t = \begin{bmatrix} I_r & O \\ O & O \end{bmatrix}$$

를 A의 합동표준형이라 한다. 여기서 $D_r^{-1/2}$은 대각행렬 D_r의 대각원소를 d_{ii}라 할 때 $d_{ii}^{-1/2}$, $i=1, 2, \cdots, r$을 대각원소로 하는 대각행렬이다.

예제 4.3.2 다음과 같은 대칭행렬 A의 대각형 및 합동표준형을 구하여라.

$$A = \begin{bmatrix} 4 & 12 & 20 \\ 12 & 45 & 78 \\ 20 & 78 & 136 \end{bmatrix}$$

풀이

$$\begin{bmatrix} 1 & 0 & 0 \\ -3 & 1 & 0 \\ 1 & -2 & 1 \end{bmatrix} \begin{bmatrix} 4 & 12 & 20 \\ 12 & 45 & 78 \\ 20 & 78 & 136 \end{bmatrix} \begin{bmatrix} 1 & -3 & 1 \\ 0 & 1 & -2 \\ 0 & 0 & 1 \end{bmatrix} = \begin{bmatrix} 4 & 0 & 0 \\ 0 & 9 & 0 \\ 0 & 0 & 0 \end{bmatrix}$$

이다. 따라서

$$R = \begin{bmatrix} 2^{-1} & 0 & 0 \\ 0 & 3^{-1} & 0 \\ 0 & 0 & 1 \end{bmatrix} \begin{bmatrix} 1 & 0 & 0 \\ -3 & 1 & 0 \\ 1 & -2 & 1 \end{bmatrix}$$

이라 하면

$$\mathrm{RAR}^t = \begin{bmatrix} \mathrm{I}_2 & \mathbf{0} \\ 0 & 0 \end{bmatrix}$$

이므로 RAR^t은 A의 합동표준형이다.

유사표준형

행렬 A의 동치표준형이나 합동표준형은 쓸모 있는 표준형이지만 구하기가 번거롭고 유일하지도 않다. 따라서 유일하게 존재하는 고유치와 대응하는 고유벡터를 이용하여 동치표준형이나 합동표준형과 유사한 형태를 지니는 표준형을 생각하자. 이를 위하여 먼저 유사행렬을 정의하자.

정의 4.3.3 유사행렬(similar matrix)

n차 행렬 A와 B에 대하여 $\mathrm{P}^{-1}\mathrm{AP}=\mathrm{B}$를 만족하는 정칙행렬 P가 존재하면 A와 B는 유사하다고 하며 기호 $\mathrm{A} \sim \mathrm{B}$로 표기한다. 그리고 A와 B는 서로에 대한 유사행렬이라고 한다.

행렬 A와 B가 서로의 유사행렬이면 정의 4.3.3으로부터

$$\mathrm{A}=\mathrm{PBP}^{-1} \text{ 또는 } \mathrm{AP}=\mathrm{PB}$$

와 같이 쓸 수 있다. 유사행렬의 성질에 대해서는 참고문헌을 보기 바란다.

n차 행렬 A에 대하여 $\mathrm{P}^{-1}\mathrm{AP}$가 대각행렬이면 행렬 A의 **대각화**(diagonalization)가 가능하다. 따라서 바람직한 상황은 행렬 A가 어떤 대각행렬 D와 유사행렬이 되는 경우라 하겠다. 이제, n차 행렬 A의 고유값을 λ_i, 대응하는 고유벡터를 $\mathbf{u}_i$라 하면

$$\mathrm{A}\mathbf{u}_i=\lambda_i\mathbf{u}_i, \quad i=1, 2, \cdots, n$$

이 성립한다. 여기서 λ_k의 중복수를 m_k라 할 때

$$m_k=\mathrm{r}(\mathrm{A}-\lambda_k\mathrm{I})=\dim(E_{\lambda_k})$$

를 만족하는 고유값을 **정규고유값**(regular eigenvalue)이라 하고, 모든 고유값이 정규고유값이면 A를 **정규행렬**(regular matrix)이라 한다. A가 정규행렬이면 선형 독립인 n개의 고유벡터가 존재한다.

A가 정규행렬일 때 선형 독립인 n개의 고유벡터를 나열한 행렬을

$$U=[\mathbf{u}_1\ \mathbf{u}_2 \cdots \mathbf{u}_n]$$

라 하고, $\mathbf{u}_i$에 대응하는 고유값 λ_i가 대각원소인 대각행렬을

$$D=\begin{bmatrix} \lambda_1 & 0 & \cdots & 0 \\ 0 & \lambda_2 & \cdots & 0 \\ \vdots & \vdots & \ddots & \vdots \\ 0 & 0 & \cdots & \lambda_n \end{bmatrix}$$

이라 하면

$$AU=UD, \quad U^{-1}AU=D$$

가 된다. 즉, A는 $U^{-1}AU$의 형태로 대각화가 가능하다.

행렬 A가 결손행렬일 때는 선형 독립인 고유벡터가 n개 미만이므로 중복수가 m인 고유값에 대응하는 고유벡터를 m번 나열하여 만든 행렬을 U라 하고 U의 열벡터에 대응하는 고유값을 대각원소로 하는 대각행렬을 U라 하면 AU=UD이지만 U는 정칙행렬이 아니므로 A는 $U^{-1}AU$의 형태로 대각화할 수 없다.

정의 4.3.4 유사표준형(similar canonical form)

n차 행렬 A의 고유값 λ_i에 대응하는 고유벡터를 $\mathbf{u}_i$라 할 때

$$U=[\mathbf{u}_1\ \mathbf{u}_2 \cdots \mathbf{u}_n] \text{와 } D=diag\{\lambda_i\}$$

에 의하여 AU=UD를 만족하면 D를 A의 유사표준형이라 한다. 여기서 결손행렬 A의 중복고유값에 대하여는 중복수와 같은 개수의 고유벡터와 고유값을 나열하여 U와 D를 만든다.

예제 4.2.3에서 행렬 A의 고유값은 모두 단일고유값이므로

$$U=\begin{bmatrix} -2 & -2 & 1 \\ -1 & 1 & -3 \\ 2 & 4 & 13 \end{bmatrix}, \quad D=\begin{bmatrix} 3 & 0 & 0 \\ 0 & 1 & 0 \\ 0 & 0 & -4 \end{bmatrix}, \quad U^{-1}AU=D$$

이고, B의 고유값 중 $\lambda_1=1$이 중복수가 2인 고유값인데 r(A−I)=1이므로

$$U=\begin{bmatrix} 0 & -2 & 2 \\ 1 & 1 & -1 \\ -1 & 1 & 1 \end{bmatrix}, \ D=\begin{bmatrix} 1 & 0 & 0 \\ 0 & 1 & 0 \\ 0 & 0 & -1 \end{bmatrix}, \ U^{-1}BU=D$$

가 된다. 그러나 C에서는 $\lambda_1=1$이 중복수가 2인 고유값이지만 $r(A-I)=2$이므로 동일한 고유벡터를 중복해서 나열하여 U를 만들면

$$U=\begin{bmatrix} 3 & 1 & 1 \\ 2 & -1 & -1 \\ 8 & 1 & 1 \end{bmatrix}, \quad D=\begin{bmatrix} 6 & 0 & 0 \\ 0 & 1 & 0 \\ 0 & 0 & 1 \end{bmatrix}, \quad CU=UD$$

가 된다.

정규행렬 A의 유사표준형을 이용하면 A^k을 쉽게 구할 수 있다. 즉, $U^{-1}AU=D$로부터 $A=UDU^{-1}$이므로

$$A^2=(UDU^{-1})(UDU^{-1})=UD^2U^{-1}$$

이고, 일반적으로 양의 정수 k에 대하여

$$A^k=UD^kU^{-1}$$

이 된다. 또한, A가 정칙행렬이면

$$A^{-1}=UD^{-1}U^{-1}$$

이므로 음의 정수 k에 대하여도 $A^k=UD^kU^{-1}$이 성립함을 알 수 있다. 예제 4.2.3의 행렬 A와 B에 대하여 $k=-1, 1, 2$일 때의 A^k을 직접 계산하여 확인하여 보기 바란다.

예제 4.3.3 선형차분방정식(linear difference equation)

인구의 증가 상태, 생태계의 변화, 비행 물체의 레이더 추적 과정 등을 설명하기 위한 수학적 모형은 n차 정방행렬 A를 이용한 방정식

$$\mathbf{x}_k=A\mathbf{x}_{k-1}+\mathbf{d}, \quad k=1, 2, \cdots$$

의 형태로 표현되는 경우가 많다. 이런 방정식을 선형차분방정식이라 한다. 위의 식과 같은 모형을 만드는 목적 중의 하나는 $\mathbf{x}_1, \mathbf{x}_2, \cdots$의 양적 또는 질적 변화 상태를 알아보고자 하는 것이다. $\{\mathbf{x}_k\}$의 변화 상태는 A의 고유치와 고유벡터를 이용하여 분석할 수 있다. 문제는 제시된 차분방정식에서 A와 $\mathbf{x}_0$ 및 $\mathbf{d}$가 알려진 행렬과 벡터들일 때 $\mathbf{x}_k$의 값을 구하고자 하는 것이다. 주어진 차분방정식을 순차적으로 이용하면

$$\begin{aligned}\mathbf{x}_k &= A(A\mathbf{x}_{k-2}+\mathbf{d})+\mathbf{d} \\ &\vdots \\ &= A^k\mathbf{x}_0+(A^{k-1}+\cdots+A+I)\mathbf{d}\end{aligned}$$

가 된다. 그런데

$$\mathrm{I}-\mathrm{A}^k=(\mathrm{A}^{k-1}+\cdots+\mathrm{A}+\mathrm{I})(\mathrm{I}-\mathrm{A})$$

이고, $k\to\infty$ 일 때 $\mathrm{A}^k\to\mathrm{O}$으로 가정하면 $(\mathrm{I}-\mathrm{A})^{-1}$이 존재하므로

$$\mathbf{x}_k=\mathrm{A}^k\mathbf{x}_0+(\mathrm{I}-\mathrm{A}^k)(\mathrm{I}-\mathrm{A})^{-1}\mathbf{d}$$

가 된다. 따라서

$$\lim_{k\to\infty}\mathbf{x}_k=(\mathrm{I}-\mathrm{A})^{-1}\mathbf{d}$$

이다. 여기서 A^k은 유사표준형을 이용하여 쉽게 구할 수 있다.

예제 4.3.4 R^3에서 원점이 중심인 공을 z-축을 회전축으로 90° 회전시키면 회전축은 변하지 않으므로 회전축에 있는 벡터만이 유일한 고유벡터가 되고, 이 공 위의 한 점의 좌표 (x_0, y_0, z_0)는 90° 회전 후에 $(-y_0, x_0, z_0)$가 된다. 이와 같은 좌표변환은

$$\mathrm{A}\mathbf{x}=\begin{bmatrix}0 & -1 & 0\\ 1 & 0 & 0\\ 0 & 0 & 1\end{bmatrix}\begin{bmatrix}x_0\\ y_0\\ z_0\end{bmatrix}=\begin{bmatrix}-y_0\\ x_0\\ z_0\end{bmatrix}$$

로 나타낼 수 있다. A^2, A^3, A^4을 구하고 그 의미를 해석하여라.

풀이

행렬 A의 특성방정식

$$\begin{vmatrix}-\lambda & -1 & 0\\ 1 & -\lambda & 0\\ 0 & 0 & 1-\lambda\end{vmatrix}=(1-\lambda)(1+\lambda^2)=0$$

으로부터 A의 고유값은 $\lambda_1=1$, $\lambda_2=i$, $\lambda_3=-i$이고, 이들은 서로 다른 고유값이므로 각 고유값에 대응하는 하나의 고유벡터가 존재한다. $\lambda_1=1$에 대응하는 고유벡터는

$$\mathrm{A}-\mathrm{I}=\left[\begin{array}{ccc|c}-1 & -1 & 0 & 0\\ 1 & -1 & 0 & 0\\ 0 & 0 & 0 & 0\end{array}\right]\to\left[\begin{array}{ccc|c}-1 & -1 & 0 & 0\\ 0 & -2 & 0 & 0\\ 0 & 0 & 0 & 0\end{array}\right]\to\mathbf{u}_1=\begin{bmatrix}0\\ 0\\ 1\end{bmatrix}$$

인데, 이 고유벡터가 회전하지 않는 z-축에 해당된다. 그리고 $\lambda_2=i$일 때

$$\mathrm{A}-i\mathrm{I}=\left[\begin{array}{ccc|c}-i & -1 & 0 & 0\\ 1 & -i & 0 & 0\\ 0 & 0 & 1-i & 0\end{array}\right]\to\begin{cases}-iu_1-u_2=0\\ u_1-iu_2=0\\ (1-i)u_3=0\end{cases}$$

이므로 $\lambda_2=i$와 $\lambda_3=-i$에 대응하는 고유벡터는

$$\mathbf{u}_2=\begin{bmatrix}1\\-i\\0\end{bmatrix},\quad \mathbf{u}_3=\begin{bmatrix}1\\i\\0\end{bmatrix}$$

이 된다. 따라서

$$\mathrm{U}=\begin{bmatrix}0&-1&1\\0&-i&i\\0&0&0\end{bmatrix},\quad \mathrm{D}=\begin{bmatrix}1&0&0\\0&i&0\\0&0&-i\end{bmatrix}$$

라 하면 U가 정칙행렬이므로 $\mathrm{A}=\mathrm{UDU}^{-1}$가 된다. 여기서

$$\mathrm{A}^2=(\mathrm{UDU}^{-1})(\mathrm{UDU}^{-1})=\mathrm{UD}^2\mathrm{U}^{-1}$$

이므로 A^2와 A의 고유벡터와 같고 A^2의 각 고유값이 A의 고유값의 제곱임을 알 수 있는데, 이는 벡터 x를 90°씩 두 번 회전시킨 A(Ax)의 결과가 x를 방향만 180° 회전시킨 것임을 의미한다. 180° 회전의 고유값이

$$1^2=1,\quad i^2=-1,\quad (-1)^2=-1$$

로 -1이 중복되어 나타나는 것은 xy-평면의 제1사분면이 제3사분면으로 뒤바뀌고 있음을 보여주는 것이다. 그러므로 $\mathrm{A}^3\mathbf{x}$는 x의 270° 회전을, $\mathrm{A}^4\mathbf{x}$는 x의 360° 회전을 의미하고, $i^4=1$이므로 $\mathrm{D}^4=\mathrm{I}$가 되어 $\mathrm{A}^4\mathbf{x}=\mathbf{x}$가 된다. 따라서 360° 회전은 원래의 x가 되는 항등사상이다.

연습문제 4.3

1. 다음 각 행렬의 합동표준형과 유사표준형을 구하여라.

(1) $\mathrm{A}_1=\begin{bmatrix}1&4&1\\2&1&0\\-1&3&1\end{bmatrix}$ (2) $\mathrm{A}_2=\begin{bmatrix}2&-2&3\\10&-4&5\\5&-4&6\end{bmatrix}$ (3) $\mathrm{A}_3=\begin{bmatrix}9&15&3\\6&10&2\\3&5&1\end{bmatrix}$

(4) $\mathrm{B}_1=\begin{bmatrix}-9&2&6\\2&-9&6\\6&6&7\end{bmatrix}$ (5) $\mathrm{B}_2=\begin{bmatrix}1&-1&0\\-1&2&-1\\0&-1&1\end{bmatrix}$ (6) $\mathrm{B}_3=\begin{bmatrix}-1&-2&1\\-2&2&-2\\1&-2&-1\end{bmatrix}$

2. 행렬 A의 고유값이 0과 1이고 각 고유값에 대응하는 고유벡터가 $\begin{bmatrix}1\\2\end{bmatrix}$와 $\begin{bmatrix}1\\-2\end{bmatrix}$일 때

(1) A가 대칭행렬임을 보여라.

(2) A의 대각합과 행렬식을 구하여라.

(3) A를 구하여라.

3. 다음 행렬 A에 대하여 A^n을 구하여라.

$$A=\begin{bmatrix}1 & 0\\ 2 & 3\end{bmatrix}$$

4. 다음 각 행렬에 대하여 물음에 답하여라.

$$A=\begin{bmatrix}1 & 0 & 0\\ a & 1 & 0\\ b & c & 1\end{bmatrix},\quad B=\begin{bmatrix}1 & 0 & 0\\ u & v & 0\\ x & y & z\end{bmatrix}$$

(1) 행렬 A의 역행렬을 구하고, 이를 이용하여 행렬 B를 UDU^{-1}의 형태로 나타내어라.

(2) 행렬 B에서

$$u=v=\frac{1}{2},\quad x=z=\frac{1}{2}-\alpha(1-\alpha),\quad y=2\alpha(1-\alpha)$$

라 할 때 B^k을 구하여라.

5. 다음과 같은 선형 차분방정식

$$y_t=\alpha y_{t-1}+\beta y_{t-2}+\gamma y_{t-1}+\delta$$

에서 α, β, γ, δ와 초기값 y_0, y_1, y_2는 알려져 있다고 한다.

$$z_1=y_0,\quad z_t=y_{t-1},\quad w_t=z_{t-1}=y_{t-2},\quad t=2, 3, \cdots$$

이라 할 때 차분방정식을 행렬로 나타내고 예제 4.3.3을 이용하여 해를 구하여라.

6. 청록색맹은 유전자 X 염색체에만 있는 열성 유전인자이다. 즉, 남자의 성염색체는 XY이므로 색맹 유전인자를 가지면 모두 색맹이 되지만 여자의 성염색체는 XX이기 때문에 두 X 염색체 모두에 색맹 유전인자가 있는 경우에만 색맹이 발현된다. 따라서 색맹인 남자의 비율을 $p_1^{(0)}$, 색맹인자를 지닌 여자의 비율을 $p_2^{(0)}$라 하면 다음 세대에서 색맹인 남자의 비율 $p_1^{(1)}$은 $p_2^{(0)}$와 같고 여자가 색맹일 비율은 $p_1^{(0)}$와 $p_2^{(0)}$의 평균이 된다. 즉,

$$p_1^{(1)}=p_2^{(0)},$$
$$p_2^{(1)}=\frac{1}{2}p_1^{(0)}+\frac{1}{2}p_2^{(0)}$$

이다. 무한히 많은 세대가 지나간 후에 남자와 여자의 색맹일 비율을 구하여라.

7. 매년 진주 밖에 사는 사람의 10%가 진주로 들어오고, 진주에 사는 사람의 20%가 진주를 떠난다고 할 때 마코프 과정을 가정하고 인구분포의 정상상태를 구하여라.

제5장

행렬의 대각화

5.1 QR-분해

직교투영

유클리드 공간 $\mathbb{R}^n$의 표준기저 $\{\mathbf{e}_1, \mathbf{e}_2, \cdots, \mathbf{e}_n\}$은

$$^\forall i \neq j,\ \mathbf{e}_i^t \mathbf{e}_j = 0, \quad i, j = 1, 2, \cdots, n$$

인 표준단위벡터들로 구성되어 있다. 이런 개념을 일반화하여 보자. $\mathbb{R}^n$에 속하는 벡터들의 집합을 $\{\mathbf{v}_1, \mathbf{v}_2, \cdots, \mathbf{v}_k\}$라 할 때

$$^\forall i \neq j,\ \mathbf{v}_i^t \mathbf{v}_j = 0,\ i, j = 1, 2, \cdots, k$$

이면 $\{\mathbf{v}_1, \mathbf{v}_2, \cdots, \mathbf{v}_k\}$를 **직교집합**(orthogonal set)이라 한다.

$\mathbb{R}^n$에 속하는 영벡터가 아닌 벡터들의 직교집합을 $\{\mathbf{v}_1, \mathbf{v}_2, \cdots, \mathbf{v}_k\}$라 할 때

$$c_1\mathbf{v}_1 + c_2\mathbf{v}_2 + \cdots + c_k\mathbf{v}_k = \mathbf{0}$$

을 만족하는 스칼라를 $c_1, c_2, \cdots, c_k$라 하면 $i = 1, 2, \cdots, k$에 대하여

$$\begin{aligned} \mathbf{0} = \mathbf{0} \cdot \mathbf{v}_i &= (c_1\mathbf{v}_1 + \cdots + c_i\mathbf{v}_i + \cdots c_k\mathbf{v}_k) \cdot \mathbf{v}_i \\ &= c_1\mathbf{v}_1^t\mathbf{v}_i + \cdots + c_i\mathbf{v}_i^t\mathbf{v}_i + \cdots c_k\mathbf{v}_k^t\mathbf{v}_i \end{aligned}$$

가 된다. 그런데

$$^\forall i \neq j,\ \mathbf{v}_j^t \mathbf{v}_i = 0,\ j = 1, 2, \cdots, k$$

이므로 $c_i\mathbf{v}_i^t\mathbf{v}_i = 0$이 되어야 하지만 $\mathbf{v}_i^t\mathbf{v}_i \neq 0$이므로 $c_i = 0$이 되어야 한다. 따라서 모든 c_i들은 0이므로 직교집합에 속하는 벡터들은 선형 독립이다. 즉, 직교집합

$$B = \{\mathbf{v}_1, \mathbf{v}_2, \cdots, \mathbf{v}_k\}$$

는 $\mathbb{R}^n$의 부분공간 $\mathbf{W}$의 기저가 될 수 있는데 이런 기저를 **직교기저**(orthogonal bases)라 한다. 이제, $\mathbb{R}^n$의 부분공간 $\mathbf{W}$의 기저가 $\{\mathbf{x}_1, \mathbf{x}_2, \cdots, \mathbf{x}_k\}$일 때, $\mathbf{W}$의 직교기저를 구하는 방법에 대하여 알아보자. 먼저, 이에 필요한 몇 가지 개념을 소개한다..

어떤 평면에 속하는 모든 벡터에 대하여 직교하는 벡터를 **정규벡터**(normal vector)라 하는데 어떤 벡터에 대한 다른 벡터의 투영 개념은 부분공간에 대한 직교투영의 개념으로 확장할 수 있다.

정의 5.1.1 직교공간(直交空間, orthogonal complement)

$\mathbb{R}^n$의 부분공간을 W라 할 때 $\mathbb{R}^n$에 속하는 벡터 v가 W에 속하는 모든 벡터와 직교하면 v를 W에 직교하는 벡터라 하고, 기호 $\mathbf{W}^\perp$로 나타내는 W에 직교하는 모든 벡터들의 집합, 즉,

$$\mathbf{W}^\perp=\left\{\mathbf{v}\in\mathbb{R}^n \mid {}^\forall\mathbf{w}\in\mathbf{W},\ \mathbf{v}\cdot\mathbf{w}=0\right\}$$

을 W의 직교공간이라 한다.

$\mathbb{R}^n$의 두 부분공간을 **V**와 **W**라 할 때, **V**에 속하는 임의의 벡터 **v**와 **W**에 속하는 임의의 벡터 **w**가 직교하면, 즉, $\mathbf{v}^t\mathbf{w}=0$이면 공간 **V**와 **W**는 서로 직교한다고 말한다. 예컨대, **V**를 $\mathbf{v}_1=[1\ 0\ 0]^t$와 $\mathbf{v}_2=[1\ 1\ 0]^t$에 의하여 생성된 평면이라 하고 **W**를 $\mathbf{w}=[0\ 0\ 5]^t$에 의하여 생성된 직선이라 하면 **V**에 속하는 임의의 벡터 $c_1\mathbf{v}_1+c_2\mathbf{v}_2$와 **W**에 속하는 임의의 벡터 $d\mathbf{w}$에 대하여

$$(c_1\mathbf{v}_1+c_2\mathbf{v}_2)^t(d\mathbf{w})=c_1d\mathbf{v}_1^t\mathbf{w}+c_2d\mathbf{v}_2^t\mathbf{w}=0$$

이므로 평면 **V**와 직선 **W**는 직교한다.

다음과 같은 행렬

$$A=\begin{bmatrix}0&1&4&0\\0&2&8&0\end{bmatrix}$$

의 행사다리꼴은

$$R=\begin{bmatrix}0&1&4&0\\0&0&0&0\end{bmatrix}$$

이므로 $\mathbf{x}=[x_1\ x_2\ x_3\ x_4]^t$에 대하여 $R\mathbf{x}=\mathbf{0}$을 만족하는 벡터들이 A의 영공간 $\aleph(A)$의 기저가 된다. $R\mathbf{x}=\mathbf{0}$에서 $x_2+4x_3=0$이고 x_1과 x_4는 자유 변수이므로 자유 변수 중의 하나를 1, 다른 하나를 0으로 놓고 $R\mathbf{x}=\mathbf{0}$을 풀면

$$\mathbf{x}_1=\begin{bmatrix}1\\0\\0\\0\end{bmatrix},\quad \mathbf{x}_2=\begin{bmatrix}0\\-4\\1\\0\end{bmatrix},\quad \mathbf{x}_3=\begin{bmatrix}0\\0\\0\\1\end{bmatrix}$$

이 구해진다. 따라서

$$\aleph(A)=\text{span}(\mathbf{x}_1,\mathbf{x}_2,\mathbf{x}_3)$$

이다. 한편, A의 행공간 $\mathbf{R}(A)$는 $\mathbf{a}^t = [0\ 1\ 4\ 0]$에 의하여 생성되는 공간, 즉,

$$\mathbf{R}(A) = \text{span}(\mathbf{a}^t)$$

이고, $\mathbf{a}$와 $\mathbf{x}_1, \mathbf{x}_2, \mathbf{x}_3$와 직교한다. 따라서 3차원 영공간 $\aleph(A)$와 1차원 행공간 $\mathbf{R}(A)$는 직교한다. 또한, A의 열공간은

$$\mathbf{C}(A) = \text{span}\left(\begin{bmatrix} 1 \\ 2 \end{bmatrix}\right)$$

으로 1차원 공간이고, A^t의 영공간은

$$\aleph(A^t) = \text{span}\left(\begin{bmatrix} -2 \\ 1 \end{bmatrix}\right)$$

이므로 A^t의 영공간 $\aleph(A^t)$와 A의 열공간 $\mathbf{C}(A)$는 직교한다. 그런데, $\aleph(A)$는 $\mathbf{R}(A)$와 직교하며 행공간에 직교하는 모든 벡터들을 포함하고 있으므로 $\aleph(A) = [\mathbf{R}(A)]^\perp$이다.

일반적으로 임의의 $m \times n$행렬 A는 네 개의 부분공간 $\mathbf{R}(A)$, $\aleph(A)$, $\mathbf{C}(A)$, $\aleph(A^t)$를 가지고 있으며

$$\aleph(A) = [\mathbf{R}(A)]^\perp, \quad \aleph(A^t) = [\mathbf{C}(A)]^\perp$$

가 성립한다. 여기서 행렬 A는 영역이 $\mathbf{C}(A)$인 $\mathbb{R}^n$에서 $\mathbb{R}^m$으로의 선형변환 $A\mathbf{x}$를 정의하는 것인데, 더욱이 이 변환은 영공간 $\aleph(A)$를 $\mathbb{R}^m$에 있는 $\mathbf{0}$으로 보낸다. 즉, 임의의 벡터 $\mathbf{x}$는 $\mathbf{x}_r + \mathbf{x}_n$으로 나누어지는데 행렬 A는 $\mathbf{R}(A)$의 성분 $\mathbf{x}_r$을 $\mathbf{C}(A)$에 속하는 벡터 $A\mathbf{x}_r = A\mathbf{x}$로 보내고 $\aleph(A)$의 성분 $\mathbf{x}_n$은 $\mathbb{R}^m$에 있는 $\mathbf{0}$으로 보낸다. 이 때, 행공간을 열공간으로 보내는 변환은 가역적이다. 따라서 열공간에 속하는 임의의 벡터 $\mathbf{b}$는 언제나 행공간에 속하는 유일한 벡터 $\mathbf{x}_r$로부터 얻어진다. 다시 말하면, $\mathbf{b}$가 열공간에 속하

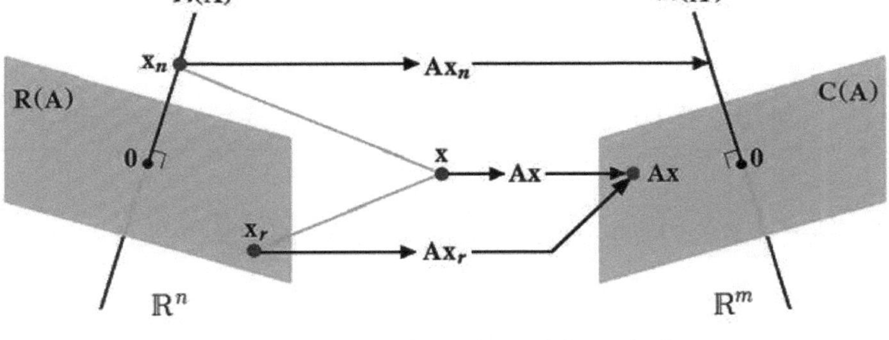

그림 5.1.1 행렬 A의 네 부분공간과 A의 기능

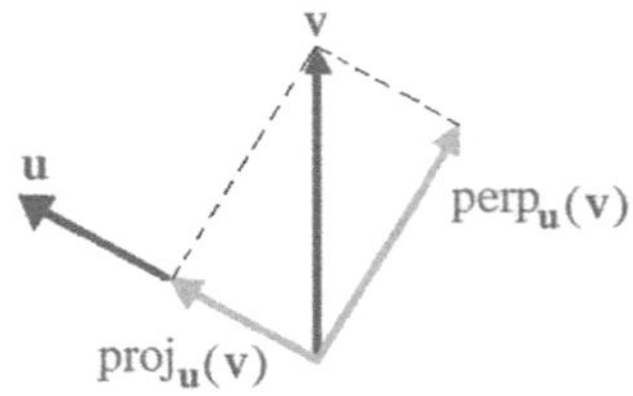

그림 5.1.2 $\mathbf{v}=\text{proj}_\mathbf{u}(\mathbf{v})+\text{perp}_\mathbf{u}(\mathbf{v})$

는 벡터일 때 연립방정식 $A\mathbf{x}=\mathbf{b}$의 해가 유일하게 존재한다. 앞쪽의 그림 5.1.1은 행렬 A의 기능을 개략적으로 도시한 것이다.

$\mathbb{R}^2$에서 벡터 $\mathbf{v}$의 $\mathbf{u}$에 대한 투영 $\text{proj}_\mathbf{u}(\mathbf{v})$는 $\text{perp}_\mathbf{u}(\mathbf{v})=\mathbf{v}-\text{proj}_\mathbf{u}(\mathbf{v})$와 직교하므로 $\mathbf{v}$는 그림 5.1.2와 같이

$$\mathbf{v}=\text{proj}_\mathbf{u}(\mathbf{v})+\text{perp}_\mathbf{u}(\mathbf{v})$$

로 분해할 수 있다. 여기서 $\mathbf{W}=\text{span}(\mathbf{u})$라 하면

$$\text{proj}_\mathbf{u}(\mathbf{v})\in\mathbf{W},\quad \text{perp}_\mathbf{u}(\mathbf{v})\in\mathbf{W}^\perp$$

이므로 $\mathbf{v}$는 $\mathbf{W}$에 속하는 벡터 $\text{proj}_\mathbf{u}(\mathbf{v})$와 $\mathbf{W}$에 직교하는 $\mathbf{W}^\perp$에 속하는 벡터 $\text{perp}_\mathbf{u}(\mathbf{v})$로 분해할 수 있다. 이 개념을 $\mathbb{R}^n$으로 확장한 것이 다음의 정의 5.1.2이다.

정의 5.1.2 직교투영(orthogonal projection)

$\mathbb{R}^n$의 부분공간 W의 직교기저를 $\{\mathbf{u}_1, \mathbf{u}_2, \cdots, \mathbf{u}_k\}$라 할 때 $\mathbb{R}^n$에 속하는 임의의 벡터 v에 대하여

$$\text{proj}_\mathbf{W}(\mathbf{v})=\text{proj}_{\mathbf{u}_1}(\mathbf{v})+\text{proj}_{\mathbf{u}_2}(\mathbf{v})+\cdots+\text{proj}_{\mathbf{u}_k}(\mathbf{v})$$

를 W에 대한 v의 직교투영이라 한다. 그리고 W에 직교하는 v의 성분은

$$\text{perp}_\mathbf{W}(\mathbf{v})=\mathbf{v}-\text{proj}_\mathbf{W}(\mathbf{v})$$

와 같은 벡터가 된다.

$\mathbb{R}^n$의 부분공간 $\mathbf{W}$의 기저가 $\{\mathbf{x}_1, \mathbf{x}_2, \cdots, \mathbf{x}_k\}$일 때, $\mathbf{v}_1=\mathbf{x}_1$으로 두고

$$\mathbf{v}_2=\text{perp}_{\mathbf{x}_1}(\mathbf{x}_2)=\mathbf{x}_2-\text{proj}_{\mathbf{x}_1}(\mathbf{x}_2)$$

라 하면 $\mathbf{v}_1$과 $\mathbf{v}_2$는 직교하고 선형독립이므로 $\{\mathbf{v}_1, \mathbf{v}_2\}$는 $\mathbf{W}_2=\text{span}(\mathbf{x}_1, \mathbf{x}_2)$의 직교기저가

된다. 마찬가지로

$$\mathbf{v}_3=\mathbf{x}_3-\left[\operatorname{proj}_{\mathbf{v}_1}(\mathbf{x}_3)+\operatorname{proj}_{\mathbf{v}_2}(\mathbf{x}_3)\right]$$

라 하면 $\{\mathbf{v}_1, \mathbf{v}_2, \mathbf{v}_3\}$는 $\mathbf{W}_3=\operatorname{span}(\mathbf{x}_1, \mathbf{x}_2, \mathbf{x}_3)$의 직교기저이다. 이를 일반화한 것이 다음의 정리 5.1.1이다. 정리 5.1.1은 수학적 귀납법으로 증명할 수 있다.

정리 5.1.1 Gram-Schmidt Process

$\mathbb{R}^n$의 부분공간 W의 기저를 $\{\mathbf{x}_1, \mathbf{x}_2, \cdots, \mathbf{x}_k\}$라 할 때, $\mathbf{v}_1=\mathbf{x}_1$으로 두고

$$\mathbf{v}_i=\mathbf{x}_i-\sum_{j=1}^{i-1}\left(\frac{\mathbf{v}_j\cdot\mathbf{x}_i}{\mathbf{v}_j\cdot\mathbf{v}_j}\right)\mathbf{v}_j,\quad i=2, 3, \cdots, k-1$$

이라 하면 $\{\mathbf{v}_1, \mathbf{v}_2, \cdots, \mathbf{v}_k\}$는 W의 직교기저가 된다.

예제 5.1.1 다음과 같은 벡터

$$\mathbf{x}_1=\begin{bmatrix}1\\2\\-2\\1\end{bmatrix},\quad \mathbf{x}_2=\begin{bmatrix}1\\1\\0\\2\end{bmatrix},\quad \mathbf{x}_3=\begin{bmatrix}3\\3\\2\\0\end{bmatrix}$$

를 기저로 하는 $\mathbb{R}^4$의 부분공간 W의 직교기저를 구하여라.

풀이

$\mathbf{v}_1=\mathbf{x}_1$이라 하고 $\mathbf{W}_1=\operatorname{span}(\mathbf{v}_1)$에 직교하는 $\mathbf{x}_2$의 성분을 구하면

$$\mathbf{v}=\mathbf{x}_2-\left(\frac{\mathbf{v}_1\cdot\mathbf{x}_2}{\mathbf{v}_1\cdot\mathbf{v}_1}\right)\mathbf{v}_1=\begin{bmatrix}1\\1\\0\\2\end{bmatrix}-\frac{5}{10}\begin{bmatrix}1\\2\\-2\\1\end{bmatrix}=\begin{bmatrix}\frac{1}{2}\\0\\1\\\frac{3}{2}\end{bmatrix}$$

인데, $\mathbf{v}_1$과 $2\mathbf{v}$가 직교하므로 $\mathbf{v}_2=2\mathbf{v}$로 두면

$$\mathbf{W}_2=\operatorname{span}(\mathbf{x}_1, \mathbf{x}_2)=\operatorname{span}(\mathbf{v}_1, \mathbf{v}_2)$$

이다. 따라서 $\mathbf{W}_2=\operatorname{span}(\mathbf{v}_1, \mathbf{v}_2)$에 직교하는 $\mathbf{x}_3$의 성분을 구하면

$$\mathbf{v}_2=\begin{bmatrix}1\\0\\2\\3\end{bmatrix},\quad \left(\frac{\mathbf{v}_1\cdot\mathbf{x}_3}{\mathbf{v}_1\cdot\mathbf{v}_1}\right)\mathbf{v}_1=\frac{5}{10}\begin{bmatrix}1\\2\\-2\\1\end{bmatrix},\quad \left(\frac{\mathbf{v}_2\cdot\mathbf{x}_3}{\mathbf{v}_2\cdot\mathbf{v}_2}\right)\mathbf{v}_2=\frac{7}{14}\begin{bmatrix}1\\0\\2\\3\end{bmatrix},$$

$$\mathbf{v}_3=\begin{bmatrix}3\\3\\2\\0\end{bmatrix}-\frac{1}{2}\begin{bmatrix}1\\2\\-2\\1\end{bmatrix}-\frac{1}{2}\begin{bmatrix}1\\0\\2\\3\end{bmatrix}=2\begin{bmatrix}1\\1\\1\\-1\end{bmatrix}$$

이므로

$$\left\{\begin{bmatrix}1\\2\\-2\\1\end{bmatrix},\begin{bmatrix}1\\0\\2\\3\end{bmatrix},\begin{bmatrix}1\\1\\1\\-1\end{bmatrix}\right\}$$

이 $\mathbb{R}^4$의 부분공간 W의 직교기저가 된다.

정리 5.1.1의 중요한 점은 특정한 벡터를 포함하는 직교기저를 만들어 낼 수 있다는 것이다. 예컨대, $\mathbf{v}=[1\ 1\ 1]^t$를 포함하는 $\mathbb{R}^3$의 직교기저를 구하여 보자. $\mathbb{R}^3$의 표준단위 벡터 $\mathbf{e}_1$과 $\mathbf{e}_2$가 포함된 집합 $\{\mathbf{v}, \mathbf{e}_1, \mathbf{e}_2\}$는 $\mathbb{R}^3$의 기저이다. 따라서 $\mathbf{v}_1=\mathbf{v}$라 하면

$$\mathbf{v}_2=\begin{bmatrix}1\\0\\0\end{bmatrix}-\frac{1}{3}\begin{bmatrix}1\\1\\1\end{bmatrix}=\frac{1}{3}\begin{bmatrix}2\\-1\\-1\end{bmatrix},$$

$$\mathbf{v}_3=\begin{bmatrix}0\\1\\0\end{bmatrix}-\frac{1}{3}\begin{bmatrix}1\\1\\1\end{bmatrix}+\frac{1}{6}\begin{bmatrix}2\\-1\\-1\end{bmatrix}=\frac{1}{2}\begin{bmatrix}0\\1\\-1\end{bmatrix}$$

이므로

$$\left\{\begin{bmatrix}1\\1\\1\end{bmatrix},\begin{bmatrix}2\\-1\\-1\end{bmatrix},\begin{bmatrix}0\\1\\-1\end{bmatrix}\right\}$$

는 $\mathbf{v}=[1\ 1\ 1]^t$를 포함하는 $\mathbb{R}^3$의 직교기저이다.

$B=\{\mathbf{v}_1, \mathbf{v}_2, \cdots, \mathbf{v}_k\}$를 $\mathbb{R}^n$의 부분공간 **W**의 직교기저라 하면 **W**에 속하는 벡터 **w**를 직교기저에 속하는 벡터들의 선형결합

$$\mathbf{w}=c_1\mathbf{v}_1+c_2\mathbf{v}_2+\cdots+c_k\mathbf{v}_k$$

으로 나타낼 수 있는 스칼라 $c_1, c_2, \cdots, c_k$는 유일하다. 그런데

$$\mathbf{w}\cdot\mathbf{v}_i=(c_1\mathbf{v}_1+\cdots+c_i\mathbf{v}_i+\cdots+c_k\mathbf{v}_k)\cdot\mathbf{v}_i=c_i\mathbf{v}_i\cdot\mathbf{v}_i$$

이므로

$$c_i = \frac{\mathbf{w}\cdot\mathbf{v}_i}{\mathbf{v}_i\cdot\mathbf{v}_i} = \frac{1}{\|\mathbf{v}_i\|^2}(\mathbf{w}\cdot\mathbf{v}_i), \quad i=1, 2, \cdots, k$$

가 된다. 여기서

$$\mathbf{u}_i = \frac{1}{\|\mathbf{v}_i\|}\mathbf{v}_i, \quad i=1, 2, \cdots, k$$

이라 하면, $Q=\{\mathbf{u}_1, \mathbf{u}_2, \cdots, \mathbf{u}_k\}$는 크기가 1인 단위벡터들로 구성된 직교기저가 되고

$$d_i = \frac{\mathbf{w}\cdot\mathbf{u}_i}{\mathbf{u}_i\cdot\mathbf{u}_i} = \mathbf{w}\cdot\mathbf{u}_i = \mathbf{w}\cdot\frac{\mathbf{v}_i}{\|\mathbf{v}_i\|}\frac{\|\mathbf{v}_i\|}{\|\mathbf{v}_i\|} = c_i\|\mathbf{v}_i\|, \quad i=1, 2, \cdots, k$$

이므로 $\mathbf{w}$는 Q에 속하는 단위벡터들의 선형결합

$$\mathbf{w} = d_1\mathbf{u}_1 + d_2\mathbf{u}_2 + \cdots + d_k\mathbf{u}_k$$

로 표현된다.

정의 5.1.3 정규직교기저(orthonormal basis)

크기가 1인 단위벡터 $\mathbf{q}_i$들로 구성된 직교집합 $Q=\{\mathbf{q}_1, \mathbf{q}_2, \cdots, \mathbf{q}_k\}$를 정규직교집합(orthonormal set)이라 하고, Q가 $\mathbf{R}^n$의 부분공간 $\mathbf{W}$의 기저이면 Q를 정규직교기저라 한다.

$Q=\{\mathbf{q}_1, \mathbf{q}_2, \cdots, \mathbf{q}_k\}$가 정규직교집합이면

$$\mathbf{q}_i\cdot\mathbf{q}_j = \begin{cases} 1, & i=j \\ 0, & i\neq j \end{cases}$$

임을 유념해 두기 바란다. 다음과 같은 세 벡터

$$\mathbf{v}_1 = \begin{bmatrix} 0 \\ 1 \\ -1 \end{bmatrix}, \ \mathbf{v}_2 = \begin{bmatrix} -1 \\ 1 \\ 1 \end{bmatrix}, \ \mathbf{v}_3 = \begin{bmatrix} 2 \\ 1 \\ 1 \end{bmatrix}$$

를 보면

$$\mathbf{v}_1\cdot\mathbf{v}_2 = 0, \quad \mathbf{v}_2\cdot\mathbf{v}_3 = 0, \quad \mathbf{v}_1\cdot\mathbf{v}_3 = 0$$

이므로 $\{\mathbf{v}_1, \mathbf{v}_2, \mathbf{v}_3\}$는 직교집합이다. 여기서

$$\mathbf{q}_1=\begin{bmatrix} 0 \\ \frac{1}{\sqrt{2}} \\ -\frac{1}{\sqrt{2}} \end{bmatrix}, \quad \mathbf{q}_2=\begin{bmatrix} -\frac{1}{\sqrt{3}} \\ \frac{1}{\sqrt{3}} \\ \frac{1}{\sqrt{3}} \end{bmatrix}, \quad \mathbf{q}_3=\begin{bmatrix} \frac{2}{\sqrt{6}} \\ \frac{1}{\sqrt{6}} \\ \frac{1}{\sqrt{6}} \end{bmatrix}$$

이라 하면 $Q_3=\{\mathbf{q}_1, \mathbf{q}_2, \mathbf{q}_3\}$는 정규직교집합이고, 또한, $\mathbb{R}^3$의 정규직교기저가 된다.

$Q=\{\mathbf{q}_1, \mathbf{q}_2, \cdots, \mathbf{q}_k\}$가 $\mathbb{R}^n$의 부분공간 $\mathbf{W}$의 정규직교기저이면 $\mathbf{W}$에 속하는 벡터 $\mathbf{w}$는

$$\mathbf{w}=(\mathbf{w}\cdot\mathbf{q}_1)\mathbf{q}_1+(\mathbf{w}\cdot\mathbf{q}_2)\mathbf{q}_2+\cdots+(\mathbf{w}\cdot\mathbf{q}_k)\mathbf{q}_k$$

와 같은 선형결합으로 유일하게 표현된다. 앞의 예에서 $\mathbf{w}=[1\ 2\ 3]^t$는

$$\mathbf{w}=-\frac{1}{\sqrt{2}}\mathbf{q}_1+\frac{4}{\sqrt{3}}\mathbf{q}_2+\frac{7}{\sqrt{6}}\mathbf{q}_3$$

이므로 $\mathbf{w}$를 Q_3가 기저인 좌표로 나타내면 다음과 같다.

$$[\mathbf{w}]_{Q_3}=\begin{bmatrix} -\frac{1}{\sqrt{2}} \\ \frac{4}{\sqrt{3}} \\ \frac{7}{\sqrt{3}} \end{bmatrix}.$$

QR-분해

$m\times n$행렬 A의 열벡터 $\mathbf{a}_1, \mathbf{a}_2, \cdots, \mathbf{a}_n$이 선형 독립이면 Gram-Schmidt process(정리 5.1.1)를 이용하여 꽤 유용한 A의 한 인수분해를 유도할 수 있다.

$m\geq n$일 때, 정리 5.1.1을 이용하면 선형 독립인 A의 열벡터 $\mathbf{a}_1, \mathbf{a}_2, \cdots, \mathbf{a}_n$들로부터 직교집합 $\{\mathbf{v}_1, \mathbf{v}_2, \cdots, \mathbf{v}_n\}$을 구할 수 있고

$$\mathbf{W}_i=\mathrm{span}(\mathbf{a}_1, \mathbf{a}_2, \cdots, \mathbf{a}_i)=\mathrm{span}(\mathbf{v}_1, \mathbf{v}_2, \cdots, \mathbf{v}_i), \quad i=1, 2, \cdots, n$$

이 된다. 여기서

$$\mathbf{q}_i=\frac{1}{\|\mathbf{v}_i\|}\mathbf{v}_i, \quad i=1, 2, \cdots, n$$

이라 하면 $\{\mathbf{q}_1, \mathbf{q}_2, \cdots, \mathbf{q}_n\}$은 정규직교집합이고

$$\mathrm{span}(\mathbf{a}_1, \mathbf{a}_2, \cdots, \mathbf{a}_i)=\mathrm{span}(\mathbf{v}_1, \mathbf{v}_2, \cdots, \mathbf{v}_i)=\mathrm{span}(\mathbf{q}_1, \mathbf{q}_2, \cdots, \mathbf{q}_i)$$

가 된다. 따라서

$$\mathbf{a}_i=r_{1i}\mathbf{q}_1+r_{2i}\mathbf{q}_2+\cdots+r_{ii}\mathbf{q}_i, \quad i=1, 2, \cdots, n$$

를 만족하는 스칼라 $r_{i1}, r_{i2}, \cdots, r_{ii}$가 존재한다. 즉,

$$\mathbf{a}_1 = r_{11}\mathbf{q}_1$$
$$\mathbf{a}_2 = r_{12}\mathbf{q}_1 + r_{22}\mathbf{q}_2$$
$$\vdots$$
$$\mathbf{a}_n = r_{1n}\mathbf{q}_1 + r_{2n}\mathbf{q}_2 + \cdots + r_{nn}\mathbf{q}_n$$

인데, 이것을 행렬의 형태로 나타내면

$$\mathrm{A} = [\mathbf{a}_1\ \mathbf{a}_2\ \cdots\ \mathbf{a}_n] = [\mathbf{q}_1\ \mathbf{q}_2\ \cdots\ \mathbf{q}_n]\begin{bmatrix} r_{11} & r_{12} & \cdots & r_{1n} \\ 0 & r_{22} & \cdots & r_{2n} \\ \vdots & \mathbf{0} & \ddots & \vdots \\ 0 & 0 & \mathbf{0} & r_{nn} \end{bmatrix} = \mathrm{QR}$$

이 된다. 여기서 Q는 정규직교 열벡터들로 이루어진 행렬이고 R은 대각원소가 모두 0이 아닌 상삼각행렬임을 알 수 있다.

정리 5.1.2 *QR*-분해

선형 독립인 열벡터들로 구성된 $m \times n$ 행렬 A는 정규직교 열벡터들로 구성된 $m \times n$ 행렬 Q와 역행렬이 존재하는 상삼각행렬 R의 곱, 즉, A=QR로 인수분해할 수 있다. 이를 A의 *QR*-분해라 한다.

QR-분해에서 상삼각행렬 R의 대각원소가 음수일 때, 예컨대, $r_{ii} < 0$이면 $\mathbf{q}_i$를 $-\mathbf{q}_i$로 교체하면 r_{ii}는 양수 $-r_{ii}$로 바뀐다. 따라서 r_{ii}는 모두 양수로 가정할 수 있다.

예제 5.1.2 예제 5.1.1에 주어진 벡터로 구성된 행렬

$$\mathrm{A} = \begin{bmatrix} 1 & 1 & 3 \\ 2 & 1 & 3 \\ -2 & 0 & 2 \\ 1 & 2 & 0 \end{bmatrix}$$

의 *QR*-분해를 구하여라.

풀이

예제 5.1.1에서 Gram-Schmidt Process를 이용하여 구한 직교벡터

$$\mathbf{v}_1=\begin{bmatrix}1\\2\\-2\\1\end{bmatrix},\quad \mathbf{v}_2=\begin{bmatrix}1\\0\\2\\3\end{bmatrix},\quad \mathbf{v}_3=\begin{bmatrix}1\\1\\1\\-1\end{bmatrix}$$

를 정규화하면

$$\mathbf{q}_1=\frac{1}{\sqrt{10}}\begin{bmatrix}1\\2\\-2\\1\end{bmatrix},\quad \mathbf{q}_2=\frac{1}{\sqrt{14}}\begin{bmatrix}1\\0\\2\\3\end{bmatrix},\quad \mathbf{q}_3=\frac{1}{2}\begin{bmatrix}1\\1\\1\\-1\end{bmatrix}$$

은 정규직교벡터들이므로

$$\mathrm{Q}=\begin{bmatrix}\frac{1}{\sqrt{10}} & \frac{1}{\sqrt{14}} & \frac{1}{2}\\ \frac{2}{\sqrt{10}} & 0 & \frac{1}{2}\\ -\frac{2}{\sqrt{10}} & \frac{2}{\sqrt{14}} & \frac{1}{2}\\ \frac{1}{\sqrt{10}} & \frac{3}{\sqrt{14}} & -\frac{1}{2}\end{bmatrix}$$

이 된다. 그리고 상삼각행렬 R에 대하여 A=QR이고 $\mathrm{Q}^t\mathrm{Q}=\mathrm{I}$이므로

$$\mathrm{R}=\mathrm{Q}^t\mathrm{A}=\begin{bmatrix}\frac{1}{\sqrt{10}} & \frac{2}{\sqrt{10}} & -\frac{2}{\sqrt{10}} & \frac{1}{\sqrt{10}}\\ \frac{1}{\sqrt{14}} & 0 & \frac{2}{\sqrt{14}} & \frac{3}{\sqrt{14}}\\ \frac{1}{2} & \frac{1}{2} & \frac{1}{2} & -\frac{1}{2}\end{bmatrix}\begin{bmatrix}1 & 1 & 3\\ 2 & 1 & 3\\ -2 & 0 & 2\\ 1 & 2 & 0\end{bmatrix}=\begin{bmatrix}\sqrt{10} & \frac{5}{\sqrt{10}} & \frac{5}{\sqrt{10}}\\ 0 & \frac{7}{\sqrt{14}} & \frac{7}{\sqrt{14}}\\ 0 & 0 & 4\end{bmatrix}$$

이다.

QR-분해는 선형 독립이 아닌 열벡터들로 구성된 임의의 행렬에 대한 것으로 확장할 수 있다. 임의의 벡터 $\mathbf{x}=[x_1\ x_2\ \cdots\ x_n]^t\neq\mathbf{0}$에 대하여 $h_1, h_2, \cdots, h_n$을

$$\lambda=\|\mathbf{x}\|,\qquad \begin{cases} h_1=\sqrt{\dfrac{1}{2}\left(1-\dfrac{x_1}{\lambda}\right)}\\ h_i=-\dfrac{x_i}{2\lambda h_1},\ i=2,3,\cdots,n\end{cases}$$

으로 정의하면

$$h_1^2=\frac{\lambda-x_1}{2\lambda},\quad h_i^2=\frac{x_i^2}{4\lambda^2h_1^2}=\frac{x_i^2}{2\lambda(\lambda-x_1)},\ i=2,3,\cdots,n$$

이 된다. 여기서 $h_1, h_2, \cdots, h_n$을 원소로 하는 벡터를 $\mathbf{h}$라 하면

$$\|\mathbf{h}\|^2 = \frac{\lambda - x_1}{2\lambda} + \sum_{i=2}^{n} \frac{x_i^2}{2\lambda(\lambda - x_1)} = \frac{\lambda - x_1}{2\lambda} + \frac{1}{2\lambda(\lambda - x_1)}\left(\sum_{i=1}^{n} x_i^2 - x_1^2\right)$$
$$= \frac{\lambda - x_1}{2\lambda} + \frac{\lambda^2 - x_1^2}{2\lambda(\lambda - x_1)}$$
$$= \frac{\lambda - x_1}{2\lambda} + \frac{\lambda + x_1}{2\lambda} = 1$$

이다. 따라서 $\|\mathbf{h}\|=1$이므로 $\mathbf{h}$는 단위벡터이다. 이제, 행렬 H를

$$\mathrm{H} = \mathrm{I} - 2\mathbf{h}\mathbf{h}^t$$

로 정의하면

$$\mathrm{H}^t = (\mathrm{I} - 2\mathbf{h}\mathbf{h}^t)^t = \mathrm{I} - 2(\mathbf{h}^t)^t\mathbf{h}^t = \mathrm{I} - 2\mathbf{h}\mathbf{h}^t = \mathrm{H}$$

이므로 H는 대칭행렬이고,

$$\mathrm{H}^t\mathrm{H} = \mathrm{H}\mathrm{H}^t = (\mathrm{I} - 2\mathbf{h}\mathbf{h}^t)(\mathrm{I} - 2\mathbf{h}\mathbf{h}^t) = \mathrm{I}$$

이므로(연습문제 5.1.6) H는 직교행렬이다. 즉, H는 직교대칭행렬이다. 한편,

$$h_1\lambda + \mathbf{h}^t\mathbf{x} = 0$$

임을 보일 수 있다(연습문제 5.1.6). 이 식을 이용하면 $\mathbf{h}^t\mathbf{x} = -h_1\lambda$이므로

$$\mathrm{H}\mathbf{x} = (\mathrm{I} - 2\mathbf{h}\mathbf{h}^t)\mathbf{x} = \mathbf{x} + 2\lambda h_1\mathbf{h}$$

이고

$$\mathrm{H}\mathbf{x} = \mathbf{x} + 2\lambda h_1\mathbf{h} = \begin{bmatrix} x_1 \\ x_2 \\ \vdots \\ x_n \end{bmatrix} + 2\lambda \begin{bmatrix} h_1^2 \\ h_1h_2 \\ \vdots \\ h_1h_n \end{bmatrix} = \begin{bmatrix} x_1 \\ x_2 \\ \vdots \\ x_n \end{bmatrix} + \begin{bmatrix} \lambda - x_1 \\ -x_2 \\ \vdots \\ -x_n \end{bmatrix} = \begin{bmatrix} \lambda \\ 0 \\ \vdots \\ 0 \end{bmatrix}$$

이 된다. 이와 같이 정의된 행렬 H를 **하우스홀더**(Householder) **행렬**이라 한다.

앞에서 정의한 단위벡터 $\mathbf{h}$를 이용하여 만든 하우스홀더 행렬을 H라 하면 span($\mathbf{h}$)에 속하는 벡터 $\mathbf{v}$, 즉, $\mathbf{v} = c\mathbf{h}(\neq \mathbf{0})$에 대하여는

$$\mathrm{H}\mathbf{v} = (\mathrm{I} - 2\mathbf{h}\mathbf{h}^t)\mathbf{v} = c\mathbf{h} - 2c\mathbf{h}\mathbf{h}^t\mathbf{h} = -\mathbf{v}$$

가 되고, $\mathbf{h}$와 직교하는 벡터 $\mathbf{v}$에 대해서는 $\mathbf{h}^t\mathbf{v} = 0$이므로

$$\mathrm{H}\mathbf{v} = (\mathrm{I} - 2\mathbf{h}\mathbf{h}^t)\mathbf{v} = \mathbf{v} - 2\mathbf{h}\mathbf{h}^t\mathbf{v} = \mathbf{v}$$

가 된다.

변형된 *QR*-분해

$m\times n$ 행렬 A의 첫 번째 열을 $\mathbf{a}_1$이라 하고

$$\mathrm{b}=\begin{bmatrix}\lambda_1\\0\\\vdots\\0\end{bmatrix},\quad \lambda=\|\mathbf{a}_1\|$$

이라 하면 $\mathbf{a}_1$의 단위벡터에 의한 하우스홀더 행렬 H_1은 $\mathrm{H}_1\mathbf{a}_1=\mathrm{b}$를 만족하는 행렬이고

$$\mathrm{H}_1\mathrm{A}=\begin{bmatrix}\lambda_1 & *\\ \mathbf{0} & \mathrm{A}_1\end{bmatrix}$$

의 형태가 된다. $(m-1)\times(n-1)$행렬 A_1에 같은 작업을 반복하여

$$\mathrm{HA}=\begin{bmatrix}\lambda_2 & *\\ \mathbf{0} & \mathrm{A}_2\end{bmatrix}$$

가 되는 하우스홀더 행렬 H를 구한 다음

$$\mathrm{H}_2=\begin{bmatrix}1 & \mathbf{0}\\ \mathbf{0} & \mathrm{H}\end{bmatrix}$$

라 하면 H_2는 직교행렬이고 $\mathrm{H}_2\mathrm{H}_1\mathrm{A}$는

$$\mathrm{H}_2\mathrm{H}_1\mathrm{A}=\begin{bmatrix}\lambda_1 & * & *\\ 0 & \lambda_2 & *\\ \mathbf{0} & \mathbf{0} & \mathrm{A}_2\end{bmatrix}$$

와 같은 형태의 행렬이 된다. 이상과 같은 과정을 계속하면

$$\mathrm{H}_{m-1}\cdots\mathrm{H}_2\mathrm{H}_1\mathrm{A}=\mathrm{R}$$

이 되는 직교행렬 $\mathrm{H}_1,\mathrm{H}_2,\cdots,\mathrm{H}_{m-1}$을 구할 수 있다. 여기서 R은 $i>j$일 때 $r_{ij}\neq 0$인 행사다리꼴인데, $\mathrm{Q}=\mathrm{H}_1\mathrm{H}_2\cdots\mathrm{H}_{m-1}$이라 하면 $\mathrm{A}=\mathrm{QR}$이고 이를 **변형된 *QR*-분해**라 한다.

예제 5.1.3 다음과 같은 행렬

$$\mathrm{A}=\begin{bmatrix}1 & 3 & 3 & 2\\ 2 & -4 & 1 & 1\\ 2 & -5 & -1 & -2\end{bmatrix}$$

의 *QR*-분해를 구하여라.

풀이

A의 첫 번째 열벡터 a_1의 크기는 $\lambda_1 = \|a_1\| = 3$이고, $h_1 = [h_1\ h_2\ h_3]^t$의 각 원소는

$$h_1 = \sqrt{\frac{1}{2}\left(1-\frac{1}{3}\right)} = \frac{1}{\sqrt{3}}, \quad h_2 = h_3 = -\frac{2}{2}\frac{\sqrt{3}}{3} = -\frac{1}{\sqrt{3}}$$

이다. 따라서 h_1에 의한 하우스홀더 행렬 H_1은

$$H_1 = I - 2h_1h^t = I - 2\begin{bmatrix} \frac{1}{\sqrt{3}} \\ -\frac{1}{\sqrt{3}} \\ -\frac{1}{\sqrt{3}} \end{bmatrix}\begin{bmatrix} \frac{1}{\sqrt{3}} & -\frac{1}{\sqrt{3}} & -\frac{1}{\sqrt{3}} \end{bmatrix} = \begin{bmatrix} \frac{1}{3} & \frac{2}{3} & \frac{2}{3} \\ \frac{2}{3} & \frac{1}{3} & -\frac{2}{3} \\ \frac{2}{3} & -\frac{2}{3} & \frac{1}{3} \end{bmatrix}$$

이고

$$H_1A = \begin{bmatrix} \frac{1}{3} & \frac{2}{3} & \frac{2}{3} \\ \frac{2}{3} & \frac{1}{3} & -\frac{2}{3} \\ \frac{2}{3} & -\frac{2}{3} & \frac{1}{3} \end{bmatrix}\begin{bmatrix} 1 & 3 & 3 & 2 \\ 2 & -4 & 1 & 1 \\ 2 & -5 & -1 & -2 \end{bmatrix} = \begin{bmatrix} 3 & -5 & 1 & 0 \\ 0 & 4 & 3 & 3 \\ 0 & 3 & 1 & 0 \end{bmatrix}$$

이다. 같은 방법으로 행렬

$$A_1 = \begin{bmatrix} 4 & 3 & 3 \\ 3 & 1 & 0 \end{bmatrix}$$

의 첫 번째 열벡터에 대한 단위벡터 h와 h를 이용한 하우스홀더 행렬 H를 구하면

$$h = \begin{bmatrix} \frac{1}{\sqrt{10}} \\ -\frac{3}{\sqrt{10}} \end{bmatrix}, \quad H = \begin{bmatrix} \frac{4}{5} & \frac{3}{5} \\ \frac{3}{5} & -\frac{4}{5} \end{bmatrix}$$

이므로 Q와 R은 다음과 같이 구해진다.

$$H_2 = \begin{bmatrix} 1 & 0 & 0 \\ 0 & \frac{4}{5} & \frac{3}{5} \\ 0 & \frac{3}{5} & -\frac{4}{5} \end{bmatrix},$$

$$R = H_2H_1A = \begin{bmatrix} 3 & -5 & 1 & 0 \\ 0 & 5 & 3 & \frac{12}{5} \\ 0 & 0 & 1 & \frac{9}{5} \end{bmatrix}, \quad Q = H_1H_2 = \begin{bmatrix} \frac{5}{15} & \frac{14}{15} & -\frac{2}{15} \\ \frac{10}{15} & -\frac{2}{15} & \frac{11}{15} \\ \frac{10}{15} & -\frac{5}{15} & -\frac{10}{15} \end{bmatrix}$$

연습문제 5.1

1. 다음 행렬 A의 네 부분공간을 구하여라.

$$A=\begin{bmatrix} 1 & 1 & 3 \\ 2 & 1 & 3 \\ -2 & 0 & 2 \\ 1 & 2 & 0 \end{bmatrix}$$

2. $\mathbf{v}=[1\ 1\ 1\ 1]^t$를 포함하는 $\mathbb{R}^4$의 정규직교기저를 구하여라.

3. 다음 각 행렬의 QR-분해를 구하여라.

$$A=\begin{bmatrix} 1 & 0 & -1 & 1 \\ 0 & 2 & 2 & 2 \\ -1 & 4 & 5 & 3 \end{bmatrix},\quad B=\begin{bmatrix} 2 & 3 & 1 & -1 \\ 5 & 8 & 0 & 1 \\ 1 & 2 & -2 & 3 \end{bmatrix}$$

4. 다음 행렬

$$A=\begin{bmatrix} 1 & -3 & 88 \\ 2 & 4 & 1 \\ 2 & 5 & 0 \end{bmatrix}$$

에 대하여

(1) $\mathbf{x}_1=[1\ \ 1\ \ 1]^t$에 대한 하우스홀더 행렬 H_1과 H_1A를 구하여라.

(2) $\mathbf{x}_2=[3\ \ 4]^t$에 대한 하우스홀더 행렬 H_2^*를 구하여라.

(3) $H_2H_1A=\begin{bmatrix} 1 & 0 \\ 0 & H_2^* \end{bmatrix}H_1A$를 구하여라.

5. 하우스홀더 행렬을 이용하여 다음 각 행렬의 QR-분해를 구하여라.

$$A=\begin{bmatrix} 1 & 2 & 3 & 0 \\ 4 & 1 & 2 & 3 \\ 0 & 0 & 2 & 1 \\ 0 & 1 & 3 & 2 \end{bmatrix},\quad B=\begin{bmatrix} 2 & 1 & 1 & 2 \\ 3 & 4 & 0 & 1 \\ 0 & -3 & 1 & 1 \\ 0 & 4 & 2 & 3 \end{bmatrix},\quad C=\begin{bmatrix} 1 & 2 & 4 & 2 \\ 3 & 3 & -4 & 2 \\ 0 & 3 & 1 & -1 \\ 0 & -4 & -2 & 8 \end{bmatrix}$$

6. 하우스홀더 행렬 $H=I-2\mathbf{h}\mathbf{h}^t$, $\mathbf{h}^t\mathbf{h}=1$에서

(1) $H^tH=HH^t=I$임을 보여라.

(2) $h_1\lambda+\mathbf{h}^t\mathbf{x}=0$임을 보여라.

5.2 대칭행렬의 대각화

직교행렬

정규직교벡터들로 이루어진 행렬의 성질을 살펴보자. 예컨대,

$$\mathbf{q}_1 = \begin{bmatrix} 0 \\ \frac{1}{\sqrt{2}} \\ -\frac{1}{\sqrt{2}} \end{bmatrix}, \quad \mathbf{q}_2 = \begin{bmatrix} -\frac{1}{\sqrt{3}} \\ \frac{1}{\sqrt{3}} \\ \frac{1}{\sqrt{3}} \end{bmatrix}, \quad \mathbf{q}_3 = \begin{bmatrix} \frac{2}{\sqrt{6}} \\ \frac{1}{\sqrt{6}} \\ \frac{1}{\sqrt{6}} \end{bmatrix}$$

로 이루어진 행렬을 $Q_3 = [\mathbf{q}_1\ \mathbf{q}_2\ \mathbf{q}_3]$ 이라 하면

$$Q_3^t Q_3 = \begin{bmatrix} \mathbf{q}_1^t \\ \mathbf{q}_2^t \\ \mathbf{q}_3^t \end{bmatrix} [\mathbf{q}_1\ \ \mathbf{q}_2\ \ \mathbf{q}_3] = I_3$$

임을 알 수 있다. 즉, Q_3는 직교행렬이다. 4.1절에서 직교행렬의 성질을 이용하여 직교행렬을 정의하였는데, 직교행렬에 대한 보다 일반적인 정의는 다음과 같다.

정의 5.2.1 직교행렬(orthonormal matrix)

$n \times n$ 행렬 Q의 열벡터들의 집합이 정규직교집합이면 Q를 직교행렬이라 한다.

행렬 Q가 직교행렬이면 Q의 행벡터들도 정규직교벡터들이고

$$Q^t Q = QQ^t = I$$

이므로 Q의 역행렬은 Q^t가 된다. 따라서

$$(Q^{-1})^t Q^{-1} = (Q^t)^t Q^t = QQ^t = I$$

이므로 Q^{-1}도 직교행렬이다. 그리고

$$1 = |I| = |Q^t Q| = |Q^t||Q| = |Q|^2$$

이므로 $|Q| = \pm 1$이 된다. 한편, $\mathbb{R}^n$에 속하는 벡터를 $\mathbf{x}$와 $\mathbf{y}$라 할 때 선형변환 $Q\mathbf{x}$와 $Q\mathbf{y}$는 직교변환이므로 $\|Q\mathbf{x}\| = \|\mathbf{x}\|$이고,

$$(Q\mathbf{x})\cdot(Q\mathbf{y})=(Q\mathbf{x})^t(Q\mathbf{y})=\mathbf{x}^tQ^tQ\mathbf{y}=\mathbf{x}^t\mathbf{y}=\mathbf{x}\cdot\mathbf{y}$$

이 된다. 또한, Q의 고유값 λ에 대응하는 고유벡터를 $\mathbf{u}$라 하면

$$\|\mathbf{u}\|=\|Q\mathbf{u}\|=\|\lambda\mathbf{u}\|=|\lambda|\|\mathbf{u}\|$$

가 되고, $\mathbf{u}\neq\mathbf{0}$이므로 $|\lambda|=1$이 된다. 다음의 정리 5.2.1은 직교행렬의 성질에 대한 것이다. 정리 5.2.1의 4.에 대한 증명은 연습문제로 남긴다.

정리 5.2.1 직교행렬의 성질

직교행렬 Q에 대하여 다음이 성립한다.

1. Q^{-1}**은 직교행렬이다.**
2. $|Q|=\pm1$.
3. **Q의 고유값을 λ라 할 때 $|\lambda|=1$이다.**
4. Q_1**과** Q_2**가 직교행렬이면** Q_1Q_2**도 직교행렬이다.**

통계학에서 자주 이용되는 실수대칭행렬의 고유값과 고유벡터는 다른 행렬에 비하여 대단히 유용한 성질을 가지고 있으며 이 절에서 다루게 될 이차형식에서도 중요한 역할을 한다. 먼저, 직교 대각화에 대하여 정의하자.

정의 5.2.2 직교유사표준형(orthogonal similar canonical form)

정방행렬 A에 대하여 $Q^tAQ=D$를 만족하는 직교행렬 Q와 대각행렬 D가 존재하면 A는 직교 대각화가 가능하다고 하며 $Q^tAQ=D$를 A의 직교유사표준형이라 한다.

정방행렬 A의 직교 대각화가 가능하면 $Q^tAQ=D$를 만족하는 직교행렬 Q와 대각행렬 D가 존재하고, $Q^{-1}=Q^t$, $Q^tQ=I$이다. 따라서

$$QDQ^t=Q(Q^tAQ)Q^t=IAI=A$$

이고

$$A^t=(QDQ^t)^t=(Q^t)^tD^tQ^t=QDQ^t=A$$

이므로 A는 대칭행렬이다. 즉, 직교 대각화가 가능한 모든 행렬은 대칭행렬이다. 그러나 모든 정방행렬에 대하여 직교 대각화가 가능한 것은 아니다. 다음의 정리 5.2.2는 실수 대칭행렬에 관한 성질들인데 증명은 독자의 몫으로 남긴다.

정리 5.2.2 실수 대칭행렬의 성질

n차 실수 대칭행렬 A에 대하여 다음이 성립한다.

1. **A의 모든 고유값들은 실수이다.**
2. **A의 서로 다른 고유값에 대응하는 고유벡터들은 서로 직교한다.**
3. **A의 모든 고유값 λ_k의 중복수를 m_k라 할 때 $r(A-\lambda_k I)=n-m_k$이다.**
4. **A의 계수는 A의 0이 아닌 고유값들의 개수와 같다.**

스펙트럴 분해

n차 실수 행렬 A가 대칭행렬이면 A의 직교대각화가 가능하고 그 역도 성립한다. 이를 **스펙트럴 정리**(Spectral Theorem)라 하는데, 스펙트럴 정리에 대한 증명은 독자의 몫으로 남긴다.

n차 실수대칭행렬 A의 서로 다른 고유값들을 $\lambda_1, \lambda_2, \cdots, \lambda_n$이라 하고 각 고유치에 대응하는 고유벡터를 $\mathbf{u}_1, \mathbf{u}_2, \cdots, \mathbf{u}_n$이라 하면 정리 5.2.2에 의하여 $\mathbf{u}_i$들은 서로 직교하는 벡터들이다. 따라서

$$\mathbf{q}_i=\frac{1}{\|\mathbf{u}_i\|}\mathbf{u}_i, \quad i=1, 2, \cdots, n$$

이라 하면 $\mathbf{q}_i$들은 정규직교벡터들이다. 여기서

$$Q=[\mathbf{q}_1\ \mathbf{q}_2\ \cdots\ \mathbf{q}_n], \quad D=\begin{bmatrix} \lambda_1 & 0 & \cdots & 0 \\ 0 & \lambda_2 & \cdots & 0 \\ \vdots & \vdots & \ddots & \vdots \\ 0 & 0 & \cdots & \lambda_n \end{bmatrix}$$

이라 하면 Q는 직교행렬이고

$$Q^tAQ=D$$

이다. 따라서

$$A=QDQ^t=[\mathbf{q}_1\ \mathbf{q}_2\ \cdots\ \mathbf{q}_n]\begin{bmatrix}\lambda_1 & 0 & \cdots & 0\\ 0 & \lambda_2 & \cdots & 0\\ \vdots & \vdots & \ddots & \vdots\\ 0 & 0 & \cdots & \lambda_n\end{bmatrix}\begin{bmatrix}\mathbf{q}_1^t\\ \mathbf{q}_2^t\\ \vdots\\ \mathbf{q}_n^t\end{bmatrix}$$

$$=\lambda_1\mathbf{q}_1\mathbf{q}_1^t+\lambda_2\mathbf{q}_2\mathbf{q}_2^t+\cdots+\lambda_n\mathbf{q}_n\mathbf{q}_n^t$$

이 된다. 이 식을 행렬 A의 **스펙트럴 분해**(spectral decomposition)이라 한다.

예제 5.2.1 다음 행렬의 직교유사표준형과 스펙트럴 분해를 구하여라.

$$A=\begin{bmatrix}1&2&2\\2&1&2\\2&2&1\end{bmatrix}$$

풀이

A의 특성방정식은

$$(\lambda-5)(\lambda+1)^2=0$$

이므로 고유값은 $\lambda_1=5$와 중복수가 2인 $\lambda_2=-1$이다. 각 고유값에 대응하는 고유벡터는

$$\lambda_1=5\ \rightarrow\ A-5I=\begin{bmatrix}-4&2&2\\2&-4&2\\2&2&-4\end{bmatrix}\ \rightarrow\ \begin{bmatrix}-4&2&2\\0&-3&3\\0&0&0\end{bmatrix}\ \Rightarrow\ \mathbf{u}_1=\begin{bmatrix}1\\1\\1\end{bmatrix}$$

$$\lambda_2=-1\ \rightarrow\ A+I=\begin{bmatrix}2&2&2\\2&2&2\\2&2&2\end{bmatrix}\ \rightarrow\ \begin{bmatrix}2&2&2\\0&0&0\\0&0&0\end{bmatrix}\ \Rightarrow\ \mathbf{u}_2=\begin{bmatrix}0\\-1\\1\end{bmatrix},\ \mathbf{u}_3=\begin{bmatrix}-2\\1\\1\end{bmatrix}$$

이 된다. 따라서

$$\mathbf{q}_1=\frac{1}{\sqrt{3}}\begin{bmatrix}1\\1\\1\end{bmatrix},\quad \mathbf{q}_2=\frac{1}{\sqrt{2}}\begin{bmatrix}0\\-1\\1\end{bmatrix},\quad \mathbf{q}_3=\frac{1}{\sqrt{6}}\begin{bmatrix}-2\\1\\1\end{bmatrix}$$

으로 이루어진 행렬과 고유값을 대각원소로 하는 대각행렬을

$$Q=\begin{bmatrix}\frac{1}{\sqrt{3}} & 0 & -\frac{2}{\sqrt{6}}\\ \frac{1}{\sqrt{3}} & -\frac{1}{\sqrt{2}} & \frac{1}{\sqrt{6}}\\ \frac{1}{\sqrt{3}} & \frac{1}{\sqrt{2}} & \frac{1}{\sqrt{6}}\end{bmatrix},\quad D=\begin{bmatrix}5&0&0\\0&-1&0\\0&0&-1\end{bmatrix}$$

이라 하면 Q는 직교행렬이고 $Q^tAQ=D$가 A의 직교유사표준형이다. 그리고 A의 스펙트럴 분해는 다음과 같이 구해진다.

$$A=\lambda_1 \mathbf{q}_1\mathbf{q}_1^t+\lambda_2\mathbf{q}_2\mathbf{q}_2^t+\lambda_3\mathbf{q}_n\mathbf{q}_3^t$$

$$=\frac{5}{3}\begin{bmatrix}1&1&1\\1&1&1\\1&1&1\end{bmatrix}-\frac{1}{2}\begin{bmatrix}0&0&0\\0&1&-1\\0&1&-1\end{bmatrix}-\frac{1}{6}\begin{bmatrix}4&-2&-2\\-2&1&1\\-2&1&1\end{bmatrix}.$$

중복 고유값에 대응하는 고유벡터들이 서로 직교하는 벡터가 아닐 때는 정리 5.2.1을 이용하여 서로 직교하는 고유벡터를 구하여 스펙트럴 분해를 해야 한다. 예컨대, 대칭행렬 A의 단일 고유값 λ_1에 대응하는 고유벡터를 $\mathbf{u}_1$, 중복수가 2인 중복 고유값 λ_2에 대응하는 고유벡터를 $\mathbf{u}_2, \mathbf{u}_3$라 할 때 $\mathbf{u}_2, \mathbf{u}_3$는 $\mathbf{u}_1$과 직교하지만 $\mathbf{u}_2$와 $\mathbf{u}_3$는 직교하지 않을 수 있다. 이와 같은 경우에는 정리 5.2.1을 이용하여 $\mathbf{u}_2, \mathbf{u}_3$에 직교하는 고유벡터 $\mathbf{v}$를 구하고 $\mathbf{u}_1$, $\mathbf{u}_2$, $\mathbf{v}$로부터 정규직교벡터를 구하여 스펙트럴 분해를 해야 한다.

예제 5.2.2 **대칭행렬 A의 단일 고유값 $\lambda_1=4$에 대한 고유벡터가**

$$\mathbf{u}_1=[1\ 1\ 1]^t$$

이고 중복수가 2인 중복 고유값 $\lambda_2=1$에 대한 고유벡터가

$$\mathbf{u}_2=[-1\ 0\ 1]^t,\quad \mathbf{u}_3=[-1\ 1\ 0]^t$$

일 때 행렬 A를 구하여라.

풀이

정리 5.2.1에 따라 $\mathbf{u}_3$를 이용하여 $\mathbf{u}_2$에 직교하는 벡터를 구하면

$$\mathbf{v}=\mathbf{u}_3-\frac{1}{2}\mathbf{u}_2=\frac{1}{2}\begin{bmatrix}-1\\2\\-1\end{bmatrix}$$

이 된다. 따라서

$$\mathbf{q}_1=\frac{1}{\sqrt{3}}\mathbf{u}_1,\quad \mathbf{q}_2=\frac{1}{\sqrt{2}}\mathbf{u}_2,\quad \mathbf{q}_3=\frac{2}{\sqrt{6}}\mathbf{v}$$

는 정규직교벡터들이고

$$\mathbf{q}_1\mathbf{q}_1^t=\frac{1}{3}\begin{bmatrix}1\\1\\1\end{bmatrix}[1\ 1\ 1]=\frac{1}{3}\begin{bmatrix}1&1&1\\1&1&1\\1&1&1\end{bmatrix},$$

$$\mathbf{q}_2\mathbf{q}_2^t=\frac{1}{2}\begin{bmatrix}-1\\0\\1\end{bmatrix}[-1\ 0\ 1]=\frac{1}{2}\begin{bmatrix}1&0&-1\\0&0&0\\-1&0&1\end{bmatrix},$$

$$\mathbf{q}_3\mathbf{q}_3^t=\frac{1}{6}\begin{bmatrix}-1\\2\\-1\end{bmatrix}[-1\ 2\ -1]=\frac{1}{6}\begin{bmatrix}1&-2&1\\-2&4&-2\\1&-2&1\end{bmatrix}$$

이므로 A는 다음과 같이 구해진다.

$$\mathrm{A}=\frac{4}{3}\begin{bmatrix}1&1&1\\1&1&1\\1&1&1\end{bmatrix}+\frac{1}{2}\begin{bmatrix}1&0&-1\\0&0&0\\-1&0&1\end{bmatrix}+\frac{1}{6}\begin{bmatrix}1&-2&1\\-2&4&-2\\1&-2&1\end{bmatrix}=\begin{bmatrix}2&1&1\\1&2&1\\1&1&2\end{bmatrix}$$

이차형식

2.2절에서 관측치에 대한 편차의 제곱합은 중심화 행렬 C_n을 이용하여

$$\sum_{i=1}^{n}(x_i-\bar{x})^2=\mathbf{x}^t\left(\mathrm{I}_n-\frac{1}{n}\mathrm{J}_n\right)\mathbf{x}=\mathbf{x}^t\mathrm{C}_n\mathbf{x}$$

와 같이 쓸 수 있음을 보였다. 이 제곱합은 $\mathrm{C}_n=[c_{ij}]$와 $\mathbf{x}=[x_1\ x_2\ \cdots\ x_n]^t$에 대하여

$$\mathbf{x}^t\mathrm{C}_n\mathbf{x}=\sum_{i=1}^{n}c_{ii}x_i^2+\sum_{i\neq j}^{n}(c_{ij}+c_{ji})x_ix_j$$

가 된다. 이와 같이 행벡터 $\mathbf{x}^t$와 임의의 행렬 A 및 열벡터 $\mathbf{x}$의 곱 $\mathbf{x}^t\mathrm{A}\mathbf{x}$는 x_ix_j들의 합으로 전개된다. 이런 이유로 $\mathbf{x}^t\mathrm{A}\mathbf{x}$를 **이차형식**(quadratic form)이라 부른다.

다음과 같은 이차형식

$$\mathbf{x}^t\mathrm{A}\mathbf{x}=[x_1\ x_2\ x_3]\begin{bmatrix}1&2&5\\4&5&6\\3&-2&7\end{bmatrix}\begin{bmatrix}x_1\\x_2\\x_3\end{bmatrix}$$

을 전개하면

$$\mathbf{x}^t\mathrm{A}\mathbf{x}=x_1^2+5x_2^2+7x_3^2+(2+4)x_1x_2+(3+5)x_1x_3+(6-2)x_2x_3$$

으로 x_1, x_2, x_3,에 대한 이차함수이다. 여기서 위와 같은 이차형식의 전개과정을 보면

x_1^2**의 계수**$=a_{11}=1$, x_2^2**의 계수**$=a_{22}=5$, x_3^2**의 계수**$=a_{33}=7$,

x_1x_2**의 계수**$=(a_{12}+a_{21})=(2+4)=6$,

x_1x_3**의 계수**$=(a_{13}+a_{31})=(3+5)=8$,

$$x_2x_3\text{의 계수}=(a_{23}+a_{32})=(6-2)=4$$

임을 알 수 있다. 이러한 사실은 일반적으로 성립한다. 즉, $\mathrm{A}=[a_{ij}]$가 n차 정방행렬이고 $\mathbf{x}=[x_1\ x_2\ \cdots\ x_n]^t$이 n차 벡터일 때 x_i^2의 계수는 a_{ii}이고 x_ix_j의 계수는 $(a_{ij}+a_{ji})$가 된다. 그런데 주어진 이차식을 $\mathbf{x}$의 이차형식 $\mathbf{x}^t\mathrm{A}\mathbf{x}$로 나타낼 수 있는 정방행렬 A는 유일하지 않다. 왜냐하면, x_i^2의 계수를 대각원소로 하고 x_ix_j의 계수를 c_{ij}라 할 때

$$a_{ij}+a_{ji}=c_{ij},\quad i\neq j$$

인 a_{ij}와 a_{ji}를 비대각원소로 하는 정방행렬 A는 무수히 많기 때문이다. 그러나

$$a_{ij}+a_{ji}=c_{ij},\ a_{ij}=a_{ji},\quad i\neq j$$

를 만족하는 비대각 원소는

$$a_{ij}=a_{ji}=\tfrac{1}{2}c_{ij},\quad i\neq j$$

로 유일하고 이 행렬 A는 대칭행렬이다. 즉, 어떤 주어진 이차식을 이차형식 $\mathbf{x}^t\mathrm{A}\mathbf{x}$로 표현할 수 있는 대칭행렬 A는 유일하다. A가 대칭행렬이 아닐 때는

$$\mathrm{B}=\frac{1}{2}(\mathrm{A}+\mathrm{A}^t)$$

이 대칭행렬이므로 $\mathbf{x}^t\mathrm{A}\mathbf{x}$를 $\mathbf{x}^t\mathrm{B}\mathbf{x}$로 고쳐 쓰면 대칭행렬에 의한 이차형식이 된다.

정의 5.2.3 이차형식

n차 대칭행렬 A와 $\mathbb{R}^n$에 속하는 벡터 $\mathbf{x}$에 대하여

$$f(\mathbf{x})=\mathbf{x}^t\mathrm{A}\mathbf{x}$$

로 정의되는 $\mathbf{x}$의 함수 $f:\mathbb{R}^n\to\mathbb{R}$을 $\mathbf{x}$에 대한 이차형식이라 한다.

이차형식 $f(\mathbf{x})=\mathbf{x}^t\mathrm{A}\mathbf{x}$의 연관행렬 A는 대칭행렬이므로 $\mathrm{A}=\mathrm{QDQ}^t$를 만족하는 A의 고유벡터로 만든 직교행렬 Q와 A의 고유값을 대각원소로 하는 대각행렬 D가 존재한다. 따라서 $\mathbf{y}=\mathrm{Q}\mathbf{x}$라 하면 $\mathbf{x}=\mathrm{Q}^t\mathbf{y}$이므로

$$\mathbf{x}^t\mathrm{A}\mathbf{x}=(\mathrm{Q}^t\mathbf{y})^t(\mathrm{Q}^t\mathrm{DQ})(\mathrm{Q}^t\mathbf{y})=\mathbf{y}^t\mathrm{D}\mathbf{y}$$

가 된다. 여기서 $\mathbf{y}^t=[y_1\ y_2\ \cdots\ y_n]$이라 하면

$$\mathbf{y}^t\mathrm{D}\mathbf{y}=\sum_{i=1}^{n}\lambda_i y_i^2$$

이므로 $\mathbf{y}^t\mathrm{D}\mathbf{y}$는 y_i^2만의 식으로 표현되는 이차형식이다. 이와 같은 이차형식을 $\mathbf{x}^t\mathrm{A}\mathbf{x}$의 표준형 또는 대각화 이차형식이라 부른다.

예제 5.2.3 **다음과 같은 이차형식의 표준형을 구하여라.**

$$\mathbf{x}^t\mathrm{A}\mathbf{x}=3x_1^2+2x_2^2-2\sqrt{2}\,x_1x_2$$

풀이

주어진 이차형식의 연관행렬 A는

$$\mathrm{A}=\begin{bmatrix}3 & -\sqrt{2}\\ -\sqrt{2} & 2\end{bmatrix}$$

가 된다. 따라서 A의 특성방정식은

$$(\lambda-4)(\lambda-1)=0$$

이므로 A의 고유값은 $\lambda_1=4$와 $\lambda_2=1$이고, 대응하는 고유벡터는

$$\mathbf{u}_1=\begin{bmatrix}-2\\ \sqrt{2}\end{bmatrix},\quad \mathbf{u}_2=\begin{bmatrix}\sqrt{2}\\ 2\end{bmatrix}$$

가 된다. 고유벡터에 대한 정규직교벡터는

$$\mathbf{q}_1=\begin{bmatrix}-\frac{\sqrt{2}}{\sqrt{3}}\\ \frac{1}{\sqrt{3}}\end{bmatrix},\quad \mathbf{q}_2=\begin{bmatrix}\frac{1}{\sqrt{3}}\\ \frac{\sqrt{2}}{\sqrt{3}}\end{bmatrix}$$

이므로

$$\mathbf{y}=\begin{bmatrix}y_1\\ y_2\end{bmatrix}=\mathrm{Q}\mathbf{x}=\begin{bmatrix}-\frac{\sqrt{2}}{\sqrt{3}} & \frac{1}{\sqrt{3}}\\ \frac{1}{\sqrt{3}} & \frac{\sqrt{2}}{\sqrt{3}}\end{bmatrix}\begin{bmatrix}x_1\\ x_2\end{bmatrix}\quad\Leftrightarrow\quad\begin{cases}y_1=-\frac{\sqrt{2}}{\sqrt{3}}x_1+\frac{1}{\sqrt{3}}x_2\\ y_2=\frac{1}{\sqrt{3}}x_1+\frac{\sqrt{2}}{\sqrt{3}}x_2\end{cases}$$

와 같이 이차형식의 변수를 변환하면 $\mathbf{x}^t\mathrm{A}\mathbf{x}$의 표준형은 다음과 같다.

$$\mathbf{y}^t\mathrm{D}\mathbf{y}=4y_1^2+y_2^2.$$

이차형식 $\mathbf{x}^t\mathrm{A}\mathbf{x}$의 표준형 $\mathbf{y}^t\mathrm{D}\mathbf{y}$를 보면 A의 고유값들이 모두 양수일 때 $\mathbf{x}\neq\mathbf{0}$인 $\mathbf{x}$에 대하여 $\mathbf{x}^t\mathrm{A}\mathbf{x}>0$임을 알 수 있다. 통계학에서 다루는 이차형식은 주로 관측치들에 대한

여러 종류의 제곱합을 표현하기 위한 것들이다. 따라서 $\mathbf{x}^t\mathrm{A}\mathbf{x} \geq 0$인 이차형식이 주된 관심사이다. 그런데 $\mathbf{x}=\mathbf{0}$이면 $\mathbf{x}^t\mathrm{A}\mathbf{x}=0$이므로 통계학에서는 $\mathbf{x}^t\mathrm{A}\mathbf{x}$가

"$\mathbf{x}\neq\mathbf{0}$인 모든 $\mathbf{x}$에 대하여 $\mathbf{x}^t\mathrm{A}\mathbf{x}>0$"

인 이차형식인가를 확인할 필요가 있다. 예컨대, 확률변수 $X_1, X_2, \cdots, X_n$을 원소로 하는 랜덤벡터 $\mathbf{x}$의 평균벡터를

$$\boldsymbol{\mu}=\begin{bmatrix} E(X_1) \\ E(X_2) \\ \vdots \\ E(X_n) \end{bmatrix}=\begin{bmatrix} \mu_1 \\ \mu_2 \\ \vdots \\ \mu_n \end{bmatrix}$$

이라 하면 $\mathbf{a}\neq\mathbf{0}$일 때 $\mathbf{y}=\mathbf{a}^t\mathbf{x}$의 평균벡터는 $E(\mathbf{y})=\mathbf{a}^t\boldsymbol{\mu}$이고 그 분산은

$$\begin{aligned} Var(\mathbf{y}) &= E\left[(\mathbf{y}-E(\mathbf{y}))(\mathbf{y}-E(\mathbf{y}))^t\right] \\ &= E\left[(\mathbf{a}^t\mathbf{x}-\mathbf{a}^t\boldsymbol{\mu})(\mathbf{a}^t\mathbf{x}-\mathbf{a}^t\boldsymbol{\mu})^t\right] \\ &= E\left[\mathbf{a}^t(\mathbf{x}-\boldsymbol{\mu})(\mathbf{x}-\boldsymbol{\mu})^t\mathbf{a}^t\right]=\mathbf{a}^t\mathrm{V}\mathbf{a} \geq 0 \end{aligned}$$

이 되어야 한다. 여기서 V를 **공분산 행렬**(covariance matrix)이라 하는데 분산은 음수가 될 수 없기 때문에 V에 의한 이차형식은 0보다 크거나 같아야 한다.

정의 5.2.4 이차형식의 분류

이차형식 $f(\mathbf{x})=\mathbf{x}^t\mathrm{A}\mathbf{x}$가 모든 $\mathbf{x}\neq\mathbf{0}$에 대하여

1. $f(\mathbf{x})>0$**이면** f**와 A를 양정치(positive definite)라 한다.**
2. $f(\mathbf{x})\geq 0$**이면** f**와 A를 양반정치(positive semidefinite) 라 한다.**
3. $f(\mathbf{x})<0$**이면** f**와 A를 음정치(negative definite)라 한다.**
4. $f(\mathbf{x})\leq 0$**이면** f**와 A를 음반정치(positive semidefinite)라 한다.**
5. $f(\mathbf{x})$**가 모든 실수값을 가지면** f**와 A를 비정치(indefinite)라 한다.**

다음과 같은 이차형식

$$\mathbf{x}^t\mathrm{A}\mathbf{x}=\begin{bmatrix} x_1 & x_2 & x_3 \end{bmatrix}\begin{bmatrix} 2 & 2 & 1 \\ 2 & 5 & 1 \\ 1 & 1 & 2 \end{bmatrix}\begin{bmatrix} x_1 \\ x_2 \\ x_3 \end{bmatrix}=(x_1+2x_2)^2+(x_1+x_3)^2+(x_2+x_3)^2$$

은 모든 $\mathbf{x}\neq\mathbf{0}$에 대하여 항상 양수이므로 행렬 A는 양정치 행렬이다. 그러나 다음과 같은 이차형식

$$\mathbf{x}^t\mathrm{B}\mathbf{x}=[x_1\ x_2\ x_3]\begin{bmatrix}5 & -1 & -2\\ -1 & 5 & -2\\ -2 & -2 & 2\end{bmatrix}\begin{bmatrix}x_1\\ x_2\\ x_3\end{bmatrix}=(x_1-x_2)^2+(2x_1-x_3)^2+(2x_2-x_3)^2$$

은 모든 $\mathbf{x}$에 대하여 0이상이지만 $c\mathbf{x}=c[1\ 1\ 2]^t$에서 0이므로 행렬 B는 양반정치 행렬이다. 양정치 행렬과 양반정치 행렬을 묶어서 **비음정치**(nonnegative definite matrix) **행렬**이라고도 한다.

이차형식

$$\sum_{i=1}^{n}(x_i-\overline{x})^2=\mathbf{x}^t\left(\mathrm{I}_n-\frac{1}{n}\mathrm{J}_n\right)\mathbf{x}=\mathbf{x}^t\mathrm{C}_n\mathbf{x}$$

는 $\mathbf{x}=\mathbf{0}$과 모든 x_i들이 같을 때만 0이고 그 이외의 모든 $\mathbf{x}$에서는 양수이므로 멱등행렬 C_n은 양반정치 행렬이다. 일반적으로 I는 양정치 멱등행렬이고, I를 제외한 모든 멱등행렬은 양반정치 행렬이다.

n차 대칭행렬 A의 고유값을 $\lambda_1, \lambda_2, \cdots, \lambda_n$, 대응하는 고유벡터로 만들어진 직교행렬을 Q, 고유값이 대각원소인 대각행렬을 D라 할 때, 이차형식 $\mathbf{x}^t\mathrm{A}\mathbf{x}$에서 $\mathbf{y}=\mathrm{Q}\mathbf{x}$로 변수를 변환하면

$$\mathbf{x}^t\mathrm{A}\mathbf{x}=\mathbf{y}^t\mathrm{D}\mathbf{y}=\sum_{i=1}^{n}\lambda_i y_i^2$$

이므로 고유값에 의하여 $\mathbf{x}^t\mathrm{A}\mathbf{x}$의 형태를 판별할 수 있다. 즉, A의 모든 고유값이 양수이면 A는 양정치 행렬이고, A의 모든 고유값이 음수이면 A는 음정치 행렬이다. 또한, A의 모든 고유값이 음이 아니면 A는 양반정치 행렬이고, 양이 아니면 A는 음반정치 행렬이 된다.

$\mathbf{x}$가 $\mathbb{R}^2$에 속하는 벡터일 때 이차형식 $\mathbf{x}^t\mathrm{A}\mathbf{x}$의 표준형은

$$\mathbf{y}^t\mathrm{D}\mathbf{y}=\lambda_1 y_1^2+\lambda_2 y_2^2$$

이므로 $\mathbf{x}^t\mathrm{A}\mathbf{x}=1$은

$$\frac{y_1^2}{(\lambda_1^{-1/2})^2}+\frac{y_2^2}{(\lambda_2^{-1/2})^2}=1$$

과 같이 쓸 수 있다. 따라서 $\lambda_1 \ge \lambda_2$일 때

$$\mathbf{x}^t\mathrm{A}\mathbf{x}=1$$

의 그래프는 고유벡터가 축방향을 나타내는 벡터이고 장축의 반경이 $\lambda_2^{-1/2}$, 단축의 반경이 $\lambda_1^{-1/2}$인 타원이 된다. 일반적으로 $\mathbf{x}$가 $\mathbb{R}^n$에 속하는 벡터일 때 $\mathbf{x}^t\mathrm{A}\mathbf{x}=1$은 A의 고유벡터 $\mathbf{u}_i$방향으로 형성되는 축에서 축의 반경이 $\lambda_i^{-1/2}$인 초타원체가 된다.

예제 5.2.4 다음과 같은 이차방정식의 그래프를 구하여라.

$$\mathbf{x}^t\mathrm{A}\mathbf{x}=\begin{bmatrix} x_1 & x_2 \end{bmatrix}\begin{bmatrix} 2 & -1 \\ -1 & 2 \end{bmatrix}\begin{bmatrix} x_1 \\ x_2 \end{bmatrix}=2x_1^2-2x_1x_2+2x_2^2=1$$

풀이

주어진 이차형식의 행렬 A에 대한 고유값과 정규고유벡터를 구하면

$$\lambda_1=3, \quad \mathbf{u}_1=\begin{bmatrix} 1 \\ -1 \end{bmatrix} \quad \Rightarrow \quad \mathbf{q}_1=\begin{bmatrix} \frac{1}{\sqrt{2}} \\ -\frac{1}{\sqrt{2}} \end{bmatrix},$$

$$\lambda_2=1, \quad \mathbf{u}_2=\begin{bmatrix} 1 \\ 1 \end{bmatrix} \quad \Rightarrow \quad \mathbf{q}_2=\begin{bmatrix} \frac{1}{\sqrt{2}} \\ \frac{1}{\sqrt{2}} \end{bmatrix}$$

이므로

$$\begin{bmatrix} \frac{1}{\sqrt{2}} & \frac{1}{\sqrt{2}} \\ -\frac{1}{\sqrt{2}} & \frac{1}{\sqrt{2}} \end{bmatrix}\begin{bmatrix} x_1 \\ x_2 \end{bmatrix}=\begin{bmatrix} y_1 \\ y_2 \end{bmatrix}$$

이라 하면 주어진 이차방정식은

$$\frac{y_1^2}{(3^{-1/2})^2}+\frac{y_1^2}{1^2}=1$$

과 같다. 따라서 이 이차방정식의 그래프는 $\mathbf{q}_1$방향으로 단축의 반경이 $3^{-\frac{1}{2}}$이고 $\mathbf{q}_2$방향으로 장축의 반경이 1인 타원이다.

$\mathbf{x}$에 대한 이차형식 $f(\mathbf{x})=\mathbf{x}^t\mathrm{A}\mathbf{x}$에서 $\mathbf{x}$는 $\mathbf{x}^t\mathbf{x} \le c$를 만족하는 벡터라 할 때 주어진 조건 하에서 $f(\mathbf{x})$의 최대 또는 최소에 대한 문제는 A의 고유값과 대응하는 고유벡터로 해결할 수 있다.

정리 5.2.3 이차형식의 최대, 최소

n차 대칭행렬 A의 고유값을

$$\lambda_1 \geq \lambda_2 \geq \cdots \geq \lambda_n$$

이라 하고 $f(\mathbf{x})=\mathbf{x}^t A\mathbf{x}$라 하면, $\|\mathbf{x}\|=1$일 때 다음이 성립한다.

1. $\lambda_n \leq f(\mathbf{x}) \leq \lambda_1$
2. λ_1에 대응하는 단위고유벡터 $\mathbf{q}_1$에서 $f(\mathbf{x})$는 최대이고 최댓값은 λ_1이다.
3. λ_n에 대응하는 단위고유벡터 $\mathbf{q}_n$에서 $f(\mathbf{x})$는 최소이고 최솟값은 λ_n이다.

증명

$$Q^t A Q = D = \begin{bmatrix} \lambda_1 & 0 & \cdots & 0 \\ 0 & \lambda_2 & \cdots & 0 \\ \vdots & \vdots & \ddots & \vdots \\ 0 & 0 & \cdots & \lambda_n \end{bmatrix}$$

인 직교행렬을 Q에 의하여 $\mathbf{x}=Q\mathbf{y}$로 변환하면 $\mathbf{x}^t A\mathbf{x}=\mathbf{y}^t D\mathbf{y}$이고 $\mathbf{y}=Q^t\mathbf{x}$가 된다. 따라서

$$\|\mathbf{y}\|^2=\mathbf{y}^t\mathbf{y}=(Q^t\mathbf{x})^t(Q^t\mathbf{x})=\mathbf{x}^t QQ^t\mathbf{x}=\mathbf{x}^t\mathbf{x}=\|\mathbf{x}\|^2$$

이므로 $\mathbf{x}$가 단위벡터이면 대응하는 $\mathbf{y}$도 단위벡터가 되어 $\mathbf{x}^t A\mathbf{x}$와 $\mathbf{y}^t D\mathbf{y}$의 값은 동일하다. 여기서 $\mathbf{y}^t=[y_1\ y_2\ \cdots\ y_n]$이라 하면

$$f(\mathbf{x})=\mathbf{x}^t A\mathbf{x}=\mathbf{y}^t D\mathbf{y}=\sum_{i=1}^{n}\lambda_i y_i^2 \leq \lambda_1\sum_{i=1}^{n} y_i^2=\lambda_1$$

이고

$$f(\mathbf{x})=\mathbf{x}^t A\mathbf{x}=\mathbf{y}^t D\mathbf{y}=\sum_{i=1}^{n}\lambda_i y_i^2 \geq \lambda_n\sum_{i=1}^{n} y_i^2=\lambda_n$$

이다. 그리고 λ_1과 λ_n에 대응하는 단위고유벡터를 $\mathbf{q}_1$과 $\mathbf{q}_n$이라 하면 $\mathbf{x}^t A\mathbf{x}$의 최댓값은 $\mathbf{x}=\mathbf{q}_1$에서

$$f(\mathbf{q}_1)=\mathbf{q}_1^t A\mathbf{q}_1=\mathbf{q}_1^t(\lambda_1\mathbf{q}_1)=\lambda_1$$

이고, 최솟값은 $\mathbf{x}=\mathbf{q}_n$에서

$$f(\mathbf{q}_n)=\mathbf{q}_n^t A\mathbf{q}_n=\mathbf{q}_n^t(\lambda_n\mathbf{q}_n)=\lambda_n$$

이 된다.

예제 5.2.5 n개의 관측 개체(observation unit)에서 k개의 변수를 측정한 다변량 자료는 다음과 같은 $n\times k$ 행렬

$$\mathrm{X}_{n\times k}=[\mathbf{x}_1 \cdots \mathbf{x}_j \cdots \mathbf{x}_k]=\begin{bmatrix} x_{11} & \cdots & x_{1j} & \cdots & x_{1k} \\ \vdots & \ddots & \vdots & \ddots & \vdots \\ x_{i1} & \cdots & x_{ij} & \cdots & x_{ik} \\ \vdots & \ddots & \vdots & \ddots & \vdots \\ x_{n1} & \cdots & x_{nj} & \cdots & x_{nk} \end{bmatrix}$$

로 나타낼 수 있다. 여기서 x_{ij}는 개체 i에서 관측한 변수 j의 값을 의미한다. 그런데 다변량 분석에서는 각 변수의 측정 단위가 서로 다르므로

$$\overline{x}_j=\frac{1}{n}\sum_{i=1}^{n}x_{ij},\quad s_j=\sqrt{\frac{1}{n-1}\sum_{i=1}^{n}\left(x_{ij}-\overline{x}_j\right)^2}$$

을 이용하여 표준화한 자료

$$z_{ij}=z_{ij}=\frac{x_{ij}-\overline{x}_j}{s_j},\quad i=1,2,\cdots,n,\ j=1,2,\cdots,k$$

가 사용된다. 이제, 각 개체를 나타내는 n개의 행벡터를

$$\mathbf{z}_i=[z_{i1}\ z_{i2}\ \cdots\ z_{ik}]^t,\quad i=1,2,\cdots,n$$

이라 할 때, $\mathrm{X}_{n\times k}$를 표준화한 자료에 대한 행렬은 $\mathrm{Z}=[\mathbf{z}_1\ \mathbf{z}_2\ \cdots\ \mathbf{z}_n]^t$이 된다.

여기서 $\mathbb{R}^k$에 속하는 임의의 단위벡터를 $\mathbf{v}$라 하면 개체 i의 관측벡터 $\mathbf{z}_i$는 $\mathbf{v}$에 대한 $\mathbf{z}_i$의 투영 $\mathrm{proj}_{\mathbf{v}}(\mathbf{z}_i)=(\mathbf{z}_i^t\mathbf{v})\mathbf{v}$와 $\mathbf{z}_i-(\mathbf{z}_i^t\mathbf{v})\mathbf{v}$로 직교 분해할 수 있다. 즉, $c_i=\mathbf{z}_i^t\mathbf{v}$라 하면

$$\mathbf{z}_i=c_i\mathbf{v}+(\mathbf{z}_i-c_i\mathbf{v})$$

인데, $\mathbf{z}_i$를 $\mathbf{v}$에 대한 $\mathbf{z}_i$의 투영 $c_i\mathbf{v}$로만 나타내면 $\mathbf{z}_i-c_i\mathbf{v}$만큼의 정보가 손실되므로 각 관측에 대한 손실의 총합을 최소로 하는 벡터 $\mathbf{v}$를 구하고자 한다. 그러한 벡터 $\mathbf{v}$를 구하여라.

풀이

구하려는 벡터는

$$\min_{\mathbf{v}}\sum_{i=1}^{n}\left\|\mathbf{z}_i-c_i\mathbf{v}\right\|^2$$

를 만족하는 벡터이다.

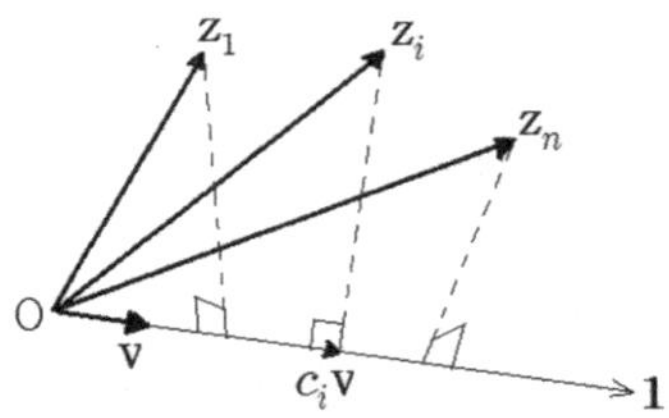

그림 5.2.1 R^k에서 $\mathbf{z}_i$의 제1축에 대한 투영

그림 5.2.1을 보면 벡터 $c_i\mathbf{v}$와 $\mathbf{z}_i - c_i\mathbf{v}$는 직교하므로

$$\|\mathbf{z}_i\|^2 = \|c_i\mathbf{v}\|^2 + \|\mathbf{z}_i - c_i\mathbf{v}\|^2$$

이고, $\mathbf{z}_i$는 $\mathbf{v}$와 관계없이 고정되어 있으므로

$$\min_{\mathbf{v}} \sum_{i=1}^{n} \|\mathbf{z}_i - c_i\mathbf{v}\|^2 \Leftrightarrow \max_{\mathbf{v}} \sum_{i=1}^{n} \|c_i\mathbf{v}\|^2$$

$$\Leftrightarrow \max_{\mathbf{v}} \sum_{i=1}^{n} c_i^2 \Leftrightarrow \max_{\mathbf{v}} \sum_{i=1}^{n} (\mathbf{z}_i^t\mathbf{v})^2$$

이 된다. 그런데

$$\sum_{i=1}^{n} (\mathbf{z}_i^t\mathbf{v})^2 = \sum_{i=1}^{n} (\mathbf{v}^t\mathbf{z}_i)(\mathbf{z}_i^t\mathbf{v}) = \mathbf{v}^t\left(\sum_{i=1}^{n} \mathbf{z}_i\mathbf{z}_i^t\right)\mathbf{v} = \mathbf{v}^t(\mathrm{Z}^t\mathrm{Z})\mathbf{v}$$

이므로 $\mathbf{v}^t\mathbf{v}=1$인 조건 하에서 이차형식 $\mathbf{v}^t(\mathrm{Z}^t\mathrm{Z})\mathbf{v}$를 최대로 하는 벡터 $\mathbf{v}$를 구하면 된다. k차 행렬 $\mathrm{Z}^t\mathrm{Z}$는 실수 대칭행렬이므로 $\mathrm{Z}^t\mathrm{Z}$의 고유치를

$$\lambda_1 \geq \lambda_2 \geq \cdots \geq \lambda_k$$

라 하면 정리 5.2.3에 의하여

$$\lambda_k \leq f(\mathbf{v}) = \mathbf{v}^t(\mathrm{Z}^t\mathrm{Z})\mathbf{v} \leq \lambda_1$$

이다. 따라서 주어진 조건을 만족하는 최적 벡터 $\mathbf{v}$는 $\mathrm{Z}^t\mathrm{Z}$의 최대 고유치 λ_1에 대응하는 고유벡터 $\mathbf{v}_1$이 된다.

---

n개의 변수 $x_1, x_2, \cdots, x_n$에 대한 일반적인 이차방정식

$$\sum_{i=1}^{n}\sum_{j=1}^{n} a_{ij}x_ix_j + \sum_{i=1}^{n} b_ix_i + c = 0$$

은 대칭행렬 $\mathrm{A} = [a_{ij}]$와 벡터 $\mathbf{x} = [x_1\ x_2\ \cdots\ x_n]^t$ 및 $\mathbf{b} = [b_1\ b_2\ \cdots\ b_n]^t$를 이용하면

$$\mathbf{x}^t\mathrm{A}\mathbf{x} + \mathbf{b}^t\mathbf{x} + c = 0$$

으로 표현된다. 여기서 A를 대각화하는 직교행렬을 Q라 하면 $Q^tAQ=D$이고 D는 A의 고유값을 대각원소로 하는 대각행렬이다. 이 때, $\mathbf{x}=Q\mathbf{y}$로 변환하면 위의 이차방정식은

$$\mathbf{y}^tD\mathbf{y}+\mathbf{b}^tQ\mathbf{y}+c=0$$

인데, $\mathbf{y}=[y_1\ y_2\ \cdots\ y_n]^t$, $\mathbf{d}^t=\mathbf{b}^tQ=[d_1\ d_2\ \cdots\ d_n]$이라 하면

$$\sum_{i=1}^{n}\lambda_i y_i^2+\sum_{i=1}^{n}d_i y_i+c=0$$

이 된다. 이 이차방정식은

$$\sum_{i=1}^{n}[sign(\lambda_i)]\frac{(y_i-c_i)^2}{r_i^2}=1$$

와 같은 완전제곱 형태로 쉽게 바꿀 수 있다.

예제 5.2.6 다음과 같은 이차방정식의 그래프를 그려라.

$$x_1^2+4x_1x_2-2x_2^2+2\sqrt{5}\,x_1+4\sqrt{5}\,x_2-1=0$$

풀이

주어진 방정식을 $\mathbf{x}^tA\mathbf{x}+\mathbf{b}^t\mathbf{x}+c=0$와 같은 꼴로 고치면

$$A=\begin{bmatrix}1 & 2\\ 2 & -2\end{bmatrix},\quad \mathbf{b}=\begin{bmatrix}2\sqrt{5}\\ 4\sqrt{5}\end{bmatrix},\quad c=-1$$

이 된다. A의 고유값과 정규고유벡터를 구하면

$$\lambda_1=2,\ \mathbf{q}_1=\frac{1}{\sqrt{5}}\begin{bmatrix}2\\ 1\end{bmatrix},\quad \lambda_2=-3,\ \mathbf{q}_2=\frac{1}{\sqrt{5}}\begin{bmatrix}1\\ -2\end{bmatrix}$$

이므로

$$Q=\frac{1}{\sqrt{5}}\begin{bmatrix}2 & 1\\ 1 & -2\end{bmatrix},\quad D=\begin{bmatrix}2 & 0\\ 0 & -3\end{bmatrix}$$

이 된다. 여기서 $\mathbf{x}=Q\mathbf{y}$로 변환하면

$$2y_1^2-3y_2^2+8y_1-6y_2-1=0$$

이고,

$$2(y_1^2+4y_1+4)-3(y_2^2+2y_2+1)=6$$

이므로

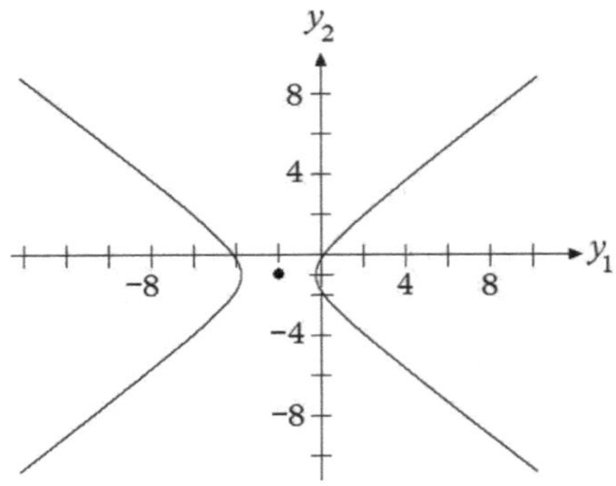

그림 5.2.2 쌍곡선의 그래프

$$\frac{(y_1+2)^2}{3}-\frac{(y_2+1)^2}{2}=1$$

이 된다. 따라서 이 방정식의 그래프는 그림 5.2.2와 같이 y_1y_2-평면에서 중심이 $(-2, -1)$인 쌍곡선이다.

통계적 거리

그림 5.2.3과 같은 $\mathbb{R}^2$ 상의 점 Q에서 임의의 점 P 사이의 직선거리 또는 유클리드 거리 $d(\mathrm{P,Q})$는 $\mathbf{u}^t=[x_1\ y_1]$, $\mathbf{v}^t=[x_2\ y_2]$일 때

$$d(\mathrm{P,Q})=\|\mathbf{u}-\mathbf{v}\|=\sqrt{(x_1-x_2)^2+(y_1-y_2)^2}$$

으로 정의한다. 따라서 원점 O에서 직선거리가 c인 모든 점들은 원 방정식 $x^2+y^2=c^2$을 만족하는 점들이다. 그런데 직선거리의 계산에서 각 좌표의 값이 거리에 기여하는 정도가 동일하므로 좌표 값이 어떤 확률변수의 출현값으로 나타나는 통계적인 문제에서

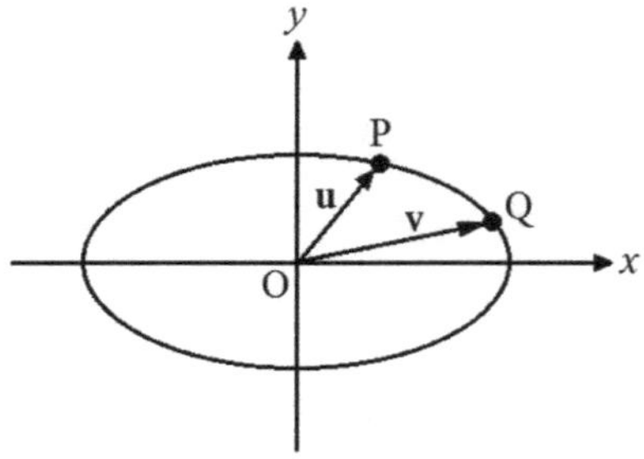

그림 5.2.3 원점에서 타원 상의 점까지의 거리

직선거리는 바람직한 측도라 할 수 없다. 예컨대, 그림 5.2.3에서 P와 Q는 평균이 모두 0인 두 확률변수 X와 Y의 두 관측값을 표시한 점이라고 할 때 점 Q가 점 P보다 원점에서 더 멀리 떨어져 있다고 말할 수 있는가? 그림 5.2.3을 보면 y들의 표준편차 s_y가 x의 표준편차 s_x보다 상대적으로 작아서 P와 Q의 y-좌표 y_1과 y_2의 차이가 x-좌표 x_1과 x_2의 차이보다 작게 나타난 것으로 볼 수 있다. 따라서 좌표 값의 표준편차에 대한 상대적인 크기를 이용하여 거리를 구하는 것이 타당하다 할 것이다. 이런 방식으로 구하는 거리를 **통계적 거리**(statistical distance)라 한다.

서로 독립인 두 확률변수 X와 Y의 평균을 모두 0이라 하고 각각의 표준편차를 s_x와 s_y라 하면 원점에서 점 $\mathrm{P}(x, y)$ 사이의 통계적 거리는 각각의 좌표 값을 표준화한

$$x' = \frac{x}{s_x}, \quad y' = \frac{y}{s_y}$$

를 이용하여

$$d^*(\mathrm{O}, \mathrm{P}) = \sqrt{(x')^2 + (y')^2} = \sqrt{\left(\frac{x}{s_x}\right)^2 + \left(\frac{y}{s_y}\right)^2}$$

으로 구한다. 이 식에 의하면 원점에서 통계적 거리가 c로 동일한 모든 점 (x, y)들은 중심이 원점이고 장축과 단축의 방향이 직교좌표축의 방향과 일치하는 타원 위에 있다. 즉, 통계적 거리가 c로 동일한 모든 점 (x, y)들은 타원 방정식

$$\frac{x^2}{s_x^2} + \frac{y^2}{s_y^2} = c^2$$

을 만족하는 점들이 된다. 이 식은 임의의 점 $\mathrm{P}(x_1, y_1)$와 어떤 고정된 점 $\mathrm{Q}(x_2, y_2)$ 사이의 통계적 거리를 구하는 식으로 일반화 할 수 있다.

두 좌표변수가 서로 독립적으로 변한다면 P에서 Q 사이의 거리는

$$d^*(\mathrm{P}, \mathrm{Q}) = \sqrt{\frac{(x_1 - x_2)^2}{s_x^2} + \frac{(y_1 - y_2)^2}{s_y^2}}$$

인데, 이 식은 $\mathbb{R}^n$ 상의 점 $\mathrm{P}(x_{11}, x_{21}, \cdots, x_{n1})$과 $\mathrm{Q}(x_{12}, x_{22}, \cdots, x_{n2})$ 사이의 통계적 거리에 대한 식으로 확장할 수 있다. 즉, n개의 좌표변수들이 서로 독립이면

$$d^*(\mathrm{P}, \mathrm{Q}) = \sqrt{\sum_{i=1}^{n} \frac{(x_{i1} - x_{i2})^2}{s_i^2}}$$

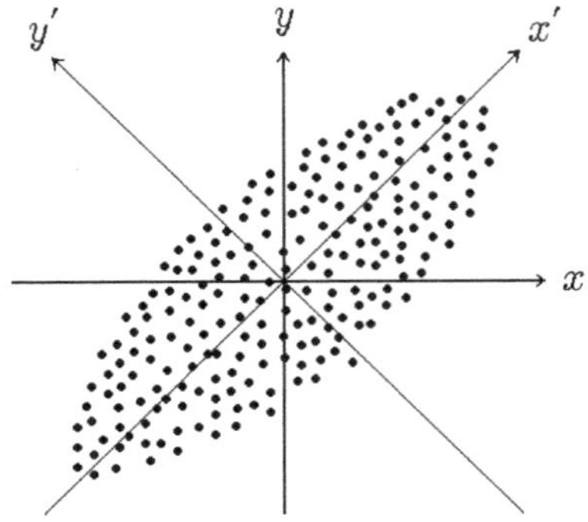

그림 5.2.4 강한 양의 상관관계가 있는 이변량 자료의 산점도

이다. 여기서 s_i^2은 i번째 좌표변수에 대한 n개의 관측치들의 표본분산이다.

좌표축을 나타내는 변수들이 독립이라는 가정 하에서 얻어진 위의 식은 통계학에서 자주 접하는 중요한 문제에서의 거리를 나타내지 못한다. 서로 독립이 아닌 두 변수 X와 Y의 관찰값들을 도시한 그림 5.2.4의 산점도와 같이 X와 Y 사이에 강한 양의 상관관계가 존재하고 x들의 측정단위가 y들의 측정단위와 같지 않은 경우에 어떤 거리의 측도가 바람직할 것인가를 생각해보자.

그림 5.2.4에서 x축과 y축을 θ만큼 회전시킨 x'축과 y'축을 기준으로 본 산점도는 그림 5.2.4의 타원 안에 관측값들이 흩어져 있는 모습으로 볼 수 있다. 그런데 관측 벡터 $\mathbf{x}^t=[x, y]$를 변환행렬

$$A=\begin{bmatrix} \cos\theta & \sin\theta \\ -\sin\theta & \cos\theta \end{bmatrix}$$

에 의하여 $\mathbf{x}'=A\mathbf{x}$로 선형변환하면, 즉, x와 y를

$$x'=x\cos\theta+y\sin\theta,\quad y'=-x\sin\theta+y\cos\theta$$

로 변환하면 A가 직교행렬이므로 $\|\mathbf{x}'\|=\|A\mathbf{x}\|$이다. 따라서 $\mathbf{x}'$에서 x'들의 표준편차 $s_{x'}$과 y'들의 표준편차를 $s_{y'}$라 할 때

$$x''=\frac{x'}{s_{x'}},\quad y''=\frac{y'}{s_{y'}}$$

를 이용하면 원점에서 점 $P(x, y)$ 사이의 통계적 거리를

$$d^*(O,P)=\sqrt{(x'')^2+(y'')^2}=\sqrt{\left(\frac{x'}{s_{x'}}\right)^2+\left(\frac{y'}{s_{y'}}\right)^2}$$

와 같은 식으로 구할 수 있다. 이 식의 x'와 y'에 변환된 식을 대입하면

$$d^*(\mathrm{O},\mathrm{P})=\sqrt{a_{11}x^2+2a_{12}xy+a_{22}y^2}$$

과 같은 형태의 식을 얻을 수 있다. 여기서, a_{11}, a_{12}, a_{22}는 원래의 관측값으로부터 구해지는 s_x^2, s_{xy}, s_y^2에 의하여 결정되는데 x와 y의 모든 가능한 값들에 대하여 위와 같은 식으로 주어지는 거리가 0이상이 되도록 하는 값이어야 한다. 이 시점에서 a_{11}, a_{12}, a_{22}에 대한 구체적인 식의 형태는 별 의미가 없고 음미해 보아야 할 중요한 점은 x와 y의 상관계수 r_{xy}와 관련된 항 $2a_{12}xy$의 출현이다. 위의 통계적 거리에 관한 식을 $\mathbb{R}^n$에서의 통계적 거리에 관한 식으로 확장하면

$$d^*(\mathrm{O},\mathrm{P})=\sqrt{\sum_{i=1}^{n}a_{ii}x_i^2+2\sum^{n}a_{ij}x_ix_j}$$

가 된다.

이상으로부터 원점 O에서 임의의 점 $\mathrm{P}(x_1, x_2,\cdots, x_n)$까지의 벡터를 $\mathbf{x}$라 하면 O와 P 사이의 통계적 거리 d는 $d^2=\mathbf{x}^t\mathrm{A}\mathbf{x}>0$의 제곱근으로 정의할 수 있다. 여기서 A는 양정치 대칭행렬이다.

이차형식 $\mathbf{x}'\mathrm{A}\mathbf{x}$의 제곱근으로 주어지는 통계적 거리의 기하학적 의미는 A의 고유값과 고유벡터를 이용하여 설명할 수 있다. 예컨대, $\mathbb{R}^2$의 원점에서 통계적 거리가 c인 모든 점 $\mathbf{x}$에 대하여

$$\mathbf{x}^t\mathrm{A}\mathbf{x}=a_{11}x_1^2+2a_{12}x_1x_2+a_{22}x_2^2=c^2$$

인데, A의 스펙트럴 분해를 이용하면

$$\mathbf{x}^t\mathrm{A}\mathbf{x}=\lambda_1(\mathbf{x}^t\mathbf{q}_1)^2+\lambda_2(\mathbf{x}^t\mathbf{q}_2)^2=\lambda_1y_1^2+\lambda_2y_2^2=c^2$$

이고 A가 양정치행렬이므로 A의 고유값 λ_1과 λ_2는 양수이다. 따라서 $\lambda_1\geq\lambda_2\geq1$라고 가정하면 $\mathbf{x}=c\lambda_1^{-1/2}\mathbf{q}_1$과 $\mathbf{x}=c\lambda_2^{-1/2}\mathbf{q}_2$일 때 $\mathbf{x}^t\mathrm{A}\mathbf{x}=c^2$이므로

$$\frac{y_1^2}{(c/\sqrt{\lambda_1})^2}+\frac{y_2^2}{(c/\sqrt{\lambda_2})^2}=1$$

은 다음 쪽의 그림 5.2.5와 같이 $\mathbf{q}_1$방향인 단축의 반경이 $c\lambda_1^{-1/2}$, $\mathbf{q}_2$방향인 장축의 반경이 $c\lambda_2^{-1/2}$이고 중심이 원점인 타원의 방정식이다.

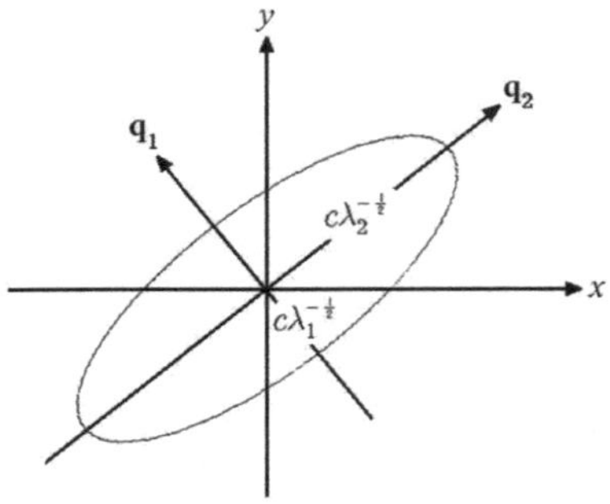

그림 5.2.5 이차형식 $\mathbf{x}^t\mathrm{A}\mathbf{x}=c^2$의 그래프

일반적으로 $\mathbb{R}^n$에서 원점으로부터의 거리가 $c=\sqrt{\mathbf{x}^t\mathbf{A}\mathbf{x}}$인 점들은

$$\sum_{i=1}^{n}\frac{\left(\mathbf{x}^t\mathbf{q}_i\right)^2}{\left(c\lambda_i^{-1/2}\right)^2}=1$$

에 의하여 만들어지는 초타원체의 곡면 위에 있으며 초타원체의 축은 A의 고유값에 대응하는 고유벡터 방향으로 정해지며 단위고유벡터 $\mathbf{q}_i$방향에서 축의 반경은 $c\lambda_i^{-1/2}$이다. 그리고 원점과 임의의 점 $\mathbf{x}$ 사이의 통계적 거리를 제곱한 것이 양정치 대칭행렬 A를 이용한 이차형식 $\mathbf{x}'\mathbf{A}\mathbf{x}$로 주어지면, $\mathbf{x}$와 고정점 $\boldsymbol{\mu}$ 사이의 통계적 거리를 제곱한 것은

$$d^2(\mathbf{x},\boldsymbol{\mu})=(\mathbf{x}-\boldsymbol{\mu})^t\mathrm{A}(\mathbf{x}-\boldsymbol{\mu})$$

이 된다.

연습문제 5.2

1. 연습문제 4.3.1의 행렬 $\mathrm{B}_1, \mathrm{B}_2, \mathrm{B}_3$에 대한 직교유사표준형을 구하여라.

2. 헬머트(Helmert) 행렬

$$\mathbf{h}=\frac{1}{\sqrt{n}}\mathbf{1}_n,\quad \mathrm{K}_n=\left[\mathbf{h}_i^t\right],\ \mathbf{h}_i^t=\frac{1}{\sqrt{i(i+1)}}\left[\mathbf{1}_i^t \ \vdots\ -i\ \vdots\ \mathbf{0}_{n-i-1}\right]$$

이라 할 때 n차 행렬 $\mathrm{H}_n=\begin{bmatrix}\mathbf{h}^t\\ \mathrm{K}_n\end{bmatrix}$을 헬머트 행렬이라 한다. 4차 헬머트 행렬 H_4를 구하고 n

차 헬머트 행렬 H_n이 직교행렬임을 보여라.

3. 기븐스(Givens) 행렬

$r>s$일 때 n차 항등행렬 $I_n=[g_{ij}]$의 네 원소를

$$g_{rr}=g_{ss}=\cos\alpha,\quad -g_{rs}=g_{sr}=\sin\alpha$$

로 바꾼 행렬을 n차 기븐스 행렬이라 하고 기호 G_{rs} 또는 G_{sr}로 나타낸다. 예컨대,

$$G_{12}=G_{21}=\begin{bmatrix} \cos\alpha & \sin\alpha & 0 \\ -\sin\alpha & \cos\alpha & 0 \\ 0 & 0 & 1 \end{bmatrix}$$

은 3차 기븐스 행렬이다.

(1) 4차 기븐스 행렬 G_{13}과 G_{23}를 제시하여라.

(2) 기븐스 행렬이 직교행렬임을 보여라.

기븐스 행렬을 이용하면 행렬

$$A=\begin{bmatrix} a_1 & b_1 & c_1 \\ a_2 & b_2 & c_2 \\ a_3 & b_3 & c_3 \end{bmatrix}$$

은 다음과 같은 단계에 의하여 삼각화 할 수 있다.

(i) $x_{12}=\sqrt{a_1^2+a_2^2},\quad \cos\alpha=\dfrac{a_1}{x_{12}},\quad G_{12}\begin{bmatrix} a_1 \\ a_2 \\ a_3 \end{bmatrix}=\begin{bmatrix} x_{12} \\ 0 \\ a_3 \end{bmatrix}$

(ii) $x_{13}=\sqrt{x_{12}^2+a_3^2},\quad \cos\beta=\dfrac{x_{12}}{x_{13}},\quad G_{13}\begin{bmatrix} x_{12} \\ 0 \\ a_3 \end{bmatrix}=\begin{bmatrix} x_{13} \\ 0 \\ 0 \end{bmatrix}$

(iii) $G_{13}G_{12}\begin{bmatrix} b_1 \\ b_2 \\ b_3 \end{bmatrix}\equiv\begin{bmatrix} d_1 \\ d_2 \\ d_3 \end{bmatrix}$

(iv) $x_{23}=\sqrt{d_2^2+d_3^2},\quad \cos\gamma=\dfrac{d_2}{x_{23}}$

(v) $G_{23}G_{13}G_{12}A=\begin{bmatrix} x_{13} & d_1 & f_1 \\ 0 & x_{23} & f_2 \\ 0 & 0 & f_3 \end{bmatrix}$

(3) $f_1^2+f_2^2+f_3^2=c_1^2+c_2^2+c_3^2$임을 보여라.

(4) 기븐스 행렬을 이용하여 다음 행렬을 삼각화 하여라.

$$A=\begin{bmatrix} 3 & 0 & 10 \\ 4 & 20 & 29 \\ 12 & 15 & 16 \end{bmatrix}$$

4. 대칭행렬 A의 고유값 $\lambda_1=5$, $\lambda_2=4$, $\lambda_3=-2$ 각각에 대응하는 고유벡터가

$$\mathbf{u}_1=\begin{bmatrix} 1 \\ 0 \\ 0 \end{bmatrix}, \quad \mathbf{u}_1=\begin{bmatrix} 0 \\ 1 \\ 1 \end{bmatrix}, \quad \mathbf{u}_3=\begin{bmatrix} 0 \\ -1 \\ 1 \end{bmatrix}$$

일 때,

(1) 행렬 A를 구하여라.

(2) 행렬 A의 스펙트럴 분해를 구하여라.

5. 대칭행렬 A의 스펙트럴 분해에 의하면

$$A^k=\Sigma_i \lambda_i^k \mathbf{q}_i \mathbf{q}_i^t=QD^kQ^t, \quad D^k=\text{diag}\{\lambda_i^k\}$$

이 된다. 이 때, $k=-1$이면

$$A^{-1}=\Sigma_i \frac{1}{\lambda_i} \mathbf{q}_i \mathbf{q}_i^t=QD^{-1}Q^t$$

이고, $k=\frac{1}{2}$이면

$$A^{1/2}=\Sigma_i \sqrt{\lambda_i}\, \mathbf{q}_i \mathbf{q}_i^t=QD^{1/2}Q^t$$

이다. 이 때, $A^{1/2}$을 A의 **제곱근 행렬**(square root matrix)이라 한다. $A^{1/2}$에 대하여 다음이 성립함을 보여라.

(1) $(A^{1/2})^t=A^{1/2}$

(2) $A^{1/2}A^{1/2}=A$

(3) $(A^{1/2})^{-1}=\Sigma_i \lambda_i^{-1/2} \mathbf{q}_i \mathbf{q}_i^t=QD^{-1/2}Q^t$

(4) $A^{1/2}A^{-1/2}=A^{-1/2}A^{1/2}=I$

(5) $A^{-1/2}A^{-1/2}=A^{-1}$

6. 확률벡터 $\mathbf{x}$의 공분산행렬을 $V=[\sigma_{ij}]$, 상관행렬을 $R=[\rho_{ij}]$라 할 때 다음을 보여라.

$$R=D^{-1/2}VD^{-1/2}, \quad D=\text{diag}\{\sigma_i^2\}, \quad \sigma_i^2=\sigma_{ii}, \quad \rho_{ij}=\frac{\sigma_{ij}}{\sigma_i\sigma_j}$$

7. 실수행렬 $A=[a_{ij}]$에 대하여

(1) A가 대칭행렬일 때 A의 0이 아닌 고유값들이 1이 되기 위한 필요충분조건은 $A^2=A$ 임을 보여라.

(2) A가 정방행렬이고 Q가 직교행렬일 때 $\mathrm{tr}(Q^t AQ)=\mathrm{tr}(A)$임을 보여라.

(3) 대칭행렬 A가 멱등행렬이면 $r(A)=\mathrm{tr}(A)$임을 보여라.

(4) A가 대칭행렬일 때 A의 고유값들의 제곱합이 $\sum_i \sum_j a_{ij}^2$임을 보여라.

8. 다음 각 이차형식이 $f(\mathbf{x})=\mathbf{x}^t A\mathbf{x}$인 대칭행렬을 구하고 이차형식을 분류하여라.

(1) $f(\mathbf{x})=2x^2+4xy-3y^2$

(2) $f(\mathbf{x})=-x^2+6xy+y^2$

(3) $f(\mathbf{x})=3x^2+4xy+5y^2$

(4) $f(\mathbf{x})=x^2-4y^2+3z^2+2xy-6xz+8yz$

9. 다음 각 이차방정식의 그래프를 그려라.

(1) $2x^2-\sqrt{3}\,xy+y^2-10=0$

(2) $5x^2+4xy+2y^2-\dfrac{28}{\sqrt{5}}x-\dfrac{4}{\sqrt{5}}y+4=0$

(3) $x^2+2y^2-6x+8y+9=0$

(4) $3x^2+2\sqrt{3}\,xy+y^2+4x=4$

5.3 특이값 분해와 일반화 역행렬

앞 절에서 대칭행렬 A의 직교유사표준형을 이용하여 A를 유용한 형태의 행렬들의 곱으로 인수분해 하고 이를 활용하고 있음을 알 수 있다. 이 절에서는 임의의 행렬을 유용한 행렬들의 곱으로 인수분해 하는 문제에 대하여 논의하고자 한다.

특이값 분해

$m\times n$행렬 A에 대하여 A^tA는 n차 대칭행렬이므로 A^tA는 스펙트럴 정리에 의하여 직교 대각화가 가능하고, 또한, A^tA의 고유값 λ에 대응하는 정규고유벡터를 $\mathbf{v}$라 하면

$$\|A\mathbf{v}\|^2=(A\mathbf{v})^tA\mathbf{v}=\mathbf{v}^tA^tA\mathbf{v}=\lambda\mathbf{v}^t\mathbf{v}=\lambda\geq 0$$

이므로 A^tA의 모든 고유치는 음이 아닌 실수들이다.

정의 5.3.1 특이값(singular value)

$m\times n$행렬 A에 대하여 A^tA의 고유값의 제곱근을 A의 특이값이라 하고, 기호 $\nu_1\geq\nu_2\geq\cdots\geq\nu_n$으로 나타낸다.

예제 5.3.1 다음 각 행렬의 특이값을 구하여라.

$$A=\begin{bmatrix}1&0\\0&1\\-1&1\end{bmatrix},\quad B=\begin{bmatrix}1&0&1\\0&1&0\end{bmatrix}$$

풀이

$$A^tA=\begin{bmatrix}2&-1\\-1&2\end{bmatrix}$$

의 특성방정식은

$$(2-\lambda)^2-1=(\lambda-3)(\lambda-1)=0$$

이므로 A의 특이값은 $\nu_1=\sqrt{3}$, $\nu_2=1$이다.

$$B^tB=\begin{bmatrix}1&0&1\\0&1&0\\1&0&1\end{bmatrix}$$

의 특성방정식은

$$(1-\lambda)^3-(1-\lambda)=\lambda(\lambda-2)(\lambda-1)=0$$

이므로 B의 특이값은 $\nu_1=\sqrt{2}$, $\nu_2=1$, $\nu_3=0$**이다.**

임의의 $m\times n$행렬 A에 대하여 $\mathbf{A}^t\mathbf{A}$의 고유치 $\lambda_1\geq\lambda_2\geq\cdots\geq\lambda_n$에 대응하는 정규고유벡터를 $\mathbf{v}_1, \mathbf{v}_2, \cdots, \mathbf{v}_n$이라 하면 $\lambda_i=\|\mathbf{Av}_i\|^2$이므로 $\nu_i=\sqrt{\lambda_i}=\|\mathbf{Av}_i\|$이 된다. 다시 말하면 A의 특이값들은 선형변환 $\mathbf{Av}_i$의 크기라는 것이다. 따라서 $\mathbb{R}^n$에 속하고 크기가 1인 모든 벡터 $\mathbf{x}$에 대하여

$$\nu_n\leq\|\mathbf{Ax}\|\leq\nu_1$$

이 된다. 즉, $\|\mathbf{x}\|=1$인 모든 벡터 $\mathbf{x}$에 대하여 $\|\mathbf{Ax}\|$의 최댓값은 ν_1이고 최소값은 ν_n이 된다. 예제 5.3.1의 행렬 A에 의한 선형변환 $\mathbf{Ax}$는 $\mathbb{R}^2$에 속하는 벡터 $\mathbf{x}$를 $\mathbb{R}^3$에 속하는 평면

$$\begin{bmatrix}x\\y\\z\end{bmatrix}=t\begin{bmatrix}1\\0\\-1\end{bmatrix}+s\begin{bmatrix}0\\1\\1\end{bmatrix} \quad\Leftrightarrow\quad x-y+z=0$$

에 속하는 벡터로 변환하는 것이다. 따라서 $\mathbb{R}^2$에 속하는 크기 1인 모든 벡터 $\mathbf{x}$를 A를 이용하여 선형변환 한 결과, 즉, $\mathbb{R}^2$ 위의 단위원을 A로 변환한 결과는 $\mathbb{R}^3$에 속하는 평면 $x-y+z=0$ 위의 타원인데, 그 타원은 축 방향이 $\mathbf{AA}^t$의 단위고유벡터 방향이고 장축의 길이는 $\nu_1=\sqrt{3}$, 단축의 길이는 $\nu_2=1$인 타원이 된다.

정리 5.3.1 특이값 분해(SVD, singular value decomposition)

$m\times n(m\leq n)$**행렬 A의 특이값을**

$$\nu_1\geq\nu_2\geq\cdots\geq\nu_r>0,\ \nu_{r+1}=\nu_{r+2}=\cdots=\nu_n=0$$

이라 하면 $\mathbf{A}=\mathbf{PVQ}^t$**을 만족하는** m**차 직교행렬 P와** n**차 직교행렬 Q가 존재한다. 여기서 행렬 V는** 0**보다 큰** r**개의 특이값들이 대각원소인 대각행렬과 대각행렬을 제외한 모든 원소는** 0**으로 구성된** $m\times n$**행렬이다.**

임의의 행렬 A를 정리 5.3.1의 $\mathbf{PVQ}^t$로 인수분해 한 것을 A의 특이값 분해라 한다.

A의 특이값 분해 PVQ^t에서 P와 Q는 유일하지 않지만 V는 반드시 특이값을 포함한 $m\times n$행렬이다. 즉, $m\le n$일 때, $D_r=\text{diag}\{\nu_i\}$이라 하면

$$V=\begin{bmatrix} D_r & O_{r\times(n-r)} \\ O_{(m-r)\times r} & O_{(m-r)\times(n-r)} \end{bmatrix}$$

이다. 이제, 정리 5.3.1을 증명하여 보자.

대칭행렬 AA^t는 계수가 r인 양반정치행렬이므로

$$P^tAA^tP=\begin{bmatrix} D_r^2 & O \\ O & O \end{bmatrix}=D_m^2$$

인 m차 직교행렬 P가 존재한다. 여기서 D_r은 $D_r=\text{diag}\{d_i\}$, $d_i\ne 0$인 대각행렬이다. 이제, P를 $m\times r$행렬 P_1과 $m\times(m-r)$행렬 P_2로 분할하면, 즉, $P=[P_1\ P_2]$라 하면

$$P^tAA^tP=\begin{bmatrix} P_1^t \\ P_2^t \end{bmatrix}AA^t[P_1\ P_2]=D_m^2$$

으로부터

$$P_1^tAA^tP_1=D_r^2 \iff (D_r^{-1}P_1^tA)(D_r^{-1}P_1^tA)^t=I_r,$$

$$P_2^tAA^tP_2=O \iff (P_2^tA)(P_2^tA)^t=O$$

이므로 $P_2^tA=O$이 된다. 다음으로 행렬 Q_1을

$$Q_1=A^tP_1D_r^{-1}$$

으로 정의하면 Q_1은 $n\times r$행렬이고 $Q_1^tQ_1=I_r$이므로 Q_1의 모든 열들은 정규직교벡터들이다. 그리고 $(n-r)$개의 정규직교벡터들을 열로 하는 $n\times(n-r)$행렬 Q_2를 만들면 Q_2의 모든 열들은 Q_1의 모든 열들과 직교한다. 따라서 $Q=[Q_1\ Q_2]$는 직교행렬이고

$$P^tAQ=\begin{bmatrix} P_1^t \\ P_2^t \end{bmatrix}A[Q_1\ Q_2]=\begin{bmatrix} P_1^tAQ_1 & P_1^tAQ_2 \\ P_2^tAQ_1 & P_2^tAQ_2 \end{bmatrix}$$

이 된다. 그런데 $P_2^tA=O$이므로

$$P_2^tAQ_1=O_2,\ P_2^tAQ_2=O_3$$

이고, $Q_1^tQ_2=O$이므로 $Q_1=A^tP_1D_r^{-1}$로부터

$$Q_1^tQ_2=D_r^{-1}P_1^tAQ_2=O$$

이 된다. 따라서 $P_1^tAQ_2=O_1$이고, O_2는 $(m-r)\times r$차 영행렬, O_3는 $(m-r)\times(n-r)$차

영행렬, O_1은 $r\times(n-r)$차 영행렬이다. 그리고 $P_1^tAA^tP_1=D_r^2$의 양변에 D_r^{-1}을 곱하면

$$P_1^tAA^tP_1D_r^{-1}=P_1^tAQ_1=D_r$$

이 된다. 이상으로부터

$$P^tAQ=\begin{bmatrix} D_r & O_1 \\ O_2 & O_3 \end{bmatrix}=D_m$$

이므로 $A=PD_mQ^t$이다. 한편,

$$A^tA=QD_m^tP^tPD_mQ^t=QD_m^tD_mQ^t$$

이고,

$$D_m^tD_m=\begin{bmatrix} D_r & O_2 \\ O_1 & O_3 \end{bmatrix}\begin{bmatrix} D_r & O_2 \\ O_1 & O_3 \end{bmatrix}=\begin{bmatrix} D_r^2 & O_{23} \\ O_{32} & O_{33} \end{bmatrix}$$

이므로 D_r^2은 A^tA의 0이 아닌 고유값을 대각원소로 하는 대각행렬이고, Q는 0이 아닌 고유값에 대응하는 고유벡터들로 만들어진 직교행렬이다. 따라서 $V=D_m$이 된다.

$m\le n$일 때 $m\times n$행렬 A의 특이값 분해가 PVQ^t이면

$$AA^t=PVQ^tQVP^t=PV^2P^t$$

이므로 P는 AA^t의 고유값에 대응하는 고유벡터들로 만들어진 m차 직교행렬이고

$$A^tA=QVP^tPVQ^t=QV^2Q^t$$

이므로 Q는 A^tA의 고유값에 대응하는 고유벡터들로 만들어진 n차 직교행렬이 된다.

예제 5.3.2 **예제 5.3.1의 각 행렬에 대한 특이값 분해를 구하여라.**

풀이

$$A^tA=\begin{bmatrix} 2 & -1 \\ -1 & 2 \end{bmatrix}$$

의 고유값에 대응하는 정규직교벡터는

$$\frac{1}{\sqrt{2}}\begin{bmatrix} -1 \\ 1 \end{bmatrix},\quad \frac{1}{\sqrt{2}}\begin{bmatrix} 1 \\ 1 \end{bmatrix}$$

이다. 그리고

$$AA^t=\begin{bmatrix} 1 & 0 & -1 \\ 0 & 1 & 1 \\ -1 & 1 & 2 \end{bmatrix}$$

의 특성방정식은 $(\lambda-3)(\lambda-1)\lambda=0$이므로 AA^t의 고유값 $\lambda_1=3$, $\lambda_2=1$과 $\lambda_3=0$에 대응되는 정규직교벡터는

$$\frac{1}{\sqrt{6}}\begin{bmatrix}-1\\1\\2\end{bmatrix},\quad \frac{1}{\sqrt{2}}\begin{bmatrix}1\\1\\0\end{bmatrix},\quad \frac{1}{\sqrt{3}}\begin{bmatrix}1\\-1\\1\end{bmatrix}$$

로 구해진다. 따라서 A의 특이값 분해는

$$A=PVQ^t=\begin{bmatrix}-\frac{1}{\sqrt{2}} & \frac{1}{\sqrt{2}}\\ \frac{1}{\sqrt{2}} & \frac{1}{\sqrt{2}}\end{bmatrix}\begin{bmatrix}\sqrt{3} & 0 & 0\\ 0 & 1 & 0\end{bmatrix}\begin{bmatrix}-\frac{1}{\sqrt{6}} & \frac{1}{\sqrt{2}} & \frac{1}{\sqrt{3}}\\ \frac{1}{\sqrt{6}} & \frac{1}{\sqrt{2}} & -\frac{1}{\sqrt{3}}\\ \frac{2}{\sqrt{6}} & 0 & \frac{1}{\sqrt{3}}\end{bmatrix}$$

이 된다. 그리고 A^t의 특이값 분해는

$$A^t=QV^tP^t=\begin{bmatrix}-\frac{1}{\sqrt{6}} & \frac{1}{\sqrt{6}} & \frac{2}{\sqrt{6}}\\ \frac{1}{\sqrt{2}} & \frac{1}{\sqrt{2}} & 0\\ \frac{1}{\sqrt{3}} & -\frac{1}{\sqrt{3}} & \frac{1}{\sqrt{3}}\end{bmatrix}\begin{bmatrix}\sqrt{3} & 0\\ 0 & 1\\ 0 & 0\end{bmatrix}\begin{bmatrix}-\frac{1}{\sqrt{2}} & \frac{1}{\sqrt{2}}\\ \frac{1}{\sqrt{2}} & \frac{1}{\sqrt{2}}\end{bmatrix}$$

이 된다. 다음으로

$$BB^t=\begin{bmatrix}2 & 0\\ 0 & 1\end{bmatrix},\quad P=\begin{bmatrix}1 & 0\\ 0 & 1\end{bmatrix}$$

이므로

$$B^tB=\begin{bmatrix}1 & 0 & 1\\ 0 & 1 & 0\\ 1 & 0 & 1\end{bmatrix},\quad \mathbf{q}_1=\frac{1}{\sqrt{2}}\begin{bmatrix}1\\0\\1\end{bmatrix},\ \mathbf{q}_2=\begin{bmatrix}0\\1\\0\end{bmatrix},\ \mathbf{q}_3=\frac{1}{\sqrt{2}}\begin{bmatrix}-1\\0\\1\end{bmatrix}$$

이다. 따라서 B의 특이값 분해는 다음과 같다.

$$B=\begin{bmatrix}1 & 0\\ 0 & 1\end{bmatrix}\begin{bmatrix}\sqrt{2} & 0 & 0\\ 0 & 1 & 0\end{bmatrix}\begin{bmatrix}\frac{1}{\sqrt{2}} & 0 & \frac{1}{\sqrt{2}}\\ 0 & 1 & 0\\ -\frac{1}{\sqrt{2}} & 0 & \frac{1}{\sqrt{2}}\end{bmatrix}.$$

행렬의 특이값 분해는 대칭행렬의 고유값 분해와 유사한 형태, 즉,

$$A=PVQ^t=[\mathbf{p}_1\ \cdots\ \mathbf{p}_r\ \mathbf{p}_{r+1}\ \cdots\ \mathbf{p}_m]\left[\begin{array}{ccc|ccc}\nu_1 & \cdots & 0 & 0 & \cdots & 0\\ \vdots & \ddots & \vdots & \vdots & \ddots & \vdots\\ 0 & \cdots & \nu_r & 0 & \cdots & 0\\ \hline 0 & \cdots & 0 & 0 & \cdots & 0\\ \vdots & \ddots & \vdots & \vdots & \ddots & \vdots\\ 0 & \cdots & 0 & 0 & \cdots & 0\end{array}\right]\left[\begin{array}{c}\mathbf{q}_1^t\\ \vdots\\ \mathbf{q}_r^t\\ \hline \mathbf{q}_{r+1}^t\\ \vdots\\ \mathbf{q}_n^t\end{array}\right]$$

(열 블록: r, $n-r$; 행 블록: r, $m-r$)

$$=[\mathbf{p}_1 \cdots \mathbf{p}_r]\begin{bmatrix}\nu_1 & \cdots & 0 \\ \vdots & \ddots & \vdots \\ 0 & \cdots & \nu_r\end{bmatrix}\begin{bmatrix}\mathbf{q}_1 \\ \vdots \\ \mathbf{q}_r\end{bmatrix}=\sum_{i=1}^{r}\nu_i\mathbf{p}_i\mathbf{q}_r^t$$

와 같은 형태로 나타낼 수 있다. 이와 같은 형태를 **SVD의 외적꼴**(outer product form)이라 부른다.

예제 5.3.1의 행렬 $\mathbf{A}$에 의한 선형변환 $\mathbf{Ax}$는 $\mathbb{R}^2$ 위의 단위원이 $\mathbb{R}^3$에 속하는 평면 위의 축 방향이 $\mathbf{AA}^t$의 단위고유벡터 방향이고 축의 길이가 $\mathbf{A}$의 특이값인 타원으로 변환하는 것임을 보였는데, 이를 일반화하여 보자.

계수가 r인 $m\times n$행렬 $\mathbf{A}$의 특이값을

$$\nu_1\geq\nu_2\geq\cdots\geq\nu_r>0,\ \nu_{r+1}=\nu_{r+2}=\cdots=\nu_n=0$$

이라 하고 $\mathbf{A}=\mathbf{PVQ}^t$을 만족하는 m차 직교행렬을 $\mathbf{P}=[\mathbf{p}_i]$, n차 직교행렬을 $\mathbf{Q}=[\mathbf{q}_i]$라 하면 $\mathbb{R}^n$에 속하는 단위벡터 $\mathbf{x}$에 대한 선형변환 $\mathbf{Q}^t\mathbf{x}$는 직교변환이므로 $\|\mathbf{Q}^t\mathbf{x}\|=\|\mathbf{x}\|$가 된다. 즉, $\mathbf{Q}^t\mathbf{x}=[\mathbf{q}_i^t\mathbf{x}]$는 단위벡터이므로

$$\|\mathbf{Q}^t\mathbf{x}\|^2=\sum_{i=1}^{n}(\mathbf{q}_i^t\mathbf{x})^2=1$$

이 된다. 그리고 SVD의 외적형으로부터

$$\mathbf{Ax}=\left(\sum_{i=1}^{r}\nu_i\mathbf{p}_i\mathbf{q}_i^t\right)\mathbf{x}=\sum_{i=1}^{r}(\nu_i\mathbf{q}_i^t\mathbf{x})\mathbf{p}_i$$

가 되는데, $y_i=\nu_i\mathbf{q}_i^t\mathbf{x}$라 하면

$$\mathbf{Ax}=y_1\mathbf{p}_1+y_2\mathbf{p}_2+\cdots+y_r\mathbf{p}_r$$

이 된다. 따라서 $r=n$이면 $n\leq m$이어야 하며, $\mathbf{y}=[y_1\ y_2\ \cdots\ y_n]^t$일 때 $\mathbf{Ax}=\mathbf{Py}$가 되고 $\mathbf{P}$는 직교행렬이므로

$$\|\mathbf{Ax}\|=\|\mathbf{Py}\|=\|\mathbf{y}\|$$

가 된다. 그런데

$$\sum_{i=1}^{n}\left(\frac{y_i}{\nu_i}\right)^2=\sum_{i=1}^{n}(\mathbf{q}_i^t\mathbf{x})^2=1$$

이므로 $\mathbf{Ax}$는 $\mathbb{R}^m$에 속하는 타원체의 겉면이 된다. 한편, $r<n$이면 위의 식에서 $n-r$개 항이 사라지므로

$$\sum_{i=1}^{r}\left(\frac{y_i}{\nu_i}\right)^2=\sum_{i=1}^{r}(\mathbf{q}_i^t\mathbf{x})^2<\sum_{i=1}^{n}(\mathbf{q}_i^t\mathbf{x})^2=1$$

이 되어 $\mathbf{Ax}$는 $\mathbb{R}^m$에 속하는 타원체의 내부가 된다.

예제 5.3.3 예제 5.3.1의 B에 의한 선형변환 Bx에서 $\mathbb{R}^3$의 $\|\mathbf{x}\|=1$에 대한 상을 구하여라.

풀이

행렬 B의 SVD는

$$B=\begin{bmatrix}1&0\\0&1\end{bmatrix}\begin{bmatrix}\sqrt{2}&0&0\\0&1&0\end{bmatrix}\begin{bmatrix}\frac{1}{\sqrt{2}}&0&\frac{1}{\sqrt{2}}\\0&1&0\\-\frac{1}{\sqrt{2}}&0&\frac{1}{\sqrt{2}}\end{bmatrix}$$

이고 $r=\mathrm{r}(A)=2<3=n$이므로 B에 의한 $\mathbb{R}^3$의 $\|\mathbf{x}\|=1$에 대한 상은

$$\frac{1}{2}y_1^2+y_2^2<1$$

을 만족한다. 즉, 이차원 평면에서 $\mathbf{p}_1=\mathbf{e}_1$방향으로의 장축의 길이가 $\sqrt{2}$이고, $\mathbf{p}_2=\mathbf{e}_2$방향으로의 단축의 길이가 1인 타원체의 내부가 $\|\mathbf{x}\|=1$에 대한 상이다.

최소제곱해

설명변수 x와 반응변수 y 사이의 관계가 $y=\beta_0+\beta_1 x$로 정확하다면 (x, y)에 대한 n개의 자료 $(x_1, y_1), (x_2, y_2), \cdots, (x_n, y_n)$은

$$y_i=\beta_0+\beta_1 x_i,\ \ i=1, 2, \cdots, n$$

을 만족하여야 한다. 이런 경우는 x_i들이 서로 선형관계일 때이고, 실제로는

$$y_i=a+bx_i+\varepsilon_i,\ \ i=1, 2, \cdots, n$$

로 가정하는 것이 타당하다고 할 것이다. 따라서 문제는 주어진 자료에 근사적으로 잘 맞는 직선 $y=a+bx$를 찾는 것이 된다. 주어진 n개의 자료에 가장 잘 맞는 최적 직선으로 각 자료에서 직선까지의 수직거리

$$\varepsilon_i=y_i-a-bx_i$$

들의 제곱합 $\sum\varepsilon_i^2$을 최소로 하는 직선을 생각할 수 있다.(그림 5.3.1) 이와 같은 문제를

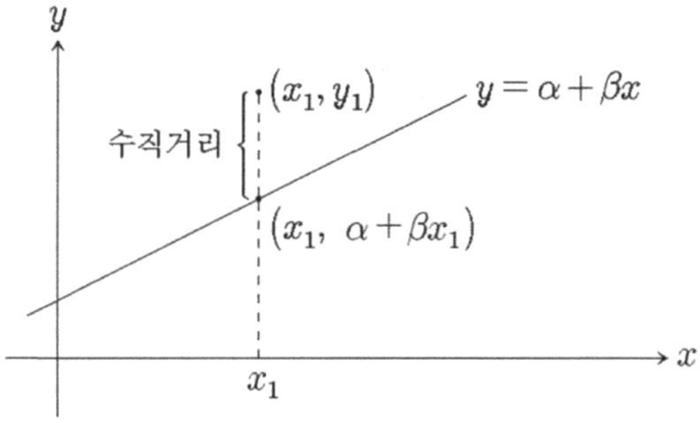

그림 5.3.1 수직거리

행렬과 벡터로 표현하면

$$\mathbf{y}=\begin{bmatrix} y_1 \\ y_2 \\ \vdots \\ y_n \end{bmatrix}=\begin{bmatrix} 1 & x_1 \\ 1 & x_2 \\ \vdots & \vdots \\ 1 & x_n \end{bmatrix}\begin{bmatrix} a \\ b \end{bmatrix}+\begin{bmatrix} \varepsilon_1 \\ \varepsilon_1 \\ \vdots \\ \varepsilon_n \end{bmatrix}=\mathrm{X}\boldsymbol{\beta}+\boldsymbol{\varepsilon}$$

에서 $\|\boldsymbol{\varepsilon}\|^2$ 또는 $\|\boldsymbol{\varepsilon}\|$를 최소로 하는 직선 $y=a+bx$를 찾는 것이 된다. 이를 일반화 한 것이 다음의 정의 5.3.2이다.

정의 5.3.2 최소제곱해(least squares solution)

$n\times k$ 행렬 X와 $\mathbf{R}^n$에 속하는 $\mathbf{y}$에 대하여

$$^{\forall}\,\mathbf{y}\in\mathbf{R}^n,\ \|\mathbf{y}-\mathrm{X}\boldsymbol{\beta}_L\|\le\|\mathbf{y}-\mathrm{X}\boldsymbol{\beta}\|$$

를 만족하는 $\mathbf{R}^k$에 속하는 벡터 $\boldsymbol{\beta}_L$를 $\mathrm{X}\boldsymbol{\beta}=\mathbf{y}$에 대한 최소제곱해라 한다.

벡터 $\mathrm{X}\boldsymbol{\beta}$는 X의 열공간 $\mathbf{C}(\mathrm{X})$에 속하는 벡터이므로 $\mathrm{X}\boldsymbol{\beta}=\mathbf{y}$의 최소제곱해는 $\mathbf{C}(\mathrm{X})$에 속하는 모든 벡터 $\mathbf{c}$에 대하여

$$\|\mathbf{y}-\mathbf{c}_L\|\le\|\mathbf{y}-\mathbf{c}\|$$

를 만족하는 $\mathbf{c}_L$이 된다. 그런데 $\mathbf{c}_L$은 $\mathbf{y}$에 가장 근접한 $\mathbf{C}(\mathrm{X})$에 속하는 벡터이고, 이 벡터는 $\mathbf{C}(\mathrm{X})$에 대한 $\mathbf{y}$의 직교투영이므로 $\mathrm{X}\boldsymbol{\beta}=\mathbf{y}$의 최소제곱해를 $\boldsymbol{\beta}_L$이라 하면

$$\mathrm{X}\boldsymbol{\beta}_L=\mathrm{proj}_{\mathbf{C}(\mathrm{X})}(\mathbf{y})$$

가 된다. 그런데

$$\mathbf{y}-\mathrm{X}\boldsymbol{\beta}_L=\mathbf{y}-\mathrm{proj}_{\mathbf{C}(\mathrm{X})}(\mathbf{y})$$

는 $\mathbf{C}(\mathrm{X})$에 직교하는 벡터이므로 X의 모든 열벡터 $\mathbf{x}_i$에 대하여

$$\mathbf{x}_i \cdot (\mathbf{y} - \mathrm{X}\boldsymbol{\beta}_L) = \mathbf{x}_i^t (\mathbf{y} - \mathrm{X}\boldsymbol{\beta}_L) = 0$$

이 되어야 한다. 즉,

$$\mathrm{X}^t(\mathbf{y} - \mathrm{X}\boldsymbol{\beta}_L) = \begin{bmatrix} \mathbf{x}_1^t \\ \mathbf{x}_2^t \\ \vdots \\ \mathbf{x}_k \end{bmatrix} (\mathbf{y} - \mathrm{X}\boldsymbol{\beta}_L) = \begin{bmatrix} \mathbf{x}_1^t(\mathbf{y} - \mathrm{X}\boldsymbol{\beta}_L) \\ \mathbf{x}_2^t(\mathbf{y} - \mathrm{X}\boldsymbol{\beta}_L) \\ \vdots \\ \mathbf{x}_k(\mathbf{y} - \mathrm{X}\boldsymbol{\beta}_L) \end{bmatrix} = \begin{bmatrix} 0 \\ 0 \\ \vdots \\ 0 \end{bmatrix} = \mathbf{0}$$

이어야 하므로

$$\mathrm{X}^t\mathbf{y} - \mathrm{X}^t\mathrm{X}\boldsymbol{\beta}_L = \mathbf{0} \text{ 또는 } \mathrm{X}^t\mathbf{y} = \mathrm{X}^t\mathrm{X}\boldsymbol{\beta}_L$$

이 된다. $\mathrm{X}^t\mathbf{y} = \mathrm{X}^t\mathrm{X}\boldsymbol{\beta}_L$를 $\boldsymbol{\beta}_L$을 구하기 위한 **정규방정식**(normal equations)이라 하는데, 이와 같은 정규방정식을 만족하는 해가 $\mathrm{X}\boldsymbol{\beta} = \mathbf{y}$의 최소제곱해가 된다. 행렬 X의 열벡터들이 선형독립이면 $\mathrm{X}^t\mathrm{X}$의 역행렬이 존재하므로 $\mathrm{X}\boldsymbol{\beta} = \mathbf{y}$의 최소제곱해는

$$\boldsymbol{\beta}_L = (\mathrm{X}^t\mathrm{X})^{-1}\mathrm{X}^t\mathbf{y}$$

로 유일하게 존재한다. $n \times k$행렬 X의 모든 열벡터들이 선형독립일 때 정규방정식에 X의 QR-분해 X=QR을 이용하면

$$(\mathrm{QR})^t\mathrm{QR}\boldsymbol{\beta}_L = \mathrm{R}^t\mathrm{Q}^t\mathrm{QR}\boldsymbol{\beta}_L = \mathrm{R}^t\mathrm{Q}^t\mathbf{y}$$

가 되는데, Q는 정규직교열로 이루어진 $n \times k$행렬이므로

$$\mathrm{R}^t\mathrm{R}\boldsymbol{\beta}_L = \mathrm{R}^t\mathrm{Q}^t\mathbf{y}$$

이 된다. 그런데 R은 역행렬이 존재하는 상삼각행렬이므로 R^t의 역행렬도 존재한다. 따라서 $\mathrm{X}\boldsymbol{\beta} = \mathbf{y}$의 최소제곱해는

$$\boldsymbol{\beta}_L = \mathrm{R}^{-1}\mathrm{Q}^t\mathbf{y}$$

가 된다.

일반화 역행렬

$n \times n$행렬 A에 의한 연립방정식 $\mathrm{A}\mathbf{x} = \mathbf{b}$에서 A의 역행렬이 존재하면 연립방정식의 해는 $\mathbf{x} = \mathrm{A}^{-1}\mathbf{b}$로 유일하게 존재한다. 그러나 $m > n$인 A가 $m \times n$행렬일 때는 $\mathrm{A}\mathbf{x} = \mathbf{b}$의 정확한 해는 존재하지 않지만 $\mathrm{r}(\mathrm{A}) = n$이면 $\mathrm{A}\mathbf{x} = \mathbf{b}$의 최소제곱해는

$$\mathbf{x}_L=(A^tA)^{-1}A^t\mathbf{b}$$

으로 유일하게 존재한다. 여기서 행렬 $(A^tA)^{-1}A^t$는 A의 역행렬 역할을 하는 것으로 볼 수 있다. 이 행렬 $(A^tA)^{-1}A^t$을 A의 **유사역행렬**(pseudo-inverse matrix)이라 한다.

A의 유사역행렬 $M=(A^tA)^{-1}A^t$는

(i) AMA=A

(ii) MAM=M

(iii) AM와 MA는 대칭행렬

을 만족하는 행렬이다. A의 유사역행렬은 A^tA가 정칙행렬일 때만 존재하는데, 펜로즈(Penrose, 1955)는 무어(Moore, 1920)의 주장을 근거로 임의의 행렬에 대하여 **펜로즈 조건**이라 부르는 위의 세 조건을 만족하는 행렬이 유일하게 존재함을 증명하였다.

정의 5.3.3 무어-펜로즈 역행렬(Moore-Penrose inverse matrix)

$m\times n$ 행렬 A의 SVD를 $A=PVQ^t$라 할 때 $n\times m$ 행렬 $M=QV^-P^t$를 A의 무어-펜로즈 역행렬이라 한다. 여기서 A의 0아닌 특이값들을 대각원소로 하는 r차 대각행렬을 D라 할 때 V와 V^-는 다음과 같은 행렬이다.

$$V=\begin{bmatrix} D & O \\ O & O \end{bmatrix},\quad V^-=\begin{bmatrix} D^{-1} & O \\ O & O \end{bmatrix}.$$

펜로즈 조건들에 의하여 정의되는 M은 유일하게 존재하지만 펜로즈 조건의 (i)을 만족하는 행렬 M은 많이 존재한다. 그렇지만 이 행렬은 선형 연립방정식 $A\mathbf{x}=\mathbf{b}$의 해를 구하고자 할 때 중요한 역할을 한다.

정의 5.3.4 일반화 역행렬(generalized inverse matrix)

펜로즈 조건의 (i) AGA=A만 만족하는 행렬 G를 A의 일반화 역행렬이라 하고 기호 A^-로 나타낸다.

선형 연립방정식 $A\mathbf{x}=\mathbf{b}$에서 $\mathbf{b}$가 A의 열공간 $\mathbf{C}(A)$에 속하는 벡터일 때 $A\mathbf{x}=\mathbf{b}$를 **일**

치방정식(consistent equations)이라 한다. 예컨대, 다음과 같은 연립방정식

$$\mathbf{Ax}=\begin{bmatrix}1 & 2\\3 & 6\end{bmatrix}\begin{bmatrix}x\\y\end{bmatrix}=\begin{bmatrix}3\\9\end{bmatrix}=\mathbf{b}$$

에서

$$c_1\begin{bmatrix}1\\3\end{bmatrix}+c_2\begin{bmatrix}2\\6\end{bmatrix}=c\begin{bmatrix}1\\3\end{bmatrix}$$

이므로 A의 열공간 $\mathbf{C}(\mathrm{A})$는

$$\mathbf{C}(\mathrm{A})=\mathrm{span}\left(\begin{bmatrix}1\\3\end{bmatrix}\right)$$

이 된다. 따라서 $\mathbf{b}=[3\ \ 9]^t$가 $\mathbf{C}(\mathrm{A})$에 속하는 벡터이므로 위의 연립방정식은 일치방정식이다. 그러나 $\mathbf{c}=[3\ \ 5]^t$는 $\mathbf{C}(\mathrm{A})$에 속하지 않는 벡터이므로 $\mathbf{Ax}=\mathbf{c}$는 일치방정식이 아니고 그 해가 존재하지 않는다.

$\mathbf{Ax}=\mathbf{b}$가 일치방정식일 때 G를 A의 일반화 역행렬이라 하면 $\mathbf{x}=\mathrm{G}\mathbf{b}$는 $\mathbf{Ax}=\mathbf{b}$에 대한 해가 된다. 계수가 r인 $m\times n$행렬 A의 분할행렬

$$\mathrm{A}=\begin{bmatrix}\mathrm{A}_{11} & \mathrm{A}_{12}\\\mathrm{A}_{21} & \mathrm{A}_{22}\end{bmatrix}$$

에서 A_{11}이 r차 정칙행렬이면

$$\mathrm{G}=\begin{bmatrix}\mathrm{A}_{11}^{-1} & \mathrm{O}_{12}\\\mathrm{O}_{21} & \mathrm{O}_{22}\end{bmatrix}$$

가 A의 일반화 역행렬이 된다. 여기서 G에 포함된 영행렬들은 G가 $n\times m$행렬이 되도록 하는 영행렬들이다. 계수가 r인 $m\times n$행렬 A의 일반화 역행렬을 구하는 알고리즘에 대하여는 Searle(2017, p.163)을 참조하라.

예제 5.3.4 **다음과 같은 연립방정식에 대하여**

$$\mathbf{Ax}=\begin{bmatrix}1 & 2\\3 & 6\end{bmatrix}\begin{bmatrix}x\\y\end{bmatrix}=\begin{bmatrix}3\\9\end{bmatrix}=\mathbf{b}$$

(1) 행렬 A의 SVD를 이용하여 A의 무어-펜로즈 역행렬을 구하여라.

(2) 행렬 A의 또 다른 일반화 역행렬을 구하여라.

(3) 연립방정식의 해를 구하여라.

풀이

(1) 행렬

$$AA^t=\begin{bmatrix} 5 & 15 \\ 15 & 45 \end{bmatrix}$$

의 고유값과 대응하는 정규고유벡터를 구하면

$$\lambda_1=50,\ \mathbf{u}_1=\begin{bmatrix} 1 \\ 3 \end{bmatrix} \ \rightarrow \ \mathbf{p}_1=\frac{1}{\sqrt{10}}\begin{bmatrix} 1 \\ 3 \end{bmatrix},$$

$$\lambda_2=0,\ \mathbf{u}_2=\begin{bmatrix} 3 \\ -1 \end{bmatrix} \ \rightarrow \ \mathbf{p}_2=\frac{1}{\sqrt{10}}\begin{bmatrix} 3 \\ -1 \end{bmatrix}$$

이고,

$$A^tA=\begin{bmatrix} 10 & 20 \\ 20 & 40 \end{bmatrix}$$

의 고유값에 대응하는 정규고유벡터는

$$\lambda_1=50,\ \mathbf{v}_1=\begin{bmatrix} 1 \\ 2 \end{bmatrix} \ \rightarrow \ \mathbf{q}_1=\frac{1}{\sqrt{5}}\begin{bmatrix} 1 \\ 2 \end{bmatrix},$$

$$\lambda_2=0,\ \mathbf{v}_2=\begin{bmatrix} 2 \\ -1 \end{bmatrix} \ \rightarrow \ \mathbf{q}_2=\frac{1}{\sqrt{5}}\begin{bmatrix} 2 \\ -1 \end{bmatrix}$$

이 된다. 따라서

$$P=\begin{bmatrix} \frac{1}{\sqrt{10}} & \frac{3}{\sqrt{10}} \\ \frac{3}{\sqrt{10}} & -\frac{1}{\sqrt{10}} \end{bmatrix},\quad Q^t=\begin{bmatrix} \frac{1}{\sqrt{5}} & \frac{2}{\sqrt{5}} \\ \frac{2}{\sqrt{5}} & -\frac{1}{\sqrt{5}} \end{bmatrix},\quad V=\begin{bmatrix} \sqrt{50} & 0 \\ 0 & 0 \end{bmatrix}$$

이므로 A의 SVD는

$$A=\begin{bmatrix} \frac{1}{\sqrt{10}} & \frac{3}{\sqrt{10}} \\ \frac{3}{\sqrt{10}} & -\frac{1}{\sqrt{10}} \end{bmatrix}\begin{bmatrix} \sqrt{50} & 0 \\ 0 & 0 \end{bmatrix}\begin{bmatrix} \frac{1}{\sqrt{5}} & \frac{2}{\sqrt{5}} \\ \frac{2}{\sqrt{5}} & -\frac{1}{\sqrt{5}} \end{bmatrix}$$

이고, 무어-펜로즈 역행렬은

$$M=\begin{bmatrix} \frac{1}{\sqrt{5}} & \frac{2}{\sqrt{5}} \\ \frac{2}{\sqrt{5}} & -\frac{1}{\sqrt{5}} \end{bmatrix}\begin{bmatrix} \frac{1}{\sqrt{50}} & 0 \\ 0 & 0 \end{bmatrix}\begin{bmatrix} \frac{1}{\sqrt{10}} & \frac{3}{\sqrt{10}} \\ \frac{3}{\sqrt{10}} & -\frac{1}{\sqrt{10}} \end{bmatrix}=\begin{bmatrix} \frac{1}{50} & \frac{3}{50} \\ \frac{2}{50} & \frac{6}{50} \end{bmatrix}$$

이 된다.

(2) 다음과 같은 행렬

$$G=\begin{bmatrix} 0 & 0 \\ 0 & 6^{-1} \end{bmatrix}$$

는 펜로즈 조건 $AGA=A$를 만족하므로, 즉,

$$\begin{bmatrix}1 & 2\\3 & 6\end{bmatrix}\begin{bmatrix}0 & 0\\0 & 6^{-1}\end{bmatrix}\begin{bmatrix}1 & 2\\3 & 6\end{bmatrix}=\begin{bmatrix}1 & 2\\3 & 6\end{bmatrix}$$

이므로 G는 A의 또 다른 일반화 역행렬이다.

(3) 일반화 역행렬 G를 이용한 연립방정식의 해는

$$\mathbf{x}=\begin{bmatrix}x\\y\end{bmatrix}=\mathrm{Gb}=\begin{bmatrix}0 & 0\\0 & 6^{-1}\end{bmatrix}\begin{bmatrix}3\\9\end{bmatrix}=\begin{bmatrix}0\\\frac{3}{2}\end{bmatrix}$$

이고, 무어-펜로즈 역행렬을 이용한 해는

$$\mathbf{x}=\begin{bmatrix}x\\y\end{bmatrix}=\mathrm{Mb}=\frac{1}{50}\begin{bmatrix}1 & 3\\2 & 6\end{bmatrix}\begin{bmatrix}3\\9\end{bmatrix}=\frac{1}{5}\begin{bmatrix}3\\6\end{bmatrix}$$

으로 구해지는데 두 해는 모두 연립방정식의 해가 된다.

통계학의 선형모형 $\mathbf{y}=\mathrm{X}\boldsymbol{\beta}+\boldsymbol{\varepsilon}$에서 $\boldsymbol{\beta}$의 최소제곱 추정량을 구하기 위한 정규방정식은

$$\mathrm{X}^t\mathrm{X}\boldsymbol{\beta}=\mathrm{X}^t\mathbf{y}$$

와 같은 형태로 표현된다. 따라서 $\mathrm{X}^t\mathrm{X}$의 일반화 역행렬 $(\mathrm{X}^t\mathrm{X})^-$에 대한 성질을 살펴보기로 하자.

$(\mathrm{X}^t\mathrm{X})^-$가 $\mathrm{X}^t\mathrm{X}$의 일반화 역행렬이면

$$\mathrm{X}^t\mathrm{X}(\mathrm{X}^t\mathrm{X})^-\mathrm{X}^t\mathrm{X}=\mathrm{X}^t\mathrm{X}$$

이고, $\mathrm{X}^t\mathrm{X}$가 대칭행렬이므로 이 식의 양변을 전치하면

$$\mathrm{X}^t\mathrm{X}\left[(\mathrm{X}^t\mathrm{X})^-\right]^t\mathrm{X}^t\mathrm{X}=\mathrm{X}^t\mathrm{X}$$

가 된다. 따라서 $\left[(\mathrm{X}^t\mathrm{X})^-\right]^t$도 $\mathrm{X}^t\mathrm{X}$의 일반화 역행렬이 된다. 그리고

$$\mathrm{B}=\mathrm{X}(\mathrm{X}^t\mathrm{X})^-\mathrm{X}^t\mathrm{X}-\mathrm{X}$$

라 하면 $\mathrm{B}^t\mathrm{B}=\mathbf{0}$이 성립하므로(연습문제 5.3.9) $\mathrm{B}=\mathbf{0}$, 즉,

$$\mathrm{X}(\mathrm{X}^t\mathrm{X})^-\mathrm{X}^t\mathrm{X}=\mathrm{X}$$

가 된다. 그러므로 $(\mathrm{X}^t\mathrm{X})^-\mathrm{X}^t$는 X의 일반화 역행렬이고, G_1과 G_2를 $\mathrm{X}^t\mathrm{X}$의 일반화 역행렬이라 하면

$$\mathrm{X}\mathrm{G}_1\mathrm{X}^t\mathrm{X}=\mathrm{X}\mathrm{G}_2\mathrm{X}^t\mathrm{X}$$

가 성립한다. 왜냐 하면

$$H = XG_1X^tX - XG_2X^tX$$

라 하면 $H^tH = \mathbf{0}$이므로(연습문제 5.3.9) $H = \mathbf{0}$이 된다. 따라서 $X(X^tX)^-X^t$는 X^tX의 어떤 일반화 역행렬에 대하여도 불변(invariant)이다. 한편,

$$L = \frac{1}{2}(G + G^t), \quad G = (X^tX)^-$$

라 하면 L은 대칭행렬이고

$$X^tXLX^tX = X^tX$$

이므로(연습문제 5.3.9) L도 X^tX의 일반화 역행렬이다. 그런데 $X(X^tX)^-X^t$는 $(X^tX)^-$에 대하여 불변이므로

$$X(X^tX)^-X^t = XLX^t$$

이고 XLX^t는 대칭행렬이다. 따라서 $X(X^tX)^-X^t$는 $(X^tX)^-$의 대칭 여부와 관계없이 대칭행렬이 된다. 이상의 내용을 정리하면 다음과 같다.

정리 5.3.2 $(X^tX)^-$의 성질

$(X^tX)^-$가 X^tX의 일반화 역행렬이면 다음이 성립한다.

1. **$[(X^tX)^-]^t$는 X^tX의 일반화 역행렬이다.**
2. **$(X^tX)^-X^t$는 X의 일반화 역행렬이다.**
3. **$X(X^tX)^-X^t$는 $(X^tX)^-$에 대하여 불변이다.**
4. **$X(X^tX)^-X^t$는 $(X^tX)^-$의 대칭 여부와 관계없이 대칭행렬이다.**

연습문제 5.3

1. 다음 각 행렬의 특이값 분해를 구하여라.

$$A = \begin{bmatrix} -1 & 0 \\ 0 & 1 \\ 2 & -2 \end{bmatrix}, \quad B = \begin{bmatrix} 1 & 0 & 1 \\ 0 & -3 & 0 \\ 1 & 0 & 1 \end{bmatrix}, \quad C = \begin{bmatrix} 2 & 0 & 1 & 1 \\ 0 & 2 & 1 & 1 \\ 1 & 1 & 1 & 1 \end{bmatrix}$$

2. 다음 행렬 A에 의한 선형변환 Ax에서 $\mathbb{R}^3$의 $\|x\|=1$에 대한 상(image)을 구하여라.

$$A=\begin{bmatrix}2&0&1\\0&2&0\end{bmatrix}$$

3. 다음 행렬 A에 의한 선형변환 Ax에서 $\mathbb{R}^2$의 $\|x\|=1$에 대한 상(image)을 구하여라.

$$A=\begin{bmatrix}1&1\\1&0\\0&1\end{bmatrix}$$

4. QR-분해를 이용하여 다음과 같은 연립방정식의 최소제곱해를 구하여라.

$$Ax=\begin{bmatrix}1&2&2\\-1&1&2\\-1&0&1\\1&1&2\end{bmatrix}\begin{bmatrix}x_1\\x_2\\x_3\end{bmatrix}=\begin{bmatrix}2\\-3\\-2\\0\end{bmatrix}=b$$

5. X와 y가 다음과 같을 때 $y=X\beta$의 β에 대한 최소제곱해를 구하여라.

$$X=\begin{bmatrix}1&2&6\\1&9&10\\1&6&4\\1&3&13\\1&5&2\end{bmatrix},\quad y=\begin{bmatrix}6.2\\6.0\\5.7\\4.8\end{bmatrix},\quad \beta=\begin{bmatrix}\beta_0\\\beta_1\\\beta_2\end{bmatrix}$$

6. 연습문제 5.에서 무어-펜로즈 역행렬을 이용하여 $y=X\beta$의 β에 대한 해를 구하여라.

7. 다음 각 행렬의 무어-펜로즈 역행렬을 구하여라.

$$A=\begin{bmatrix}1&0&-1&1\\0&2&2&2\\-1&4&5&3\end{bmatrix},\quad B=\begin{bmatrix}2&3&1&-1\\5&8&0&1\\1&2&-2&3\end{bmatrix}$$

8. 다음 행렬의 일반화 역행렬을 구하여라.

$$A=\begin{bmatrix}1&2&4&3\\3&-1&2&-2\\5&-4&2&-7\end{bmatrix}$$

9. X^tX의 일반화 역행렬을 $G=(X^tX)^-$라 할 때

$$B=XGX^tX-X,\quad H=XG_1X^tX-XG_2X^tX,\quad L=\frac{1}{2}(G+G^t),\quad P=I-XGX^t$$

에 대하여

(1) $B=0$임을 보여라.

(2) G_1과 G_2가 X^tX의 일반화 역행렬이면 $H=0$임을 보여라.

(3) L이 X^tX의 일반화 역행렬임을 보여라.

(4) P는 대칭행렬이고 멱등행렬임을 보여라.

(5) P는 G에 대하여 불변이다.

5.4 벡터의 미분

다변량 함수 $f(x_1, x_2, \cdots, x_n)$의 각 변수에 대한 일계 편도함수

$$f_i = \frac{\partial f}{\partial x_i},\ i = 1, 2, \cdots, n$$

은 각 좌표축 방향으로의 방향도함수이므로 $\mathbb{R}^n$의 표준단위벡터 $\mathbf{e}_1, \mathbf{e}_2 \cdots, \mathbf{e}_n$을 이용하면 f의 **경사**(傾斜, gradient) ∇f는

$$\nabla f = \sum_{i=1}^{n} f_i \mathbf{e}_i$$

로 쓸 수 있다. 이 경사 ∇f를 벡터 $\mathbf{x} = [x_1\ x_2\ \cdots\ x_n]^t$에 대한 편도함수로 정의하고,

$$\frac{\partial f}{\partial \mathbf{x}} = \nabla f = \left[\frac{\partial f}{x_1}\ \frac{\partial f}{x_2}\ \cdots\ \frac{\partial f}{x_n}\right]^t$$

로 나타낸다. 여기서 연산자 ∇은

$$\nabla = \left[\frac{\partial}{x_1}\ \frac{\partial}{x_2}\ \cdots\ \frac{\partial}{x_n}\right]^t$$

으로 표기하는 벡터에 대한 미분연산자 벡터이다. 이와 같은 정의에 의하면

$$y = \mathbf{a}^t\mathbf{x} = \mathbf{x}^t\mathbf{a} = a_1x_1 + a_2x_2 + \cdots + a_nx_n$$

의 벡터 $\mathbf{x}$에 대한 편도함수는

$$\frac{\partial}{\partial \mathbf{x}}(\mathbf{a}^t\mathbf{x}) = \frac{\partial}{\partial \mathbf{x}}(\mathbf{x}^t\mathbf{a}) = \mathbf{a}$$

가 된다. 이제, 행렬 A의 i번째 행을 열벡터 $\mathbf{a}_i,\ i = 1, 2, \cdots, n$으로 나타내고

$$\mathbf{y} = \mathbf{A}\mathbf{x} = \begin{bmatrix} \mathbf{a}_1^t\mathbf{x} \\ \mathbf{a}_2^t\mathbf{x} \\ \vdots \\ \mathbf{a}_n^t\mathbf{x} \end{bmatrix} = \begin{bmatrix} y_1 \\ y_2 \\ \vdots \\ y_n \end{bmatrix}$$

일 때 $\mathbf{y}$의 $\mathbf{x}$에 대한 편도함수를 구하여 보자. $\mathbf{y}$의 $\mathbf{x}$에 대한 편도함수는 $\mathbf{y}$의 각 성분에 대하여 $\mathbf{x}$에 대한 편도함수를 구하여 한 열에 나열하면 된다. 즉,

$$\frac{\partial y_i}{\partial \mathbf{x}} = \frac{\partial}{\partial \mathbf{x}}(\mathbf{a}_i^t\mathbf{x}) = \mathbf{a}_i,\ i = 1, 2, \cdots, n$$

이므로

$$\frac{\partial \mathbf{y}}{\partial \mathbf{x}}=\frac{\partial}{\partial \mathbf{x}}(\mathrm{A}\mathbf{x})=\frac{\partial}{\partial \mathbf{x}}\begin{bmatrix}\mathbf{a}_1^t\mathbf{x}\\ \mathbf{a}_2^t\mathbf{x}\\ \vdots\\ \mathbf{a}_n^t\mathbf{x}\end{bmatrix}=[\mathbf{a}_1\ \mathbf{a}_2\ \cdots\ \mathbf{a}_n]=\mathrm{A}^t$$

이고,

$$\frac{\partial \mathbf{y}^t}{\partial \mathbf{x}}=\frac{\partial}{\partial \mathbf{x}}(\mathbf{x}^t\mathrm{A}^t)=\left[\frac{\partial}{\partial \mathbf{x}}(\mathrm{A}\mathbf{x})\right]^t=(\mathrm{A}^t)^t=\mathrm{A}$$

가 된다.

예제 5.4.1 다음과 같은 행렬과 벡터

$$\mathrm{A}=\begin{bmatrix}1&0&-1&1\\0&2&2&2\\-1&4&5&3\end{bmatrix},\quad \mathbf{x}=\begin{bmatrix}x_1\\x_2\\x_3\end{bmatrix},\quad \mathbf{y}=\begin{bmatrix}y_1\\y_2\\y_3\\y_4\end{bmatrix}$$

에 대하여 $\mathbf{x}^t\mathrm{A}$, $\mathbf{x}^t\mathrm{A}\mathrm{A}^t$, $\mathrm{A}\mathbf{y}$, $\mathbf{y}^t\mathrm{A}^t$의 $\mathbf{x}$ 또는 $\mathbf{y}$에 대한 편도함수를 구하여라.

풀이

$$\mathbf{x}^t\mathrm{A}=[x_1-x_3\quad 2x_2+4x_3\quad -x_1+2x_3+5x_3\quad x_1+2x_2+3x_3]$$

$$\Rightarrow \frac{\partial}{\partial \mathbf{x}}(\mathbf{x}^t\mathrm{A})=\left[\frac{\partial}{\partial \mathbf{x}}(x_1-x_3)\ \ \frac{\partial}{\partial \mathbf{x}}(2x_2+4x_3)\ \ \frac{\partial}{\partial \mathbf{x}}(-x_1+2x_3+5x_3)\ \ \frac{\partial}{\partial \mathbf{x}}(x_1+2x_2+3x_3)\right]$$

$$=\begin{bmatrix}1&0&-1&1\\0&2&2&2\\-1&4&5&3\end{bmatrix}=\mathrm{A},$$

$$\mathbf{x}^t\mathrm{A}\mathrm{A}^t=[x_1\ \ x_2\ \ x_3]\begin{bmatrix}3&0&-3\\0&12&24\\-3&24&51\end{bmatrix}=[3x_1-3x_3\quad 12x_2+24x_3\quad -3x_1+24x_2+51x_3]$$

$$\Rightarrow \frac{\partial}{\partial \mathbf{x}}(\mathbf{x}^t\mathrm{A}\mathrm{A}^t)=\begin{bmatrix}3&0&-3\\0&12&24\\-3&24&51\end{bmatrix}=\mathrm{A}\mathrm{A}^t,$$

$$\mathrm{A}\,\mathbf{y}=\begin{bmatrix}y_1-y_3+y_4\\2y_2+2y_3+2y_4\\-y_1+4y_2+5y_3+3y_4\end{bmatrix}\quad\Rightarrow\quad \frac{\partial}{\partial \mathbf{y}}(\mathrm{A}\mathbf{y})=\begin{bmatrix}1&0&-1\\0&2&4\\-1&2&5\\1&2&3\end{bmatrix}=\mathrm{A}^t,$$

$$\mathbf{y}^t\mathrm{A}^t=\begin{bmatrix}y_1-y_3+y_4\\2y_2+2y_3+2y_4\\-y_1+4y_2+5y_3+3y_4\end{bmatrix}^t\quad\Rightarrow\quad \frac{\partial}{\partial \mathbf{y}}(\mathbf{y}^t\mathrm{A}^t)=\begin{bmatrix}1&0&-1&1\\0&2&2&2\\-1&4&5&3\end{bmatrix}=\mathrm{A}.$$

다음과 같은 이차형식

$$f(\mathbf{x})=\mathbf{x}^t\mathrm{A}\mathbf{x}=\begin{bmatrix} x_1 & x_2 & x_3 \end{bmatrix}\begin{bmatrix} 3 & 5 & 6 \\ 1 & 2 & 7 \\ 1 & 4 & 5 \end{bmatrix}\begin{bmatrix} x_1 \\ x_2 \\ x_3 \end{bmatrix}$$

$$=3x_1^2+2x_2^2+5x_3^2+6x_1x_2+11x_2x_3+7x_1x_3$$

을 $\mathbf{x}$에 대하여 미분하면

$$\frac{\partial f}{\partial x_1}=(3+3)x_1+(5+1)x_2+(6+1)x_3=\begin{bmatrix} 3 & 5 & 6 \end{bmatrix}\begin{bmatrix} x_1 \\ x_2 \\ x_3 \end{bmatrix}+\begin{bmatrix} 3 & 1 & 1 \end{bmatrix}\begin{bmatrix} x_1 \\ x_2 \\ x_3 \end{bmatrix},$$

$$\frac{\partial f}{\partial x_2}=(2+2)x_2+(1+5)x_1+(7+4)x_3=\begin{bmatrix} 1 & 2 & 7 \end{bmatrix}\begin{bmatrix} x_1 \\ x_2 \\ x_3 \end{bmatrix}+\begin{bmatrix} 5 & 2 & 4 \end{bmatrix}\begin{bmatrix} x_1 \\ x_2 \\ x_3 \end{bmatrix},$$

$$\frac{\partial f}{\partial x_3}=(5+5)x_3+(1+6)x_1+(4+7)x_3=\begin{bmatrix} 1 & 4 & 5 \end{bmatrix}\begin{bmatrix} x_1 \\ x_2 \\ x_3 \end{bmatrix}+\begin{bmatrix} 6 & 7 & 5 \end{bmatrix}\begin{bmatrix} x_1 \\ x_2 \\ x_3 \end{bmatrix}$$

이므로

$$\frac{\partial f}{\partial \mathbf{x}}=\begin{bmatrix} \frac{\partial f}{\partial x_1} \\ \frac{\partial f}{\partial x_2} \\ \frac{\partial f}{\partial x_3} \end{bmatrix}=\begin{bmatrix} 3 & 5 & 6 \\ 1 & 2 & 7 \\ 1 & 4 & 5 \end{bmatrix}\begin{bmatrix} x_1 \\ x_2 \\ x_3 \end{bmatrix}+\begin{bmatrix} 3 & 1 & 1 \\ 5 & 2 & 4 \\ 6 & 7 & 5 \end{bmatrix}\begin{bmatrix} x_1 \\ x_2 \\ x_3 \end{bmatrix}=\mathrm{A}\mathbf{x}+\mathrm{A}^t\mathbf{x}=(\mathrm{A}+\mathrm{A}^t)\mathbf{x}$$

가 된다.

두 벡터의 내적 $\mathbf{u}^t\mathbf{v}$에 대하여 $\mathbf{x}$에 대한 부분미분법을 적용하면

$$\frac{\partial}{\partial \mathbf{x}}(\mathbf{u}^t\mathbf{v})=\frac{\partial \mathbf{u}^t}{\partial \mathbf{x}}\mathbf{v}+\frac{\partial \mathbf{v}^t}{\partial \mathbf{x}}\mathbf{u}$$

이므로 $\mathbf{u}=\mathbf{x}$, $\mathbf{v}=\mathrm{A}\mathbf{x}$라 두면

$$\frac{\partial}{\partial \mathbf{x}}(\mathbf{x}^t\mathrm{A}\mathbf{x})=\frac{\partial \mathbf{x}^t}{\partial \mathbf{x}}\mathrm{A}\mathbf{x}+\frac{\partial (\mathrm{A}\mathbf{x})^t}{\partial \mathbf{x}}\mathbf{x}=\mathrm{A}\mathbf{x}+\mathrm{A}^t\mathbf{x}=(\mathrm{A}+\mathrm{A}^t)\mathbf{x}$$

가 된다. 따라서 A가 대칭행렬이면

$$\frac{\partial}{\partial \mathbf{x}}(\mathbf{x}^t\mathrm{A}\mathbf{x})=2\mathrm{A}\mathbf{x}$$

이다.

예제 5.4.2 예제 5.2.4의 최적화 문제, 즉, $\mathbf{v}^t\mathbf{v}=1$인 조건하에서

$$\max_{\mathbf{v}}\mathbf{v}^t(Z^tZ)\mathbf{v}$$

인 v를 구하는 문제는 **라그랑지 승수법**(Lagrange multiplier method)으로 풀 수 있다. 함수 ϕ를

$$\phi=\mathbf{v}^t(Z^tZ)\mathbf{v}-\lambda(\mathbf{v}^t I\mathbf{v}-1)$$

이라 하면

$$\frac{\partial\phi}{\partial\mathbf{v}}=2(Z^tZ)\mathbf{v}-2\lambda\mathbf{v}=\mathbf{0}$$

으로부터 비음정치 대칭행렬 Z^tZ에 대한 특성방정식

$$(Z^tZ)\mathbf{v}=\lambda\mathbf{v}$$

가 도출된다. 따라서 정리 5.2.3에 의하면 주어진 조건을 만족하는 최적 벡터는 Z^tZ의 최대고유치 λ_1에 대응하는 고유벡터 $\mathbf{v}_1$이 된다.

예제 5.4.3 선형회귀모형

$$\mathbf{y}=X\boldsymbol{\beta}+\boldsymbol{\varepsilon}$$

에서 오차제곱합 $\boldsymbol{\varepsilon}^t\boldsymbol{\varepsilon}$을 최소로 하는 β의 최소제곱 추정량을 구하여라.

풀이

오차제곱합

$$S=\boldsymbol{\varepsilon}^t\boldsymbol{\varepsilon}=(\mathbf{y}-X\boldsymbol{\beta})^t(\mathbf{y}-X\boldsymbol{\beta})=\boldsymbol{\beta}^tX^tX\boldsymbol{\beta}-2\boldsymbol{\beta}^tX^t\mathbf{y}+\mathbf{y}$$

을 최소로 하는 β는

$$\frac{\partial S}{\partial\boldsymbol{\beta}}=2X^tX\boldsymbol{\beta}-2X^t\mathbf{y}=0$$

을 만족하는 벡터이다. 이 벡터를 b라 하면

$$X^tX\mathrm{b}=X^t\mathbf{y}$$

이므로 β의 최소제곱 추정량은

$$\mathrm{b}=(X^tX)^-X^t\mathbf{y}$$

가 된다.

연습문제 5.4

1. 연습문제 5.2.8에 주어진 이차형식을 x에 대하여 미분하여라.

2. 하젤(Hazel 1943)의 색인선택법(index selection method)
동물에서 나타나는 어떤 특성을 관찰한 값들로 이루어진 벡터 x를 표현형 벡터라 하고 이 벡터의 선형결합 $z=b^t x$를 색인이라고 한다. 표현형 벡터 x에 대응하는 미지의 유전적 특질을 나타내는 벡터를 g, 유전적 특질의 상대적 경제값을 나타내는 벡터를 v라 하면 유전적 특성은 g와 v의 선형결합 $c=v^t g$로 표현된다. 이 때, 색인 z와 유전적 특성 c의 상관계수

$$r_{zc}=\frac{b^t Gv}{\sqrt{b^t Vb}\,\sqrt{v^t Gv}}$$

를 최대로 하는 벡터 b를 구하여라. 여기서 V는 표현형 벡터 x에 대한 분산-공분산 행렬이고, G는 유전적 특질을 나타내는 벡터 g에 대한 분산-공분산 행렬이다.

참고문헌

김수택, 이계민(2013). *통계학을 위한 미적분과 행렬대수*. 자유아카데미.

지동표(1986). *선형대수와 그 응용*. 영지문화사.

Alston Householder(1964). *The Theory of matrices in Numerical Analysis.*

Anderson, V. L., Kempthorne, O.(1954). A model for the study of quantitative inheritance. *Genetics*, 39, 883-898.

David Poole(2011). *Linear Algebra: A Modern Introduction*, 3rd ed. Brooks/Cole, Cengage Learning.

Graybill, F. A.(1969). *Matrices with applications in Statistics*, 2nd ed. Wadsworth.

Hazel, L. N.(1943). The genetic basis for constructing selection indexes. *Genetics*, 28, 476-490.

Leslie, P. H.(1945). On the use of matrices in certain population mathematics. *Biometrika*, 33, 183-212.

Leslie, P. H.(1948). Some further note on the use of matrices in population mathematics. *Biometrika*, 35, 213-245.

Lee W. Johnson, R. Dean Riess, Jimmy T. Arnold(1989). Introduction to Linear Algebra. Addison Wesley.

Shayle, R. Searle, André, I. Khuri(2017). *Matrix Algebra useful for statistics*, 2nd ed. John Wiley & Sons, Inc.

찾아보기

저자 소개

金 洙 澤

서울대학교 계산통계학과 이학사, 이학석사
부산대학교 통계학과 이학박사
현: 국립 경상대학교 자연과학대학 정보통계학과 교수
저서: 수리통계학 개론, 2018년, 자유아카데미
사회조사방법론, 2015년, 자유아카데미
미적분과 행렬대수, 2013년, 자유아카데미
자료해석, 2012년, 자유아카데미
수리통계학, 2010년, 자유아카데미
표본조사설계, 2010년, 자유아카데미

李 啓 珉

서울대학교 계산통계학과 이학사, 이학석사
서울대학교 통계학과 이학박사
현: 국립 경상대학교 자연과학대학 정보통계학과 교수
저서: 수리통계학 개론, 2018년, 자유아카데미
사회조사방법론, 2015년, 자유아카데미
미적분과 행렬대수, 2013년, 자유아카데미
기초통계학, 2010년, 자유아카데미

행렬대수학 for Statistics

저　자　김수택 · 이계민
발행인　김지영
발행처　자유아카데미
주　소　경기도 파주시 회동길 37-42 파주출판도시
전　화　031-955-1321
팩　스　031-955-1322
홈페이지　www.freeaca.com
전자우편　main@freeaca.com (대표)
editor@freeaca.com (편집)
crm@freeaca.com (영업)
등　록　제406-2003-017호, 1980. 7. 12
제1판1쇄　2019년 7월 5일 발행
제1판3쇄　2022년 7월 10일 발행
정　가　18,000원

저자와의 협의하에 인지생략

ISBN 979-11-5808-217-8 93310